微机组装与维护

主　编　刘辉

副主编　韩最蛟　向劲松

 西南财经大学出版社

图书在版编目(CIP)数据

微机组装与维护/刘辉主编 . —成都:西南财经大学出版社,
2013. 8

ISBN 978 – 7 – 5504 – 1151 – 7

Ⅰ. ①微… Ⅱ. ①刘… Ⅲ. ①微型计算机—组装②微型计算
机—维修 Ⅳ. ①TP36

中国版本图书馆 CIP 数据核字(2013)第 173495 号

微机组装与维护

主编:刘 辉 副主编:韩最蛟 向劲松

责任编辑:向小英

封面设计:杨红鹰

责任印制:封俊川

出版发行	西南财经大学出版社(四川省成都市光华村街 55 号)
网 址	http://www. bookcj. com
电子邮件	bookcj@ foxmail. com
邮政编码	610074
电 话	028 – 87353785 87352368
照 排	四川胜翔数码印务设计有限公司
印 刷	郫县犀浦印刷厂
成品尺寸	185mm × 260mm
印 张	19. 5
字 数	460 千字
版 次	2013 年 8 月第 1 版
印 次	2013 年 8 月第 1 次印刷
印 数	1— 1000 册
书 号	ISBN 978 – 7 – 5504 – 1151 – 7
定 价	42. 00 元

前 言

　　本书覆盖了微机的大部分硬件、常用外部设备和基础软件安装与维护等方面的内容。本书在编写上以基本原理和基本方法为主导，以目前最新的硬件产品作为实例，循序渐进地介绍微机的设备、选购、组装及维护等内容。由于存在计算机硬件技术发展迅速与教材出版周期之间的矛盾，所以本书在编写上强调基本理论学习与基本技能培养相结合，让学生以扎实的基础知识和技能，来应对计算机技术的发展与市场变化。

　　本书在内容的安排上注重培养学生的自学能力、动手能力，鼓励学生通过教材、市场、网络等渠道全方位地学习，使教与学、学与用紧密结合，从而使学生通过实际操作，理解和掌握基本方法和基本技能，达到和完成课程要求的目标。

　　本书的编写目标就是使学生掌握当前最新微机的硬件组成和结构，掌握有关硬件设备的性能和技术参数，掌握微机的选购方法，学会自己选购各种配件并进行组装，能安装各种软件，能正确合理地使用微机，能进行系统的日常维护，能自己动手处理微机使用过程中的常见故障，将来能够胜任计算机的销售、组装或维修维护工作。

　　本书具有下列特点：

　　（1）内容全面

　　书中介绍了微机的各个组成部件及常用外部设备（如微处理器、主板、内存条、机箱、电源、扩展卡、键盘、鼠标、扫描仪、显示器、音箱、打印机、硬盘、光驱、闪存等）的分类、结构和性能参数，同时介绍了硬件设备的选购和安装、BIOS 参数设置、Windows 的安装和设置、设备驱动程序的安装和设置、微机的维护等内容。

　　（2）结构清晰重点突出

　　本书按照先硬件后软件再维护的顺序安排教学内容。将硬件分为主机（计算机工作所必需的设备，包括微处理器、主板、内存条、电源）和外设（计算机工作时可有可无的设备，包括输入/输出设备及外部存储设备），克服了以往教材中概念不清，给人计算机的核心就是 CPU、内存、硬盘的错觉，而忽略主板和电源的重要性，让学生能在选购和维护微机过程中抓住重点。

　　（3）内容新颖

　　本书介绍的内容大多为当今最新的微机技术。例如，微处理器方面，介绍了使用 LGA2011 插座的 Intel Core i7 3900 系列微处理器和使用 AM3＋插座的 AMD FX（推土机）系列微处理器；主板、机箱、电源方面，除最流行的 ATX 结构外，还介绍了 BTX、ITX 等结构；存储器方面，介绍了闪存卡、SSD（固态硬盘）、DDR3 内存条及双通道技术；显卡方面，介绍了 GPU、SLI 等；接口方面，介绍了 USB 3.0、SATA 3.0、

PCI－E 3.0、HDMI、DisplayPort、5.1 声道音频接口等。

（4）图文并茂，简明易懂

本书文字通俗，努力做到以简单的语言来解释难懂的概念。对微机的各个部件，都附有目前流行产品的实物图片，对各部件的接口都有局部的放大图片，以便在组装时确认连接件的安装位置及方向。另外，在图片中大量使用标注，以方便快速阅读。

（5）面向市场

在编写教材大纲前，作者对计算机市场做了大量的调研，再根据作者多年的计算机销售、组装、维修、维护及教学经验，将教材内容定位于面向市场培养计算机前台销售人员、后台微机组装人员及维护维修服务人员。为此，本书将"微机选购"编成单独一章，不像以往的教材对每个部件单独介绍其性能指标和选购方法，而不考虑与其他部件的搭配问题。本书详细地介绍了微机的选购原则，即从实用性、整体性、兼容性、性价比角度出发，系统地介绍了微机的选购方法及购机流程，让学生了解如何花最少的钱买最满意的微机。

（6）教学方法先进

对微机组装与维护这门课本人有 15 年的教学经验。在这门课程的教学中，就组装而言，第一要"实验先行"，先动手做实验再进行理论教学，激发学生的学习兴趣，让学生通过犯错误后带着问题主动学习；第二就是"先拆后装"，许多教师担心学生损坏设备，做实验前先讲注意事项，然后由外而内，先易后难，先外设后主机拆机，拆完之后要画机箱外部接口图和主板接口图，对每一个接口的形状、位置、名称、拆装方法了然于心后，再进行组装；第三是"取消笔试"。这门课的成绩：平时成绩10%，实验成绩40%（每次实验后都要求写实验报告），装机成绩占50%。教学面向职业岗位，消除高分低能。

（7）适合教师教学

本书结构合理，条理清晰，操作步骤明了。课程需要 60 学时左右（理论和实践，比例为 1∶1），基本上每两个课时都对应安排有一次实训内容，既有利于学生实习，又方便教师备课、讲解和指导。

本书由四川管理职业学院的刘辉担任主编，韩最蛟、向劲松担任副主编。其中，刘辉编著第一、二、三、四、五、六、七、九、十一章及附录；韩最蛟编著第八章；向劲松编著第十章。全书由刘辉统编定稿，韩最蛟主审。

由于微机硬件技术发展速度很快，书中不足和遗漏之处，恳请老师、同学及读者朋友们提出宝贵意见和建议。

编者

2013 年 6 月

目 录

微机组装与维护

第1章 计算机系统组成

计算机的发明是 20 世纪最卓越的成就之一，其广泛应用极大地促进了世界各行各业的发展。在当今信息化社会中，计算机已经成为必不可少的工具。计算机科学技术的发展水平、计算机的应用程度已经成为衡量一个国家现代化水平的重要标志之一。一个国家现代化水平越高，利用计算机进行信息服务的要求越迫切，计算机应用越广泛越深入。因此，掌握和使用计算机是时代的要求，是当今社会人们必不可少的技能。

1.1 计算机系统概述

计算机最初的设计目的是代替人做复杂、高速、高精度运算，所以它被称为"计算的机器"，简称计算机。也正因如此，计算机是模拟人来制造的，人做运算主要由大脑完成，所以计算机就是用电子元件来模拟人脑运算的机器，简称"电脑"。人在计算过程中所要用到的模块计算机也要用到，如输入模块、输出模块、运算模块、存储模块和控制模块。

1.1.1 计算机工作原理

1946 年美籍匈牙利人冯·诺依曼提出存储程序原理，奠基了计算机的基本结构和工作原理的技术基础。

存储程序原理的主要思想是：将程序和数据存放到计算机的内部的存储器当中，计算机在程序的控制下一步一步地进行处理，直到得出结果。

一个完整的计算机系统包括硬件系统和软件系统两大部分。计算机硬件是指组成一台计算机的各种物理设备，是看得见、摸得着的物理实体，是计算机工作的物质基础。计算机软件是指在硬件设备上运行的各种程序和数据。

计算机硬件系统包括计算机的主机和外部设备。具体由五大功能模块组成，即运算器、控制器、存储器、输入模块和输出模块设备。这五大部分相互配合，协同工作。其简单的工作原理为：首先由输入模块接收外界信息（程序和数据），控制器发出指令将数据送入存储器（内存），然后向内存储器发出取指令命令。在取指令命令下，程序指令逐条送入控制器。控制器对指令进行译码，并根据指令的操作要求，向存储器和运算器发出存数、取数命令和运算命令，经过运算器计算并把计算结果存在存储器内。最后在控制器发出的取数和输出命令的作用下，通过输出模块输出计算结果。计算机组成及工作原理如图 1-1 所示。

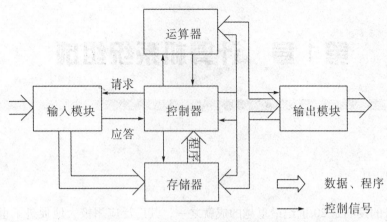

图 1-1　计算机组成及工作原理图

1.1.1.1　运算器

运算器的主要功能是完成对数据的算术和逻辑运算等操作。在控制器的控制下，它对取自存储器的数据进行算术或逻辑运算，将结果送回存储器。

1.1.1.2　控制器

控制器的主要作用是控制各部件的工作，使计算机能自动地执行程序。它从存储器中按顺序取出指令，并对指令进行分析，然后向有关部件发出相应的控制信号，使各部件协调工作，完成指令所规定的操作，使计算机按照指令的要求自动运行。

控制器和运算器合称为中央处理器（Central Processing Unit，简称 CPU），它是计算机的核心部件，主要完成各种算术及逻辑运算，并控制计算机各部件协调工作。

1.1.1.3　存储器

存储器是用来存储程序和数据的部件。通常把存储器分为内部存储器（内存）和外部存储器（外存）两类。

内存一般用大规模集成电路芯片组成，存取速度较快，与运算器、控制器直接相连，存放当前要运行的程序和所有数据，故也叫作主存储器。按其工作方式不同，可分为随机访问存储器（Random Access Memory，简称 RAM）和只读存储器（Read Only Memory，简称 ROM）。

RAM 中的信息可随时读出和写入，通常用来存放用户程序和数据等。在计算机断电后，RAM 中的信息也就丢失。ROM 中的信息只能读出不能写入。计算机断电后，ROM 中的内容不会丢失。通常，ROM 用来存放一些固定的程序，如 BIOS（基本输入输出系统）。相对于外存，内存的特点是存取速度快，但容量较小，价格较高。

外存是一种具有大容量、低价格而且可以长期保存数据的存储器，但其存取速度较慢。目前，微机上使用的外存有硬盘、U 盘和光盘。

1.1.1.4　输入模块

输入模块的功能是：把字符、数据、图片、声音、视频或控制现场的模拟量等信息转换成计算机可以接收的数字信号（0 和 1）。常用的输入设备有键盘、鼠标、麦克风、触摸屏、手写板、扫描仪、摄像头等。

1.1.1.5　输出模块

输出模块的功能是：把计算机运行结果（数字信息）或过程转换成人们所要求的

直观形式（模拟信息）或控制现场能接受的形式。常见的输出设备有显示器、打印机、绘图仪、音箱等。输入输出设备和外存储器统称为外部设备（简称外设），它们是外界与计算机进行联系的桥梁。

通常，我们将由以上五大模块构成的计算机称为"冯·诺伊曼计算机"，其主要特点是：

（1）存储程序控制，要求计算机完成的功能，必须事先编制好相应的程序，并输入到内存中，计算机的工作过程是严格运行程序的过程；

（2）程序由指令构成，程序和数据都用二进制表示；

（3）指令由操作码和地址码构成；

（4）机器以 CPU 为核心。

1.1.2　计算机系统组成

计算机由硬件系统和软件系统组成。计算机硬件是支撑计算机软件工作的基础，没有足够的硬件支持，软件也就无法正常工作。计算机系统的组成如图 1-2 所示。

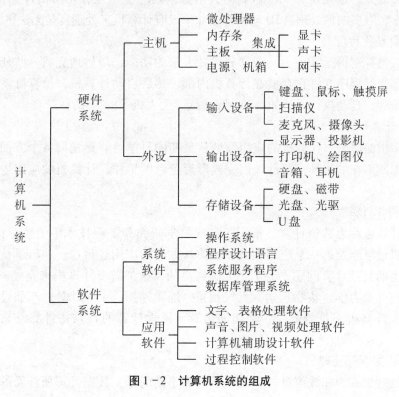

图 1-2　计算机系统的组成

1.1.3　计算机特点及应用

计算机有着运算速度快、精度高、存储容量大、自动化程度高等特点，因此其在人类生活的各个领域有着广泛的应用。

1.1.3.1　计算机的特点

（1）运算速度快

计算机采用电子器件作为基本部件，这些电子器件通常工作在极高的速度下，并且随着电子技术的发展，工作速度还会越来越快。目前普通PC（Personal Computer，个人计算机）的速度在400MIPS（百万条指令每秒）左右，超级计算机的速度可达几十千万亿次每秒，如中国自行研发的超级计算机"天河一号"，其运算速度为4.7千万亿次每秒，而美国Oak Ridge国家实验室制造的"泰坦"速度达20千万亿次每秒。

（2）运算精度高

由于计算机是采用二进制码来表示信息的，所以运算的精度取决于机器的字长，字长越长，其运算精度越高。计算机的字长有8位、16位、32位、64位甚至更高。对于类似天气预报等计算复杂、时间性强的工作，没有计算机进行数据的处理，人工是无法完成的。

（3）存储容量大

计算机具有很大的存储容量，能把大量的数据和资料存储起来。目前PC机的存储容量为4TB左右，服务器和超级计算机存储容量可达几百到几万TB。由于计算机具有巨大的存储能力，也使过去无法做到的大量数据处理工作现在均可由计算机来实现。如情报检索、卫星图像处理、3D动画等，如果没有计算机来处理真是无法想象的。

（4）自动化程度高

计算机具有逻辑运算能力，能部分代替人脑的功能，巧妙地完成一些任务。只要人们预先编制好程序并将它存放在计算机内部，然后启动计算机，计算机就能按照程序规定的步骤，自动执行。比如自动化流水线、无人机等的应用。

1.1.3.2 计算机的应用

半个多世纪以来，计算机的应用领域从最初的科学计算迅速向各个方面渗透。如今已成为无所不在的工具，帮助人们完成形形色色的工作。计算机的应用主要在以下几个方面：

（1）科学计算

科学计算也称为数值计算，指用于完成科学研究和工程技术中的数学计算问题。这是计算机最早涉及的一个应用领域，目前这方面的应用还很广。在科学技术的发展中，所产生的复杂计算问题，人工是无法解决的，这都需要计算机来完成。例如，在天文学、空气动力学、核物理学、天气预报、地质勘探、工程计算、产品设计等领域中，都需要计算机来进行复杂、精确的运算。科学计算的特点是计算复杂、精度要求高。

（2）数据事务处理

数据处理也称为非数值计算，与科学计算不同的是，数据处理所涉及的数据计算量大，计算方法简单。如今人类社会已步入信息时代，大量的资料、情报和管理数据需要进行收集、分类、统计和分析。为了全面、精确和深入地认识和掌握这些信息，必须用计算机进行处理。数据处理广泛地应用于企业信息管理、办公自动化、情报检索等领域，并已成为计算机应用的一个重要方面。

（3）计算机辅助设计和制造

计算机辅助设计（CAD，Computer Aided Design）是指利用计算机帮助设计人员进行工程和产品设计，使设计过程自动化。目前，CAD已广泛应用于机械、电子、航空、汽车、船舶、纺织、服装、建筑以及计算机自身的设计领域之中。

计算机辅助制造（CAM，Computer Aided Manufacturing）是指利用计算机进行生产过程的管理、控制和操纵。比如，使用计算机处理生产过程中所需要的数据并控制机器的运行，控制材料和半成品部件的流动以及对产品进行测试和检验等。CAM 技术可以减少工人的劳动强度和提高产品质量，缩短工期，降低成本。

（4）过程控制

过程控制又称为实时控制，是指计算机采集数据，将数据处理后，按最佳方案准确、及时地对控制对象进行控制。

对现代工业而言，由于生产规模的不断扩大，生产技术和工艺日趋复杂，因此对生产过程自动化的要求也越来越高。利用计算机进行过程控制，不仅可以大大提高控制的自动化水平，而且可以提高控制的实时性和准确性，从而提高产品质量、节约成本、降低能耗和改善劳动条件。计算机过程控制已经在冶金、石油、化工、纺织、机械、水电、航天等部门得到广泛的应用。

（5）人工智能

人工智能（AI，Artificial Intelligence）是指用计算机来模拟与人的智能有关的复杂行为，模拟人的视觉、听觉，具有人的某些推理、联想甚至自我学习的功能。它的基本思想是在计算机中存储一些定理和推理规则，然后设计程序让计算机自动探索处理方法。

人工智能领域包括自然语言处理、机器视觉系统、自动定理证明、自动程序设计、智能数据库、专家系统和机器人等方面。人工智能是计算机应用的前沿学科。

（6）信息高速公路

信息高速公路实际上是交互式的多媒体计算机网络，它将通常使用的通信工具，如互联网、电视、广播、电话、报刊等所有能提供的文字、声音、视像、数据通过通信设施传递到网络用户的终端，从而使人们获得信息的方式发生根本的变化。传统的会议、购物、社交、图文传递、电视点播等都可以方便迅速地在计算机高速网络上进行，大大地提高了工作效率。

1.2　计算机硬件系统

计算机的硬件系统，是指计算机中的电子线路和物理设备。如由集成电路芯片、印刷电路板、接口插件、电子元件和导线等装配成的微处理器、主板、存储器以及外部设备等。计算机常用硬件如图 1-3 所示。

1.2.1　主机

主机是计算机工作所必需的设备，包括微处理器、内存条、主板（集成扩展卡，如显卡、声卡、网卡）、电源及机箱。一般我们也将机箱及其内部安装的所有设备称为"主机"，实际上机箱内也安装有外部设备，如光驱、硬盘，它们并不是计算机工作所必需的设备。

1.2.1.1　微处理器

如果把电脑视为一个人的话，微处理器就是计算机的大脑。它是在一块 1 平方厘

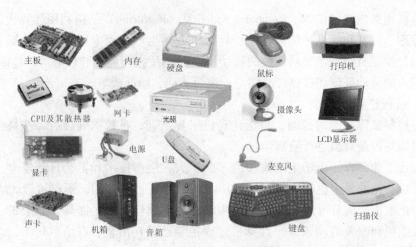

主板　　内存　　硬盘　　鼠标　　打印机

CPU及其散热器　　网卡　　光驱　　摄像头　　LCD显示器

显卡　　电源　　U盘　　麦克风

声卡　　机箱　　音箱　　键盘　　扫描仪

图1-3　计算机常用硬件

米的硅片上集成上千万个晶体管，用于执行算术运算、逻辑运算，数据处理、传输，输入/输出的控制以及控制电脑自动、协调地完成各种操作。

　　微处理器内部主要包括了控制器、运算器、寄存器、I/O控制等几部分，因此，它通常也被称为CPU。其工作过程是：指令由控制单元分配到运算器，经过加工处理后，再送到寄存器里等待应用程序的使用，I/O控制则负责指令和数据的输入、输出。

　　PC机微处理器的发展是非常迅速的，以Intel系列为例，从最初的8088到现在最常用的CORE（酷睿）系列，主频已从5MHz增长到现在的4GHz，性能的提升是惊人的。微处理器的发展遵循著名的"摩尔定律"，即芯片的集成度平均每18个月就翻一番。

　　目前微处理器生产商主要有Intel和AMD，他们的代表产品如图1-4所示，其中Intel Core i7 3960X：工作频率3.3GHz、六核、功率130W；AMD FX-8150：工作频率3.6GHz、八核、功率125W。

Intel Core i7（至尊）3960X　　　　AMD FX（推土机）8150

图1-4　Intel和AMD的微处理器

1.2.1.2　主板

　　如果我们将计算机和人比较，就会发现主板不仅是电脑的骨架，也是电脑的循环和神经系统，其具体作用就是将计算机上不同的配件连接在一起，组成一个统一的整体，协调工作，并为部分配件提供"新鲜血液"——电能。而其中包含的"总线"，就像人的中枢神经一样，为计算机设备间交换信息提供通道。一块主板主要由芯片组、各种插槽接口、BIOS 芯片等几大部分组成。

主板技术的发展从本质上说就是芯片组的发展。不断推出的新一代芯片组不仅对新型 CPU、内存、显卡等提供完善支持，也扩充了对 USB 3.0、IEEE1394、SATA、PCI－E 等新接口技术的支持。

常见的主板类型有 Micro ATX 和 ATX，如图 1－5 所示，其中微星 X79MA－GD45 主板：芯片组为 Intel X79，支持 Core i7 CPU，板型 Micro ATX；技嘉 GA－890FXA－UD5：芯片组为 AMD 890FX，支持 AMD FX CPU，板型 ATX。

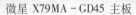

微星 X79MA－GD45 主板   技嘉 GA－890FXA－UD5

图 1－5　Micro ATX 和 ATX 主板

1.2.1.3　内存条

目前的计算机，其"存储程序"的基本工作原理决定了内存在整个系统中的作用非常重要，因为任何应用程序运行时都将首先被装入内存，CPU 必须访问内存并从中取出指令才能执行任务。

为了节省主板空间和增强配置的灵活性，现在的主板多采用内存条结构，即将存储芯片、电容、电阻等元件焊在一小条印刷电路板上组装起来合成一个内存模组（RAM Module），即俗称的"内存条"。

1.2.1.4　电源

电源是计算机能量供应设备，它的作用是将 220V 交流电转换为计算机中使用的 5V、12V、3.3V 直流电，其性能的好坏，直接影响到其他设备工作的稳定性，进而会影响整机的稳定性。电源有多个不同电压和形式的输出接口，分别接到主板、硬盘和光驱等部件上并为其提供电能。

1.2.1.5　机箱

机箱是计算机的外壳，从机箱所起的作用来看，可以说它是主机的骨架，它支撑并固定组成主机的各种板卡、线缆插口、电源以及外部存储设备（硬盘、光驱）等零配件。机箱和电源如图 1－6 所示。

1.2.1.6　扩展卡

扩展卡是为了扩展计算机功能而添加的在计算机中的功能模块。它们并不是计算机工作所必需的，但大多数人能接触到的计算机是 PC 机，而目前 PC 机已把显卡、声卡和网卡作为标准配置，将它们直接集成在主板上，只有为提高其性能才会使用独立

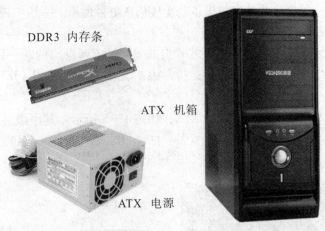

DDR3 内存条

ATX 机箱

ATX 电源

图 1-6   内存条、电源和机箱

的扩展卡，因此，我们通常将扩展卡也算作主机的一部分。常用扩展卡如图 1-7 所示。

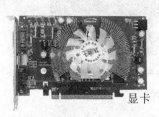
显卡

声卡

网卡

图 1-7   常用扩展卡

（1）显卡

显卡是连接主机与显示器的接口卡。其作用是将主机的输出信息转换成字符、图形和颜色等信息，传送到显示器上显示。独立显示卡插在主板的 PCI、AGP 或 PCI-E 扩展插槽中。

（2）声卡

声卡是多媒体技术中最基本的组成部分，是实现声波/数字信号相互转换的关键硬件。声卡的基本功能是把来自计算机外部的模拟音频信号转换成计算机能识别的数字信号，或将计算机内部的数字音频信号经过处理（添加音效、混音等）后再转换为耳机、功放、音箱等声响设备能识别的模拟信号。

（3）网卡

网卡是计算机与网络电缆连接的物理接口，是电脑与局域网相互连接的设备。网卡的功能主要有两个：一是将电脑的数据封装为帧，并通过网线（对无线网络来说就是电磁波）将数据发送到网络上去；二是接收网络上其他设备传过来的帧，并将帧重新组合成数据，发送到所在的电脑中。

1.2.2   外设

计算机的外部设备简称为外设。外设是在"计算机"工作中可有可无的设备，主要包括输入设备、输出设备及外部存储设备。大多数人只接触过"个人计算机"，认为显示器、键盘、硬盘等都是计算机所必需的设备，实际上，工业应用中的单片机、军用的计算机控制的无人机、卫星上是不需要这些设备的。

1.2.2.1 输入设备

常用输入设备有键盘、鼠标、麦克风、扫描仪、摄像头等，如图1-8所示。

键盘、鼠标　　　　　　麦克风　　　　扫描仪　　　　摄像头

图1-8　常用输入设备

（1）键盘、鼠标

键盘一直是计算机最重要的外部输入设备之一，是人们与电脑交流的主要工具。人们依靠键盘向计算机输入各种指令，指挥计算机工作；依靠键盘向计算机输入程序、数据；依靠键盘修改、调试程序；甚至还依靠键盘来进行复杂的游戏。鼠标出现的时间比较晚，但在 Windows 图形操作系统出现后，其已成为计算机不可缺少的重要输入设备。

（2）扫描仪

扫描仪是一种捕获图像的输入设备，它可以帮助人们把图片、照片转换为计算机可以显示、编辑、存储和输出的数字格式。

（3）摄像头

数字摄像头可以直接捕捉影像，然后通过 USB 接口传到计算机里。可以说摄像头就是电脑的眼睛。

（4）麦克风

现在的计算机不仅能够发声，也能"听话"，麦克风就是计算机用来"听话"的"耳朵"。

1.2.2.2 输出设备

常用输出设备有显示器、打印机、耳机、音箱等，如图1-9和图1-10所示。

CRT 显示器　　　　　　　　　　　　　液晶显示器

图1-9　显示器

（1）显示器

显示卡是 PC 机的必备部件，它的主要作用是将 CPU 送来的数字影像数据处理成显示器可以识别的信号，再送到屏幕上形成影像。目前 PC 机上普遍使用的是液晶（LCD）显示器，老式的 CRT 显示器已接近于淘汰。

（2）打印机

打印机是电脑重要的输出设备，可以将电脑中相关信息输出到纸张上，便于分发传播并长期保存。打印机主要分为针式、喷墨、激光打印三大类。打印机就是电脑手中的"笔"。

图 1-10　打印机、音箱和耳麦

（3）耳机、音箱

耳机和音箱作为声音的还原设备就是将电信号转换成声音信号，然后将声音信号释放出来。有些耳机上带有麦克风，被称作"耳麦"。

1.2.2.3　外部存储设备

常用外部存储设备有硬盘、U 盘、光盘和光驱等，如图 1-11 所示。

硬盘　　　　　　　　　　　　　　　　　　U 盘
　　　　　　　　　　　　光盘和光驱

图 1-11　常用外部存储设备

（1）硬盘

由于内存只能用于暂时存放程序和数据（就像是草稿纸一样），一旦断电，其中的数据就会丢失，而且内存容量也十分有限。因此计算机中的信息是分级存储的，大多数数据是存储在断电后依然可保存数据的大容量存储设备中，而硬盘就是目前最常见的外部海量存储设备。

硬盘是"硬盘存储器"的简称。由于存储介质是由若干个钢性磁盘片组成，硬盘的名称即由此而来。硬盘是计算机中最重要的外部存储设备。

硬盘的特点是存储容量大（一般以 GB 或 TB 为单位）、存取速度快、可靠性高、防潮防霉防尘性好。但由于硬盘有机械装置不抗震，而且一般需要连接在主板上的 IDE 或 SATA 接口上，因此携带就不太方便了。

（2）光驱、光盘

光盘以光信息作为存储物的载体来存储数据的。光盘分不可擦写光盘，如 CD - ROM、DVD - ROM 等，和可擦写光盘，如 CD - RW、DVD - RAM 等。其特点是容量大，抗干扰性强，存储的信息不易丢失。

光驱是读写光盘的设备，对不同类型的光盘，有和其对应的光驱。

（3）U 盘

U 盘是采用闪存（Flash memory）作为存储器，使用 USB 接口的移动存储设备。它具有断电后数据不丢失、体积小、容量大、便于携带、即插即用等特点。

1.2.3 硬件系统的层次结构

硬件是构成计算机系统的各种物质实体的总称，是看得见，摸得着的实物设备。如：集成电路芯片、印制电路板、内外存储器、输入输出设备、电源等，它们是计算机的物质基础，按其规模可分为：元件、模板、部件、系统及网络。

1.2.3.1 元件

元件是指组成硬件的不可再分的最小器件。常见的计算机元件有：电阻、电容、电感、晶振、各种插座、插槽、接口、晶体管、集成电路（芯片）等。元件的品质将最终决定板卡、部件的性能。

（1）电阻、电容、电感

电阻主要承担着限压限流及分压分流的作用；电容电感主要起稳压、滤波作用。其外形如图 1 - 12 所示。

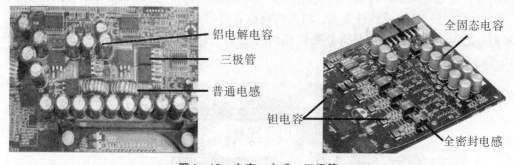

图 1 - 12　电容、电感、三极管

计算机设备需要稳定、纯净的电源供应。稳定就是设备在不同负荷运作时，电源可以提供恒定的电压和充足电流；纯净是指提供的电流没有太多的杂质，比如尖峰毛刺、高频的杂波等。电容能够存储电荷，它是介于上游供电设备和下游用电设备之间的"蓄水池"，上游电压升高（下雨涨水）时，它"蓄水"，下游电压降低（干旱水位低）时，它"放水"，从而起到稳压和滤除低频杂波的功能。电感主要用于滤除电源中的高频杂波，如闪电引起的尖峰毛刺等。

按品质来讲，最好的电容是钽电容，其次是全固态电容，最后是铝电解电容，只有在高端板卡上才会大量使用钽电容和全固态电容。全密封电感能减少电磁辐射，目前也被大量使用。

（2）晶体振荡器（晶振）

晶振负责发生非常稳定的脉冲信号，而后经由时钟发生器进行整形和分频，然后再传输给各个设备，如 CPU 的外频、PCI 总线频率、内存总线频率等，都是由它提供。为防止外界的干扰，晶振都采用金属全密封外壳。按其外形分类，计算机中晶振主要有三种：扩展卡使用的晶振、主板上电子表晶振、主板上其他设备（CPU、芯片组、内存条、集成的声卡、网卡等）使用的晶振，如图 1－13 所示。

扩展卡上的晶振　　　　　　主板上电子表的晶振　　　　主板上系统时钟晶振

图 1－13　晶振

（3）电池与跳线

主板上的电池给 CMOS 芯片供电以保持计算机基本配置信息，另外电池也给主板上的电子表供电，使屏幕右下角能显示正确的时间。

跳线是一个个小开关，用于手动完成一些不希望用软件实现的操作，如清除 CMOS 中的数据、超频等。跳线一般是由跳线帽和跳线座组成，跳线帽其实是一个可以活动的金属片，外层是绝缘塑料，内层是导电材料。跳线座是由两根或两根以上的金属跳针组成，相邻的两根针决定一种开关状态。对于跳线而言，只有短接与断开两种状态。当我们将跳线帽插在跳线针上面，将两根跳线针连接起来时是接通状态，有电流通过，我们称之为"ON"；反之不插上跳线帽时称之为"OFF"。主板上的电池和跳线如图 1－14 所示。

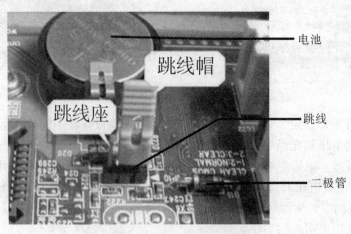

图 1－14　电池、跳线与二极管

在主板跳线中一直都存在着 CMOS 清除跳线。当我们忘记 CMOS 密码时，最直接的办法就是打开机箱，找到 CMOS 清除跳线（它一般在主板上电池的旁边）进行清除。

（4）插座、插槽、接口

计算机中的各个设备都有接口，其中主板上的接口最多，计算机的所有设备几乎都是通过主板连接成一体的。主板上的主要接口如图 1-15 所示。

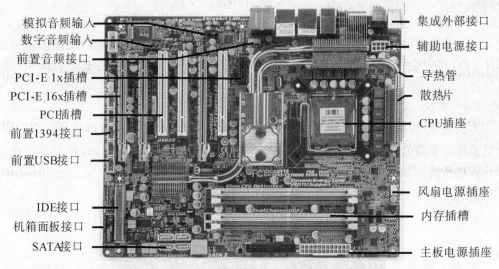

图 1-15　主板上的接口、插槽、插座及散热器

（5）散热片、导热管

计算机中有很多设备装有散热器，如 CPU、主板、显卡等，散热器一般由散热片、导热管和风扇组成，散热片和导热管如图 1-15 所示。

（6）晶体管

主板上的晶体管主要有二极管和三极管，目前除大功率三极管外其他都被集成到芯片中。大功率三极管如图 1-12 所示。

（7）集成电路（IC/芯片）

IC（Integrated Circuit，集成电路）或称芯片，是将一个电路的大量元器件（主要是晶体管）集合于一个单晶片上所制成的器件。芯片封装后就是集成电路。PC 机中常见的集成电路类型如图 1-16 所示。

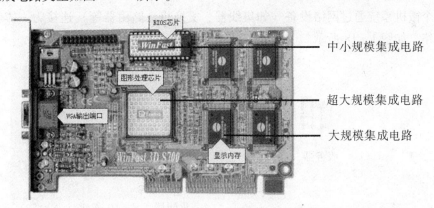

图 1-16　AGP 显卡上的集成电路类型

1.2.3.2　模板

将多个元件焊接在印刷电路板上所形成的功能模块称为模板，模板一般不能独立

使用。PC 机中常见的模板有：CPU、主板、内存条、各种扩展卡（显卡、声卡、网卡等）。

1.2.3.3 部件

在计算机中由模板加机械装置再加外包装所形成的能够独立使用的功能模块称为部件。PC 机中常见的部件有：键盘、鼠标、光驱、硬盘、音箱、显示器、打印机、扫描仪等。

1.2.3.4 系统

为实现规定功能或某一目标将多块模板和多个部件组合在一起就形成了系统。如：单机系统、多微处理器系统（Multi - microprocessor System）。常用的 PC 机就是一个微型计算机系统，如图 1 - 17 所示。

图 1 - 17　微型计算机系统

1.2.3.5 微机网络

多个微机系统通过网络设备（如集线器、交换机、路由器等）连接为一体就称为微机网络，如图 1 - 18 所示。

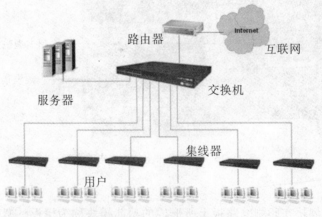

图 1 - 18　微机网络

1.3 计算机软件系统

计算机软件一般分为两大类：系统软件和应用软件。

1.3.1 系统软件

系统软件是为了充分发挥计算机的效能和方便用户，向用户提供的一系列程序和有关文档资料的统称。系统软件主要包括操作系统、程序设计语言、数据库管理系统和各种系统服务程序。

1.3.1.1 操作系统

操作系统（OS，Operating System）是最基本，最重要的系统软件。它负责管理计算机系统的所有软件、硬件资源，合理地组织计算机各部分协调工作，为用户提供方便的操作环境和服务界面的系统管理和控制软件。

1.3.1.2 程序设计语言

程序设计语言就是用户用编制程序的方法来处理应用问题的计算机语言。程序设计语言一般分为机器语言、汇编语言和高级语言。

1.3.1.3 数据库管理系统

在信息社会里，社会和生产活动产生的信息很多，使人工管理难以应付，人们希望借助计算机对信息进行搜集、存储、处理和使用。数据库系统（Data Base System，DBS）就是在这种需求背景下产生和发展的。

数据库是指按照一定联系存储的数据集合，可为多种应用共享。数据库管理系统（Data Base Management System，DBMS）则是能够对数据库进行加工、管理的系统软件。其主要功能是建立、消除、维护数据库及对库中数据进行各种操作。数据库系统主要由数据库（DB）、数据库管理系统（DBMS）以及相应的应用程序组成。数据库系统不但能够存放大量的数据，更重要的是能迅速、自动地对数据进行检索、修改、统计、排序、合并等操作，以得到所需的信息。这一点是传统的文件柜无法做到的。

1.3.1.4 系统服务程序

系统服务程序是系统软件中的实用程序，是软件开发、实施和维护及开发项目管理中使用的软件工具。这类软件可以包含很广泛的内容，一般指程序的输入与装配程序、编辑工具、调试工具等。

1.3.2 应用软件

应用软件是指计算机应用人员利用计算机的软、硬件资源为某一专门的应用目的开发的软件。如各种用于科学计算的程序包，各种文字、表格处理软件，多媒体（声音、图片、视频）处理软件，游戏软件，网络应用软件，计算机辅助设计（CAD）、辅助制造（CAM）、辅助教学（CAI）软件，过程控制软件等。

1.3.2.1 文字处理软件

文字处理软件主要应用于，用户对输入到计算机的文字进行编辑、修改、修饰和排版等工作，并能以多种字形、字体和格式输出打印出来。目前，常用的文字处理软件有 Microsoft 公司的 Word、金山公司的 WPS 等。

1.3.2.2 表格处理软件

表格处理软件主要用于处理各种表格。它可以根据用户的要求，自动生成各式各样的表格，能根据需要完成各种复杂的表格计算，并能打印出多种图表。目前，常见的表格处理软件有 Microsoft 公司的 Excel 等。

1.3.2.3 多媒体处理软件

多媒体处理软件主要是指各种声音、图片、视频处理软件。如各种播放器：WindowsMediaPlayer、暴风影音、千千静听等。图像浏览工具：ACDSee。图像/动画编辑工具：Flash、Adobe Photoshop 等。

1.3.2.4 辅助设计软件

计算机辅助设计（CAD）技术是近 20 年来，在设计领域最具有成效的计算机应用技术之一。计算机辅助设计软件，是用来帮助设计人员利用计算机来绘图、制图和输出图纸的应用软件。由于计算机有快速的计算功能、极强的模拟处理能力，因此在飞机、汽车、机械、船舶、服装和大规模集成电路的设计和制造中，CAD 技术起着越来越重要的作用。目前，常用的软件有 AutoCAD 等。

1.3.2.5 过程控制软件

在现代工业制造业中，计算机普遍用于生产过程的自动控制。在炼钢厂，用计算机控制加料、炉温、冶炼时间；在化工厂，用计算机控制配料、温度阀门的开闭；在发电厂，用计算机控制发电机组等。

用于控制的计算机，输入的信息往往是电压、温度、流量、压力等模拟量。要先将模拟量转换成数字量，然后计算机才能进行处理和计算。处理或计算后，以此为依据，根据预定的控制方案对生产过程进行控制。

第2章 计算机外部设备

计算机外部设备简称"外设"，是指计算机主机以外的硬件设备。外设可分为：输入设备、输出设备和外部存储设备三大类。外设对数据和信息起着接收、传输、转换和存储的作用，是计算机系统的重要组成部分。

2.1 输入设备

输入设备（Input Device）是向计算机输入数据和信息的设备，是计算机与用户或其他设备通信的桥梁。计算机输入的信息有数字、模拟量、文字符号、声音和图形图像等形式，但计算机使用二进制，简单来说就是计算机只识别0和1，对于这些信息形式，计算机无法直接处理，必须把它们转换成相应的数字编码后才能处理，所以输入设备的主要功能是将待输入的各种模拟信息转换成能被计算机能处理的由0和1所代表的数字信息。转换的过程被称为"数字化"。

常见的输入设备有：键盘、鼠标、手写板、触摸屏、游戏杆、扫描仪、摄像头、数码相机、数字摄像机、语音输入装置等。

2.1.1 键盘鼠标

键盘是常用的输入设备，它是由一组开关矩阵组成，包括数字键、字母键、符号键、功能键及控制键等。每一个按键在计算机中都有它的唯一代码。当按下某个键时，键盘接口将该键的二进制代码送入计算机主机中。鼠标是一种手持式屏幕坐标定位设备，它是为适应菜单操作的软件和图形处理环境而出现的一种输入设备，

2.1.1.1 键盘分类

一般 PC 机键盘可以根据接收信号类型、键盘外形、键数、工作原理等分类。常见的键盘类型如图 2-1 所示。

按接收信号的不同键盘可分为：有线键盘和无线键盘。有线键盘按接口的不同又可分为：PS/2 和 USB 键盘。

按键盘的外形分为：标准键盘、人体工程学键盘、多媒体键盘及可折叠键盘等。

按键盘的按键数量可分为：83 键、93 键、96 键、101 键、102 键、104 键、107 键等。104 键的键盘是在 101 键键盘的基础上为 Windows 9X 平台提供，增加了三个快捷键（有两个是重复的），所以也被称为 Windows 9X 键盘，是目前使用最广泛的键盘。

根据键盘按键的工作原理，键盘可分为：

（1）机械键盘。机械键盘采用类似金属接触式开关，工作原理是使触点导通或断开，具有工艺简单、噪音大、易维护的特点。

（2）导电橡胶式键盘。导电橡胶式键盘的触点的结构是通过导电橡胶相连。键盘内部有一层凸起带电的导电橡胶，每个按键都对应一个凸起，按下时把下面的触点接通。这种类型键盘是市场由机械键盘向薄膜键盘的过渡产品。

（3）塑料薄膜式键盘。塑料薄膜式键盘的内部共分四层，实现了无机械磨损。其特点是低价格、低噪音和低成本，已占领市场绝大部分份额。

（4）无接点静电电容键盘。无接点静电电容键盘使用类似电容式开关的原理，通过按键时改变电极间的距离引起电容容量改变从而驱动编码器。其特点是无磨损且密封性较好。

无线人体工学键盘

可折叠键盘

多媒体键盘

标准键盘（104键）

图 2-1　常见键盘类型

2.1.1.2　鼠标的分类

（1）按按键数量分

鼠标按按键数量可分为两键式、三键式和多键式，如图 2-2 所示。

图 2-2　两键、三键和多键式鼠标

（2）按接收信号类型分

鼠标按接收信号类型可分为有线鼠标和无线鼠标，如图 2-3 所示。

1）有线鼠标

有线鼠标按接口又可分为 PS/2、USB 鼠标两类。

2）无线鼠标

无线鼠标可分为三类：

一是 27M 无线鼠标，其发射距离在 2 米左右，而且信号不稳定，相对比较低档。

二是 2.4G 无线鼠标，其接受信号的距离在 7～15 米，信号比较稳定，是市场上主流的无线鼠标。

三是蓝牙鼠标，其发射频率和 2.4G 一样，接收信号的距离也一样，可以说蓝牙鼠标是 2.4G 的一个特例。但是蓝牙有一个最大的特点就是通用性，全世界所有的蓝牙不分品牌和频率都是通用的。

图 2-3　PS/2 鼠标、USB 鼠标和无线鼠标

（3）按工作原理分

1）机械鼠标

机械鼠标就是鼠标底盖有一个滚球，拖动鼠标时，带动滚球转动，通过程序的处理和转换来控制屏幕上光标箭头的移动。

2）光电鼠标

目前市场许多鼠标都是光电鼠标。光电鼠标包含 4 个最重要核心部件：发光二极管（就是我们看到的发红色光的 LED）、光学感应器（其作用相当于人的眼睛）、透镜、控制芯片，如图 2-4 所示。

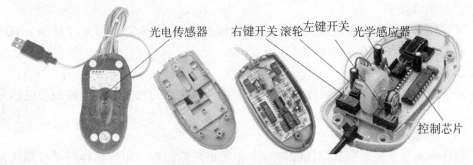

图 2-4　光电鼠标的结构

光电鼠标的工作原理是：LED 发出的光线，照亮光电鼠标底部然后将光电鼠标底部表面反射回的一部分光线，经过透镜，传输到光学感应器内成像。这样，当光电鼠标移动时，其移动轨迹便会被记录为一组高速拍摄的连贯图像，鼠标控制芯片对移动

轨迹上摄取的一系列图像进行分析处理，通过对这些图像上特征点位置的变化进行分析，来判断鼠标的移动方向和移动距离，从而完成光标的定位。

光电鼠标与机械鼠标相比最大的优点就是以较低的成本就可以实现比较准确的定位，并且无须疲于清理滚球和滚柱上的污渍。但是在移动速度上光电鼠标没有机械鼠标好，最大的问题在于受到使用界面的限制而影响鼠标的性能。因此，使用光电鼠标时我们通常都要垫一个专门的鼠标垫。

3）激光鼠标

激光鼠标，又称镭射鼠标，也可以说是一种特殊的光电鼠标，其核心部件同样是4部分。与光电鼠标相比，其最大的不同就是把原来的红光 LED（Light Emitting Diode，发光二极管）换成激光，使其具有更高的定位精度。

其他类型鼠标还有轨迹球鼠标、无线指环鼠标等，如图2-5所示。

无线指环鼠标

轨迹球鼠标

图2-5　特殊类型的鼠标

2.1.1.3　鼠标的性能指标

（1）分辨率

分辨率是指鼠标移动一英寸，光标在屏幕上移动的像素距离，即每英寸点数。分辨率越高，定位越准确。目前鼠标多为400/800DPI 或 1600/3200DPI。而激光鼠标最高能支持到5700DPI，最低档次的激光鼠标也能支持到1600DPI。

（2）采样频率

采样频率是指操作系统确认鼠标位置的频率，通常 PS/2 鼠标采样频率为 60 次/秒，而 USB 接口的鼠标采样频率为 120 次/秒。

（3）扫描次数

扫描次数是指每秒光电鼠标的光学接收器将接收到的光反射信号转换为电信号的次数。

（4）灵敏度

鼠标的灵敏度是影响鼠标性能的一个非常重要的因素。用户选择时要特别注意鼠标的移动是否灵活自如、行程小、用力均匀，并且在各个方向都呈匀速运动，以及按键是否灵敏且回弹快。如果满足这些条件，就是一个灵敏度非常好的鼠标。

（5）抗震性

鼠标在日常使用中难免会磕磕碰碰，一摔就坏的鼠标自然是不受欢迎的。鼠标的抗震性主要取决于鼠标外壳的材料和内部元件的质量。要选择外壳材料比较厚实、内部元件质量好的鼠标。

2.1.2　扫描仪

扫描仪是一种通过捕获图像并将之转换成计算机可以显示、编辑、存储和输出的数字信息的输入设备。照片、文本页面、图纸、美术图画、照相底片，甚至纺织品、标牌面板、印刷电路板等都可作为扫描对象。因此，扫描仪被广泛应用于广告、印刷、办公自动化（OA）和计算机辅助设计（CAD）中。

2.1.2.1　扫描仪的分类

根据扫描原理的不同，可以将扫描仪分为很多类型，一般常用的扫描仪类型有平板式扫描仪、滚筒式扫描仪（如图2-6所示）和便携式扫描仪（如图2-7所示）。

（1）平板式扫描仪

平板式扫描仪在扫描时由配套软件控制扫描过程，具有扫描速度快、精度高等优点，广泛应用于平面设计、广告制作、办公应用和文学出版等领域。

图2-6　平板式扫描仪（左）和滚筒式扫描仪（右）

（2）便携式扫描仪

便携式扫描仪具有体积小、重量轻、携带方便等优点，在商务领域中应用较多。

图2-7　便携式扫描仪

（3）滚筒式扫描仪

滚筒式扫描仪分辨率高，输出图像效果好，且能快速处理大面积的图像，一直是高精密度彩色印刷的最佳选择。

2.1.2.2　扫描仪的性能指标

（1）扫描幅面

扫描幅面通常有 A4、A4 加长、A3 等。

（2）分辨率

分辨率反映扫描图像的清晰程度。分辨率越高，扫描出来的图像越清晰。扫描仪的分辨率用每英寸长度上的点数 DPI（Dot Per Inch）表示。扫描仪的分辨率包括水平分辨率、垂直分辨率。常见的分辨率有 1200×2400DPI 、2400×4800DPI 、3200×6400DPI 、4800×4800DPI 、4800×9600DPI 、9600×9600DPI 或者更高。

（3）色彩位数

色彩位数反映扫描图像色彩与实物色彩的接近程度，色彩位数越高的扫描仪，扫描出来的图像色彩越丰富。扫描仪色彩位数有 24 位、30 位、36 位和 42 位等常见标准。

（4）灰度级

灰度级反映扫描图像由暗（纯黑）到亮（纯白）的层次。灰度级位数越多的扫描仪，扫描出的图像的层次越分明。当前市售家用扫描仪的灰度级多为 10 位。

（5）接口

接口指扫描仪与计算机的连接方式，目前大多使用 USB 接口。

（6）配套软件

扫描仪的功能都要通过相应的软件来实现，配套软件的选择对一般用户来说非常重要，选择不当，操作就有一定的困难。不熟悉英文的用户应选择中文操作界面的扫描仪，这样才能较快地熟练操作。除驱动程序和扫描操作界面以外，几乎每一款扫描仪都会随机赠送一些图像编辑、文字识别等软件。

2.1.3 其他输入设备

计算机的输入设备除了常用的键盘、鼠标、扫描仪外，还有手写板、麦克风、摄像头、数码相机、数码摄像机等，如图 2-8 所示。

图 2-8 手写板、数码相机、摄像头、麦克风、数码摄像机

2.1.3.1 手写板

早期的手写板主要解决文字录入问题，现在的手写板功能强大，但又易于使用，结合压力敏感笔、面板和软件，可以在很自然的状况下，有足够的精度来完成图画、手写、素描、上色、图画编辑及复杂的电脑辅助设计工作，就像在纸上面书写一样。

2.1.3.2 触摸屏

触摸屏具有界面直观、操作简单、"一触即发"的优点，大大改善了人与计算机的交互方式。与键盘输入法相比，它更显得直观、自然，特别是给非计算机专业的人员带来了极大的方便，免除了对键盘以及对某一应用软件不熟悉的苦恼、有效地提高了人机对话的效率。与鼠标器相比，其则更为简单，特别是在公众信息查询、产品广告咨询、教育系统等应用领域，可以说是当前最简便的输入手段之一。

2.1.3.3 麦克风

麦克风（Microphone，简称 MIC）是将声音信号转换为电信号的能量转换器件，俗称话筒。声音被转换成模拟电信号后，还必须由声卡再将其转换为数字信号，计算机才能处理和保存。

2.1.3.4 摄像头

摄像头作为监控设备在日常生活中被大量使用。家用摄像头可以方便自己通过网络和亲朋好友实现面对面的交流，还可以当简单的数码相机进行拍照，或当摄像机完成录像功能，还可结合软件摄像头完成扫描仪或监控的功能。一般摄像头不能独立使用，因为其图片质量差，且无存储能力。

2.1.3.5 数码相机

数码相机主要用于拍摄动、静态的高清晰度的照片。它的镜头可更换、变焦能力能强，这些都是摄像头和 DV 所不具备的，但其连续拍摄能力不如摄像头，功能和存储能力不如 DV。

2.1.3.6 数码摄像机

数码摄像机（Digital Video，DV）可把拍摄到的活动影像转换为数字信号，连同麦克风记录的声音信号一起存储为影片，适合长时间连续高清拍摄，还可作数码相机使用。数码摄像机可通过 USB 或 IEEE1394 接口与计算机连接，还能与电视连接播放照片或视频。与传统的光学摄像机相比，DV 的图像分辨率高，画质清晰，色彩逼真，失真极小。而且 DV 小巧轻便，功能强大，使用起来非常灵活、方便。如今，DV 以其卓越的性能及相对低廉的价格受到了广大用户的青睐。

2.2 输出设备

输出设备（OutputDevice）是人与计算机交互的设备，用于数据的输出。它的功能与输入设备相反，是将计算机内部的以 0 和 1 表示的数字信息转换为人能够接收的数字、字符、图形、图像、声音等模拟信息形式。常见的输出设备有显示器、打印机、绘图仪、影像输出系统（如：投影机、高清数字电视等）、语音输出系统（如：电脑音箱、家庭影院中的音响设备）等。

2.2.1 显示器

显示器又称监视器，是实现人机对话的主要工具。它既可以显示键盘输入的命令或数据，也可以显示计算机数据处理的结果。

2.2.1.1 显示器分类

（1）按显示器的显示管分类

1）CRT

CRT（Cathode Ray Tube，阴极显像管）显示器，太笨重、辐射大，已淘汰。

2）LCD

LCD（Liquid Crystal Display，液晶显示器）优点是机身薄、占地小、辐射小；缺点是色彩不够艳，可视角度不高等。它是目前市场上的主流显示器。

3）LED

LED（Light Emitting Diode，发光二极管）显示器优点是色彩鲜艳、动态范围广、亮度高、寿命长、工作稳定可靠；缺点是分辨率一般较低，价格也比较昂贵。目前市面上所谓的 LED 显示器，其实是"LED 背光液晶显示器"。

4）3D

使用 3D 显示器，不用戴上眼镜就能观看立体影像，显示器的 3D 技术中，不闪式 3D 技术是如今最常使用的。

CRT 显示器和 LCD 显示器如图 2 -9 所示。

图 2 - 9　CRT 显示器（左）和 LCD 显示器（右）

（2）按屏幕长宽比分类

显示器常见的长宽比有 4：3、5：4、16：9 和 16：10 四种。目前主流的 LCD 显示器的长宽比为 16：9 和 16：10，如图 2 -10 所示。

所谓 16：9 显示器是指显示器屏幕（除去边框）的长宽比，16：9 显示器能够达到 1080P 的全高清分辨率。现在常见的 16：9 显示器的尺寸包括 19 寸、21.5 寸、21.6 寸、23.5 寸以及 23.6 寸。

目前 16：9 显示器在全球市场处于绝对的主流位置，而 16：10 显示器眼下的主流是 22 寸，很多的办公用户，使用这个长宽比的显示器。另外，苹果的显示器产品多数采用 16：10 的尺寸，还有很多 CAD 专业用户也在使用 16：10 显示器。

图 2 - 10　16：9 和 16：10 显示器

（3）按显示屏幕大小分类

屏幕大小用屏幕对角线的长度来衡量，其单位是英寸（1 英寸＝25.4mm），通常有 17、19、20、21.5、22、23、23.6、24、26 英寸或者更大。

（4）按面板类型

目前最流行的是液晶显示器。液晶面板（屏幕）主要分为 2 大类：TN 和广角面板。TN 类面板生产技术成熟，良品率高，价格便宜，缺点是视角小，色彩只能达到 16.2M 色，不利于色彩的还原。广角面板又可分为 IPS 面板，MVA 面板以及 PVA 面板，其价格都很高，但是色彩均可达到 16.7M 色且视角超过 170 度。目前市场中采用广角面板的显示器大约只有 5% 左右，其余大部分都是价格便宜的 TN 类型液晶显示器。

1）TN 面板

TN（Twisted Nematic，扭曲向列型）面板技术比较成熟，被广泛应用于入门级和中低端的液晶显示器当中，价格便宜，响应时间较快是它最大的优势，但可视角度仅有 140 度，并且在色彩还原方面不如其他高端面板。

2）IPS 面板

IPS（In－Plane Switching，平面转换）面板由日立公司推出，其最大的优点是具有超强逼真的色彩还原能力，但其响应时间比较长，且制作成本较高，因此大多应用在高端专业绘图液晶显示器上。另外 IPS 面板的可视角度很大，基本上可以达到 CRT 显示器的水平，并且色彩还原能力强，不过在对比度，响应时间及黑底色以及色彩饱和度上表现差强人意。其经济型版本被称为 E－IPS（Economic IPS）。

3）MVA 面板

MVA（Multi－domain Vertical Alignment，多象限垂直配向技术）面板由富士通公司研发，可以说它是最早的广视角技术，其视野角度可达到 170 度以上，同时对比度也有很大提升，并且色彩显示能力达到了 16.7M。

4）PVA 面板

PVA（Patterned Vertical Alignment，图像垂直调整技术）面板由三星公司开发，是 MVA 面板的衍生，其视角也可达到 170 度，响应时间、对比度以及色彩还原能力等方面，都得到了很大改善，可以说，PVA 液晶面板除了价格以外几乎没有弱点。其简化版称为 C－PVA。由于制作成本较高，PVA 面板多用于液晶电视以及高端绘图 LCD。

5）PLS 面板

PLS（Plane to Line Switching，面线转换）面板在可视角度、色彩、亮度上的表现都接近 IPS 面板，但价格要低很多。PLS 针对的就是入门级消费、专业广视角显示器。

通过表 2－1 我们可对各种类型液晶面板的特点作个对比。

表 2－1　　　　　　　　各种类型液晶面板的特点

液晶显示器各种面板类型比较				
面板种类	响应时间	对比度	亮度	可视角度	价格
TN	短	普通	普通	大	便宜
IPS	普通	普通	高	大	昂贵

表2-1(续)

液晶显示器各种面板类型比较				
E-IPS	普通	普通	普通	较大	一般
PVA	较长	高	高	较大	昂贵
C-PVA	较长	高	普通	较大	一般
PLS	普通	普通	高	较大	一般

2.2.1.2 显示器接口

早期的显示器只有交流电源输入接口和连接显卡的 VGA 或 DVI 接口，如图 2-11 所示。高端显示器的接口比较丰富，以 DELL 2408WFP 为例，如图 2-12 所示，它的接口包括：

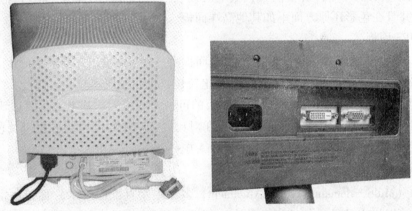

图 2-11 普通显示器背面的接口

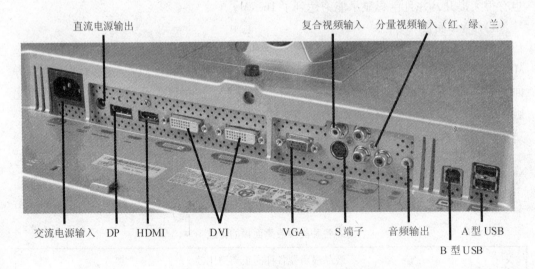

图 2-12 DELL 2408WFP 显示器接口

（1）电源输入接口。电源输入接口包括交流电源输入和直流电源输入两个接口。
（2）视频输入接口。视频输入接口包括 VGA、DVI、HDMI、DP、S 端子、复合视频输入（AV）和分量视频输入共七个接口。

（3）音频输出接口。HDMI、DP 接口中都含有音频信号，通过此接口可将音箱直接连接到显示器上。有些显示器甚至提供 5.1 声道音频输出。

（4）USB 接口。

2.2.1.3　液晶显示器的性能指标

（1）屏幕尺寸

常见的液晶显示器有 17、19、20、21.5、22、23、23.6、24、26 英寸。

（2）点距

液晶显示器所标示的尺寸就是实际可以使用的屏幕范围。例如，一个 15.1 英寸的液晶显示器约等于 17 英寸 CRT 屏幕的可视范围。

液晶显示器的点距和可视面积有直接的对应关系，以 14 寸的液晶显示器为例。14 寸的液晶显示器的可视面积一般为 285.7mm×214.3mm，而 14 寸的液晶显示器的最佳分辨率为 1024×768，由此，可以计算出此液晶显示器的点距是 285.7/1024 或者 214.3/768 等于 0.279mm。整个屏幕任何一处的点距都是一样的，从根本上消除了非线性失真。

（3）最佳分辨率

液晶显示器显示原理是直接把显卡输出的模拟信号处理为带"地址"信息的数字信号，任何一个信号的色彩和亮度信息都是跟屏幕上的像素点直接对应的，所以液晶显示器不能像 CRT 显示器那样支持多个显示模式，液晶显示器只有在显示跟该液晶显示板的分辨率完全一样的画面时才能达到最佳效果，因而最佳分辨率也可以说是真实分辨率。

分辨率高意味着屏幕内显示的像素更多，应用时可以放置更多的内容在屏幕内。但分辨率越高，显卡的负担也越大。

（4）屏幕比例

常见的屏幕长宽比有 4∶3、5∶4、16∶9 和 16∶10 四种。相同尺寸的显示器就屏幕面积而言 5∶4 > 4∶3 > 16∶10 >16∶9。那相同尺寸不同屏幕比例的屏幕面积又相差多少呢？经过计算我们得知 4∶3 相比 5∶4 屏幕面积缩减了 1.6%，16∶10 相对于 4∶3 屏幕面积缩减了 6.4%，而 16∶9 相对于 16∶10 屏幕的物理面积则缩小了 5%。

（5）面板类型

常见的液晶显示器面板种类有：TN、IPS、E–IPS、PVA、C–PVA 和 PLS。

（6）亮度和对比度

亮度是指画面的明亮程度，单位是堪德拉每平方米（cd/m^2）。液晶显示器背光灯的亮度一般在 200 到 250 cd/m^2 之间，超过了 CRT 显示器的亮度。目前市场上液晶显示器的亮度普遍都为 250cd/m^2，超过 24 英寸的显示器则要稍高，但也基本维持在 300~400 cd/m^2 间，虽然技术上可以达到更高亮度，但是这并不代表亮度值越高越好，因为太高亮度的显示器有可能使观看者眼睛受伤。

对比度：这一指标表明了画面中最白的部分和最黑的部分之间的亮度差异。目前主流的液晶显示器对比度通常在 150∶1 到 350∶1，高端的液晶显示器可以达到 500∶1。

对比度是直接体现该液晶显示器能否体现丰富的色阶的参数，对比度越高，还原的画面层次感就越好。

（7）响应时间

响应时间指的是液晶显示器各像素点对于输入信号的反应时间，液晶显示板在接收到驱动信号后从最亮到最暗的转换需要一定时间。此值当然是越小越好。如果响应时间太长了，就有可能使液晶显示器在显示动态图像时，有尾影拖曳的感觉。一般的液晶显示器的响应时间在 5~10ms 之间。

（8）可视角度

可视角度是指能观看到可接受失真值的视线与屏幕法线的角度。由于液晶显示器属于背光型显示器件，所以从不同的角度观看液晶显示器，其颜色效果并不相同。其发出的光由液晶板后的背光灯提供，而液晶主要是依靠控制液晶体的偏转角度来显示画面，这必然导致液晶显示器只有一个最佳的欣赏角度，即正视。市场上，大部分液晶显示器的可视角度都在 160 度左右。随着各种广视角技术的出现，改善了液晶显示器的视角特性，如：IPS、MVA、PVA、PLS 面板液晶显示器的可视角度达 178 度，已经非常接近传统的 CRT 显示器。

（9）最大显示色彩数

液晶显示器的每个像素点由红、绿、蓝（R、G、B）三基色组成，低端的液晶显示板，各个基色只能表现 6 位色，即 2 的 6 次方 = 64 种颜色。每个独立像素可以表现的最大颜色数是 64×64×64 = 262144 种颜色。高端液晶面板每个基色则可以表现 8 位色，即 2 的 8 次方 = 256 种颜色，像素能表现的最大颜色数为 256×256×256 = 16777216（16.7M）种颜色。这种显示板显示的画面色彩更丰富，层次感也好。

2.2.2 音箱

音箱是将音频电信号转换成人耳能接收的声音（声波信号）的一种设备。与家用音响系统中的音箱不同，它内部包含功率放大器（功放），需要外接电源才能工作，所以也被称为"有源音箱"。目前主流的电脑音箱如图 2-13 所示，其中最常见的为 2.1 音箱。

2.0 音箱　　　　2.1 音箱　　　　5.1 音箱　　　　7.1 音箱

图 2-13　主流的电脑音箱

2.2.2.1　音箱的分类

（1）2.0 音箱

2.0 音箱，也称书架式音箱，是一种最传统的音箱，它使用两个外形完全相同的立方体箱体，其中一个内置功放电路，称为主箱，另一个则称为副箱。两个箱体使用两分频设计（即一个高音扬声器和一个中低音扬声器）或同轴设计（单独使用一个可以播放全部频段声音信号的扬声器)。这种音箱结构性能最平衡、设计最简单。但由于受体积限制，就性能而言，其低音效果一般较差。

所谓"分频"，就是根据声音的频率高低，用分频电路，让高频声音信号由一个高音扬声器来发声，而中低频率的声音信号则由中低音扬声器发声。这种将信号分为"高音"、"中低音"的方式称为"二分频"技术，而将信号分为"高音"、"中音"、"低音"三个部分，分别交给高音、中音、低音扬声器来发声的方式称为"三分频"技术。由于分频技术让不同类型的扬声器专门服务其对应的信号，因此能让音箱的整体效果表现更好。

(2) 2.1 音箱

2.1 音箱利用声学上 300Hz 以下的低音指向性很差的原理，让分频电路将音源中的低音信号分离出来，并单独让一个低音音箱来播放低音信号（这个音箱也就是常说的"低音炮"），而中高音仍然用两个主音箱来播放。

(3) 4.1 音箱

4.1 音箱是在 2.1 音箱的基础上改进的。它在 2.1 音箱的基础上，增加了两个专门用来播放外围及背景音乐的音箱，而新增加的这两个音箱一般都摆放在听众的后面，因此又称为"环绕音箱"。如此一来，加上以前的那两个主音箱及一个低音炮，4.1 音箱共有 5 个音箱。

4.1 音箱中的两个主音箱一般摆放在显示器的两边，因此又称为"前置左声道"音箱和"前置右声道"音箱，而低音炮一般摆放在显示器的下面，至于环绕音箱，因为它们摆放在听众的后面，因此又叫"后置左环绕"音箱和"后置右环绕"音箱。

就 4.1 音箱而言，与其对应的是四声道声卡，它与 2.1 音箱一样，那个".1"的低音声道仍然是通过抽取每个声道中的低音频段的信号组合而成的，并没有单独的低音声道。

(4) 5.1 音箱

5.1 音箱是专为电脑影院系统设计的，它需要与 5.1 声道声卡配套使用。5.1 音箱在 4.1 音箱的基础上增加了一个"中置"音箱，用来摆放在显示器的上面，正对着听众。因此，5.1 音箱共有 6 个音箱。

5.1 音箱与 4.1 音箱相比，并不是只增加了一个音箱这么简单，它最大的特点是具有独立的低音声道，因此它的低音炮所播放的低音信号，是由声卡上的低音声道独立提供的。

5.1 音箱是专为电脑影院系统设计的，当用户在欣赏影片时，中置音箱负责影片中人物的对白部分，因为人物对话一般都会位于屏幕中央，中置音箱能更逼真地实现现场感；两个前置主音箱则用来弥补屏幕中央以外或不能从屏幕看到的动作及其他声音；两个后置环绕音箱主要负责外围及背景音乐，让人感觉置身于整个场景的正中央。5.1 音箱的布局如图 2-14 所示。

其他还有 6.1、7.1 和 9.2 音效系统，它们主要出现在电影院。相对 5.1 音效系统，6.1 增加了一个后中置，7.1 则是增加了两个侧环绕音箱，这对音箱被放置在与收听者呈 90 至 110 度的角度，主要负责前方侧面声音的回放，环绕效果进一步增强。9.2 是在 7.1 声道的基础上再加两个前效果音箱组成的。

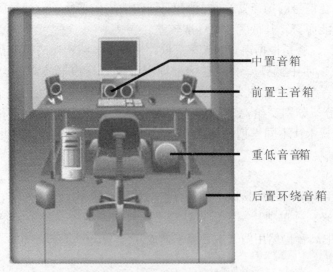

中置音箱

前置主音箱

重低音音箱

后置环绕音箱

图2-14　5.1音箱布局

2.2.2.2　音箱的性能指标

音箱作为声音的还原设备就是将电信号转换成声音信号，然后将声音信号释放出来。对录制的声音还原质量的好坏就应该成为评价音箱的标准，这就是我们常说的保真性。还原质量好的音箱通常被叫做高保真音箱。然而并不一定高保真的音箱就是最好听的音箱，因为这与人耳对不同频率的声音的敏感程度有关。音箱的性能指标主要有以下几点：

（1）功率

根据国际标准，功率有两种标注方法：额定功率和最大承受功率（瞬间功率或峰值功率）。要声明的是，这与音箱本身音质音色方面的性能无关。音箱的功率不是越大越好，适用就是最好的，对于普通家庭用户的20平方米左右的房间来说，额定功率50W就足够了，没有必要去过分追求高功率。

（2）频率响应范围

频率响应范围是指音箱最低有效回放频率与最高有效回放频率之间的范围。人耳能够直接听到的声音的频率范围大约为20Hz～20kHz，大多数中低档有源音箱的频率范围大约为100Hz～16kHz，高保真音箱设备的频率响应范围应可达15Hz～100kHz。

（3）信噪比

信噪比是指功放最大不失真输出电压与残留噪声电压之比，其单位为分贝，以dB表示。信噪比是反映有源音箱噪声大小的参数。噪声大的音箱音质较差，信噪比至少要达到75分贝以上才能有良好的重放效果。

（4）失真度

失真度以百分数表示，一些音箱的失真度标为放大器芯片的失真度，其数值是越小越好。

音箱的失真度定义与放大器的失真度基本相同，不同的是放大器输入的是电信号，输出的还是电信号，而音箱输入的是电信号，输出的则是声波信号。所以音箱的失真度是指电声信号转换的失真。不推荐购买失真度大于5%的音箱。

（5）磁屏蔽功能

扬声器上的磁铁对周围环境有干扰，为避免它对显示器和磁盘上的数据产生干扰，要求音箱具有较强的磁屏蔽功能。

（6）静态噪音

静态噪音是指没有接入信号时，将音量开关调到最大位置所发出的噪声。这种噪声是有源音箱中放大电路所产生的，越小越好。

2.2.3 打印机

打印机是将计算机的处理结果打印在纸张上的输出设备。人们常把显示器的输出称为软拷贝，把打印机的输出称为硬拷贝。

2.2.3.1 打印机的分类及特点

从打印原理来看，市面上常见的打印机可分为喷墨打印机、激光打印机和针式打印机。另外，比较常见的是多功能一体机。常见的打印机如图 2-15 所示。

图 2-15 喷墨打印机、激光打印机、针式打印机和多功能一体机

（1）针式打印机

针式打印机曾经有着重要的地位，到目前也未被完全淘汰，其原因是它有极低的打印成本、很好的易用性、具备单据打印的特殊功能。但它打印质量低、噪声大、无法适应高质量、高速度的商用打印需要，所以现在只有在银行、超市等用于票单打印的很少的地方可以看见它的踪迹。

（2）喷墨打印机

彩色喷墨打印机因其有着良好的打印效果与较低价位的优点因而占领了广大中低端市场。在打印介质的选择上，喷墨打印机也具有一定的优势：既可以打印信封、信纸等普通介质，还可以打印各种胶片、照片、光盘封面、卷纸、T恤转印纸等特殊介质。

（3）激光打印机

激光打印机分为黑白和彩色两种，它为我们提供了更高质量、更快速、更低成本的打印方式。虽然激光打印机的价格要比喷墨打印机贵很多，但从单页的打印成本上讲，激光打印机则要便宜很多。

（4）多功能一体机

多功能一体机是集打印、复印、扫描、传真为一体的产品，但它以打印为基础功能，因为复印和接收传真都需要打印功能支持。因此多功能一体机可分为"激光型产品"和"喷墨型产品"两大类。并且同普通打印机一样，喷墨型多功能一体机的价格较为便宜，同时能够实现彩色打印，但使用时单位成本较高；而激光型多功能一体机的价格较高，但它在使用时单位成本比喷墨型低。

目前较为常见的多功能一体机有两种类型：一种涵盖了三种功能，即打印、扫描、复印，另一种则涵盖了四种，即打印、复印、扫描、传真。

2.2.3.2 打印机耗材

打印机的耗材有：硒鼓，墨粉，墨盒，色带等几种，如图2-16所示。

（1）色带

色带用于针式打印机，可分为宽带和窄带。部分色带可以单独更换，部分色带须连色带架一起更换。可以根据需要，更换不同颜色的色带。

（2）墨水、墨盒

墨水、墨盒用于喷墨打印机。根据打印颜色的不同，墨水有4色、5色或6色等几种，现在打印机一般可单独更换其中一种颜色的墨水。有些打印机墨水用完后，只要换用完的墨水，打印喷头可以永久使用。其优点是成本低，缺点是打印头多次使用后，打印质量有所下降，也容易出现堵塞喷嘴的问题，严重的话打印机要维修或报废；有些打印机喷嘴和墨盒是一体的，墨盒成本比较高，但好处是若喷嘴堵塞，换掉墨盒后，打印机还能用，打印质量也可以保持。

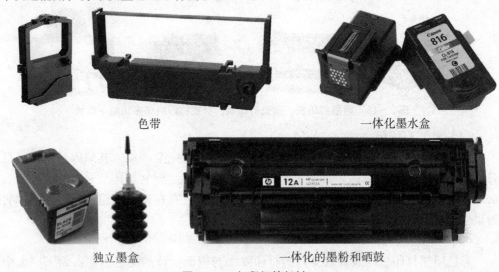

色带　　　　　　　　　　　　　　　　　　　一体化墨水盒

独立墨盒　　　　　　　　一体化的墨粉和硒鼓

图2-16　打印机的耗材

（3）墨粉、硒鼓

墨粉、硒鼓用于激光打印机。有些激光打印机的墨粉和硒鼓是分离的，墨粉用完后，可以方便地填充墨粉，然后继续使用，直到硒鼓老化更换；有些激光打印机墨粉和硒鼓是一体的，墨粉用完后，硒鼓和墨粉一起更换。硒鼓的成本通常占整机成本的很大一部分。

相对而言，色带的使用成本最低，但是打印效果不理想；激光打印机墨粉和硒鼓，使用成本最高，打印精度最高，但打印彩色效果不如喷墨打印机；喷墨打印机墨水和墨盒，使用成本适中，打印彩色效果目前最好，打印精度较高，但一般喷墨彩色保持不及激光耐久，时间长容易褪色，受潮易发生变化。

2.2.3.3 打印机性能指标

（1）打印质量（分辨率）

人们都希望打印机输出的文字和图形清晰、美观，一般说，打印机的打印分辨率越高，输出效果就越好。打印分辨率的单位为DPI（每英寸点数），如360×180DPI表示，在一平方英寸上可打印 360 行，每行 180 个点。

目前针式打印机的分辨率一般为：360×180DPI；喷墨打印机最高分辨率可达：5760×1440DPI；主流激光打印机分辨率一般为：600×600DPI 或 1200×1200DPI。

（2）打印速度

打印速度指标，通常用每分钟可输出多少页面即 PPM（每分钟页数）来衡量。打印机的输出速度关系到工作效率，因此这也是一个重要的选择参数。通常针式打印机的平均打印速度为 70～250 个汉字/秒；喷墨打印机在打印黑白文本时可达 30PPM，打印彩色照片时要慢得多；激光打印机黑白和彩色打印速度都在 20～35PPM。

（3）打印介质类型

针式打印机：普通纸、单页多联表格、卡片、连续纸（单联和多联）、带标签的连续纸、信封、卷纸等。

喷墨打印机：普通纸、喷墨打印纸、恤衫转印纸、照片质量喷墨卡片等。

激光打印机：普通纸、证券纸、轻质纸、牛皮纸、穿孔纸、再生纸、彩纸、粗纸、投影胶片、信封、信头纸、标签、卡片等。

针式打印机的介质厚度可较大，一次可打印多页纸，因此具备复写能力，还可打印存折、证件等较厚的介质。喷墨和激光打印机在打印彩色图片时对纸张的要求较高。

（4）打印成本

由于打印机不是属于一次性资金投入的设备，因此打印成本自然也就成了用户必须关注的指标之一。打印成本主要由打印机成本、纸张成本和耗材成本构成。需要注意的是不能片面追求打印成本的低廉，而去使用伪劣的打印耗材，这样做表面上是节省了打印费用，实际上可能会缩短打印机的寿命。

（5）打印幅面

不同用途的打印机所能处理的打印幅面是不相同的，不过正常情况下，打印机可以处理的打印幅面主要有 A4 和 A3 两种。家庭和办公使用 A4 幅面就够了，条幅打印或者是数码影像打印时，可能使用到 A3 幅面的打印机。有专业输出要求的打印用户，例如工程晒图、广告设计等，就需要考虑使用 A2 或者更大幅面的打印机了。

（6）打印接口

目前市场上打印机产品的主要接口类型有：并行接口和 USB 接口。并行接口速度较慢，不支持热拔插，USB 接口速度快，且支持即插即用和热拔插。

（7）纸匣容量

纸匣容量指标表示打印机支持多少个输入、输出纸匣，每个纸匣可以容纳多少张打印纸。该指标是打印机纸张处理能力大小的一个评价标准，同时还可以间接说明打印机的自动化程度的高低。纸匣容量越大，打印机的工作效率就越高。

2.3　外部存储设备

存储设备是计算机保存信息的设备，通常是将信息数字化后再以利用电、磁或光学等方式的媒体加以存储。外部存储设备（简称外存）是与内存相对应的，内存是计算机工作所必需的存储器，为了满足内存对速度的要求，内存通常使用 RAM 芯片来构成，如内存条和高速缓存，但 RAM 芯片价格高，容量小，断电后数据会丢失，所以必须由价格低，容量大，断电后数据不会丢失的外存来存储计算机所需的数据、程序和处理结果，但相对于内存，外存通常速度很慢。常见的外部存储设备有硬盘、U 盘、存储卡、光盘与光驱等。

外部存储设备和输入/输出设备都属于外设，但它和输入/输出设备最根本的区别是：外部存储设备不作数据转换，因为计算机使用二进制，简单来说就是计算机只识别 0 和 1，输入/输出设备的功能就是完成模拟信息与数字信息（0 和 1）的转换，外部存储设备的功能是长期保存这些 0 和 1。

2.3.1 硬盘

硬盘是计算机的重要外部存储设备。硬盘是机、电、磁一体化的高精密技术产品，与其他外部存储器相比，它具有速度快、容量大等优点，但复杂精密易损坏。目前最流行的是 SATA 接口的硬盘。

2.3.1.1 硬盘分类

硬盘常见接口有 IDE、SATA 和 SCSI 三种。IDE 和 STAT 接口硬盘多用于家用产品中，也部分应用于服务器，小型计算机系统接口（Small Computer System Interface，SCSI）并不是专门为硬盘设计的接口，是一种广泛应用于小型机上的高速数据传输技术。SCSI 接口具有多任务、带宽大、CPU 占用率低，以及热插拔等优点，但较高的价格使得它很难如 IDE 硬盘般普及，因此 SCSI 硬盘主要应用于中、高端服务器和高档工作站中。

（1）IDE 硬盘

集成驱动器电气（Integrated Drive Electronics，IDE）接口也叫高级技术附件（Advancde Technlolgy Attachment，ATA）接口。IDE 把盘体与控制器集成一起，可减少硬盘端口的电缆数目与长度，数据传输可靠。IDE 硬盘、IDE 数据线和 IDE 接口如图 2-17 所示。

IDE 硬盘　　　　IDE 数据线

图 2-17　IDE 硬盘、IDE 数据线和 IDE 接口

以下是 IDE 标准的发展情况：

1）ATA-1（IDE）

ATA-1 是最早的 IDE 标准的正式名称。ATA-1 在主板上有一个插口，支持一个主设备和一个从设备，每个设备的最大容量为 504MB，数据传输率为 3.3MB/s，使用 40 针数据线。

2）ATA-2（EIDE/FastATA）

ATA-2 是对 ATA-1 的扩展，其数据传输率为 16.7MB/s，支持最高容量为 8.1GB，主板上有两个 IDE 插口，支持 4 个 IDE 设备。

3）ATA-3（FastATA-2）

ATA-3 的数据传输率为 16.7MB/s，引入了简单的密码保护，能对电源管理进行修改，且引入了 S. M. A. R. T（Self-Monitoring Analysis and Reporting Technology，自我监测、分析报告技术）。

4）ATA-4（UltrATA、UltraDMA、UltraDMA/33）

ATA-4 的数据传输率为 33.3MB/s，其在总线占用上引入了新的技术，减少了 CPU 的负担。

5）ATA-5（UltraDMA/66、UltraDMA/100）

ATA-5 的数据传输率为 100MB/s，硬盘盘片转速可达每分钟 7200 转。

ATA 接口的主要缺点是：速度较慢、对数据电缆的长度限制严格、信号干扰较严重。在 ATA-5 之后引入 80 针排线可以缓解信号干扰，却无法根除，传输率提高到 133MHz 时会产生新的干扰。

（2）SATA 硬盘

SATA（Serial ATA，串行 ATA）。SATA 1.0 定义的数据传输率可达 1.5Gbps（150MB/s），这比最快的并行 ATA（即 ATA/133）所能达到的 133MB/s 的最高数据传输率还高，而 Serial ATA 2.0 的数据传输率达到 3Gb/s（300MB/s）。SATA 3.0 规格相比 SATA 2.0 版本频宽提升一倍至 6Gb/s（750MB/s）。

SATA 具备更强的纠错能力，能对传输的数据或指令进行检查；如果发现错误会自动矫正，这在很大程度上提高了数据传输的可靠性。IDE 硬盘需要通过跳线来设置主从盘。而 SATA 不需要设置主从盘跳线，结构简单，安装方便。另外 IDE 硬盘不支持热插拔，而 SATA 支持热插拔，可以像 U 盘一样使用。SATA 硬盘、SATA 数据线和 SATA 接口如图 2-18 所示。

图 2-18　SATA 硬盘、SATA 数据线和 SATA 接口

2.3.1.2　硬盘的结构

硬盘主要包括：外壳、盘片、磁头、盘片主轴、控制电机马达、磁头控制器、数据转换器、接口、缓存等几个部分。

（1）硬盘的外部结构

硬盘的外部结构主要包括外壳、控制电路板和接口，如图 2-19 所示。

1）外壳

外壳的作用是防尘、散热、隔音，在硬盘的正面贴有硬盘标签，标签上主要标注着产品型号、产地、出厂日期、产品序列号、设置方法等信息。而硬盘的背面则是控制电路板，同时在硬盘的一端有数据接口和供电接口设计。

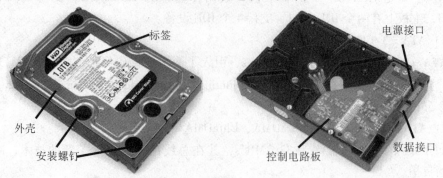

图 2-19　硬盘的外部结构

2）控制电路板

控制电路板的作用是控制和协调整个硬盘系统正常工作，如图 2-20 所示。从图 2-20中可以看到，该硬盘采用了 Marvell 88i8845E-BHY2 主控芯片，内部集成了 32MB 缓存，用于提高数据传输率，电机控制芯片是 SMOOTH 的 L7251。

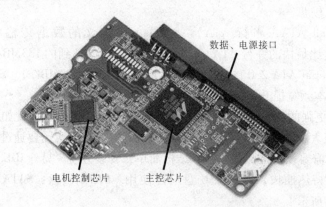

图 2-20　硬盘的控制电路板

3）硬盘的接口

目前硬盘的接口主板有两种：IDE 接口和 STAT 接口，如图 2-21 所示。

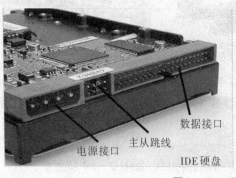
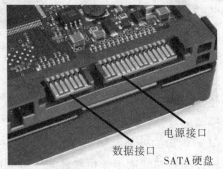

图 2-21　硬盘的接口

（2）硬盘的内部结构

硬盘内部主要由盘片、主轴组件和磁头组件组成，其内部结构如图2-22所示。

1）盘片

磁盘盘片是硬盘存储数据的载体。现在的硬盘盘片大多采用金属薄膜材料，这种金属薄膜较软盘的不连续颗粒载体具有更高的存储密度。

一般硬盘的盘片是由多个重叠在一起并由垫圈隔开的盘片组成，也就是我们常说的该硬盘是几碟装，图2-22中1TB硬盘采用了三碟装设计。

图2-22　硬盘内部结构

2）主轴组件

硬盘的主轴组件包括轴承和驱动电机等。硬盘在工作时，通过驱动电机的转动，将盘片上用户需要存取的资料所在的区域带到磁头下方，电动机的转速越快，用户存取数据的时间也就越短。一般硬盘的转速为：3600转、4500转、5400转、7200转、10 000转、15 000转等。

3）磁头组件

磁头驱动机构是硬盘中最精密的部位之一，它由读写磁头、传动手臂、传动轴三部分组成。磁头是硬盘技术中最重要和关键的一环，实际上是集成工艺制成的多个磁头的组合，它采用了非接触式结构，加后电磁头在高速旋转的磁盘表面移动，与盘片之间的间隙只有0.1~0.3um，这样可以获得很好的数据传输率。现在转速为7200RPM的硬盘飞高一般都低于0.3um，如图2-23所示，以利于读取较大的高信噪比信号，提供数据传输率的可靠性。千万不要随意打开硬盘的外壳，因为硬盘的内部是真空的，一旦进入灰尘就会报废。

2.3.1.3　硬盘的性能指标

（1）容量

作为计算机系统的数据存储器，容量是硬盘最主要的参数。

硬盘的容量以MB、GB或TB为单位，1GB＝1024MB，1TB＝1024GB。但硬盘厂商

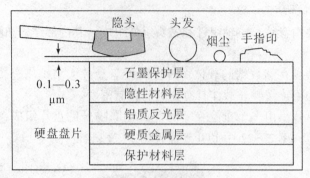

图 2 - 23　磁头高度

在标称硬盘容量时通常取 1G = 1000MB，因此我们在 BIOS 中或在格式化硬盘时看到的容量会比厂家的标称值要小。目前单个硬盘的容量可达 4TB。

硬盘的容量指标还包括硬盘的单碟容量。所谓单碟容量是指硬盘单片盘片的容量，单碟容量越大，单位成本越低，平均访问时间也越短。

（2）数据传输率

硬盘的数据传输率是指硬盘读写数据的速度，单位为兆字节每秒（MB/s）。硬盘数据传输率又包括了内部数据传输率和外部数据传输率。

内部传输率反映了硬盘缓冲区未用时的性能。内部传输率主要依赖于硬盘的旋转速度。

外部传输率也称接口传输率，它是系统总线与硬盘缓冲区之间的数据传输率，外部数据传输率与硬盘接口类型和硬盘缓存的大小有关。外部数据传输率上限取决于硬盘的接口，目前流行的 IDE 接口最高理论值可达 133MB/s，SATA3 接口可达 6Gb/秒（750 MB/s）。

（3）转速

硬盘的转速是指主轴电机的转速，也是盘片的转速，单位是（Round/Minute），即每分钟圈数。硬盘的主轴转速是决定硬盘内部数据传输率的决定因素之一，它在很大程度上决定了硬盘的速度，同时也是区别硬盘档次的重要标志。常见的硬盘转速有：5400 R/M、7200 R/M、10 000 R/M 、15 000 R/M。

（4）平均访问时间

平均访问时间是指磁头从起始位置到达目标磁道位置，并且从目标磁道上找到要读写的数据扇区所需的时间。

平均访问时间体现了硬盘的读写速度，它包括了硬盘的寻道时间和等待时间，即平均访问时间 = 平均寻道时间 + 平均等待时间。

硬盘的平均寻道时间是指硬盘的磁头移动到盘面指定磁道所需的时间。硬盘的平均等待时间是指磁头已处于要访问的磁道，等待所要访问的扇区旋转至磁头下方的时间。平均等待时间为盘片旋转一周所需的时间的一半。

（5）缓存容量

硬盘缓存的目的是为了解决系统前后级读写速度不匹配的问题，以提高硬盘的读写速度。目前，SATA 硬盘的缓存容量为 8MB 到 64MB。

2.3.2 光盘与光驱

光盘是通过用激光束对记录介质操作来存储和还原信息的，光盘分不可擦写光盘，如 CD - ROM，DVD - ROM 等，和可擦写光盘，如 CD - RW，DVD - RAM 等。光驱是用来读写光盘的设备，对应不同的光盘有不同的光驱。

2.3.2.1 光盘的分类

（1）CD

1）CD - DA

CD - DA（CD - Digital Audio）数字光盘。用于存储数字音频信号，容量为 74 到 80 分钟（650MB 到 700MB），可在 CD 播放机、普通光驱中使用。

2）CD - ROM

CD - ROM（Compact - Disc - Read - Only - Memory）只读光盘。用于存储文字、图像和软件等数据，容量为 650MB，可在 CD - ROM 光驱和 DVD 光驱上使用。

3）VCD

VCD（Video CD）视频光盘。用于存储音、视频信号，容量为 74 分钟，在影碟机和光驱上使用。

4）CD - R

CD - R（Compact - Disc - Recordable）可一次写入光盘，容量为 650MB 到 730MB，可在 CD - R 光驱中刻写、读取，也可在普通光驱读取。

5）CD - RW

CD - RW（CD - ReWritable）可多次写入光盘（最多 1000 次写入），容量为 650MB，可在 CD - RW 光驱中刻写、读取，普通光驱也可读取。

（2）DVD

1）DVD - ROM

DVD（Digital - Versatile - Disk）数字多用途光盘。容量为 4.7GB 到 17GB，可储存 133 分钟的高分辨率全动态影视节目和 5.1 声道音效，图像和声音质量远超 VCD。

DVD 主要有以下几种格式：

格式	结构	容量
DVD5	单面单层	4.7GB
DVD9	单面双层	8.5GB
DVD10	双面单层	9.4GB
DVD18	双面双层	17GB

2）DVD - R

DVD - R（DVD Recordable）格式的数据写入后就不能再被修改，所以也称为一次性写入式 DVD 刻录格式。其容量为 4.7GB 到 9.4GB，可在 DVD 播放机和普通 DVD - ROM 驱动器上读取。

3）DVD - RW

DVD - RW（DVD Rerecordable）可反复擦除和写入数据，由先锋和夏普公司开发，容量为 4.7GB 到 17GB，主要用于刻录视频。DVD－RW 的优势是兼容性较好，可在 DVD－RW 光驱上刻写读取，也可以在大多数 DVD 播放机和普通 DVD－ROM 驱动器上读取。

4）DVD＋RW

DVD＋RW（DVD ReWritable）支持多次读写操作，是 DVD－R 与 DVD－RW 的复合片，由 Dell、HP、Philips、Sony、Yamaha 等几家公司开发，容量为 4.7GB 到 9.4GB，适合于数据存储、视频存储。其兼容性是现有几种刻录格式中是最好的，可在 DVD＋RW 光驱上刻写读取，也可以在大多数 DVD 播放机和普通 DVD－ROM 驱动器上读取。

5）DVD－RAM

DVD－RAM（DVD Random Acess Meory）其刻录原理与 CD－RW 一样。

DVD－RAM 盘片的最大优点是可以复写 10 万次以上，在所有的可复写记录媒介中排名第一，盘片容量为 4.7GB 到 17GB，最适合于数据存储，可像硬盘一样使用，也被称为"光硬盘"。但它只能在 DVD－RAM 光驱上刻写读取，不能在 DVD 播放机或 DVD－ROM 驱动器上使用。

常见的 DVD 光盘如图 2－24 所示。

图 2－24　常见的 DVD 光盘

（3）蓝光 DVD

目前市场上的蓝光 DVD 有两种，一是索尼主导的 BR－DVD，二是东芝主导的 HD－DVD，如图 2－25 所示。它们的共同特点是存储容量大，因此也被称为高密光盘。目前 BR－DVD 较为流行。

1）BR – DVD

BR – DVD（Blu – ray Disc DVD，蓝光 DVD）是利用波长较短（405nm）的蓝色激光读取和写入数据，并因此而得名（DVD 采用 650 纳米波长的红光读写器，CD 则是采用 780 纳米波长）。

一个单层的蓝光光碟的容量可达 27GB，足够存储一个长达 4 小时的高清影片，以 6×倍速刻录单层 27GB 的蓝光光碟只需大约 50 分钟。而双层的蓝光光碟容量可达到 54GB，4 层及 8 层的蓝光光碟容量分别为 100 及 200GB。

图 2 – 25　蓝光 DVD 光盘及 BR – DVD 和 HD – DVD 产品标识

2）HD – DVD

HD – DVD（High Definition DVD，高密 DVD）是一种数字光储存格式的蓝色光束光碟产品。HD – DVD 与其竞争对手 BR – DVD 相似，盘片均是和 CD 同样大小（直径为 120 毫米）的光学数字储存媒介，使用 405 纳米波长的蓝光读写。

HD – DVD 的最大优势在于，它的制造工艺和传统 DVD 一样，生产商可使用原 DVD 生产设备制造，不需要投资改建生产线。从存储容量来说，HD – DVD 和蓝光不相上下。一张可写入的单层 HD – DVD 可存储 15G 数据，双层可存储 30G，三层可存储 45G；而单层蓝光碟的存储容量是 27G，双层存储容量是 54G。只读格式下两种介质的存储容量差别也非常小。

BR – DVD 和 HD – DVD 都有可刻录盘，其中一次性可写有 BD – R（容量 25.0GB/50.0GB）和 HD DVD – R（容量 15.0GB/30.0GB），可多次重写的 BD RE（容量 25.0GB/50.0GB）和 HD DVD Rewritable（容量 15.0GB/30.0GB）。

2.3.2.2　光驱的分类

光驱按所读写的光盘不同分为 CD 光驱和 DVD 光驱；按接口不同分为 IDE 光驱和 SATA 光驱；按安装使用位置的不同可分为内置光驱和外置光驱。

（1）CD – ROM

CD – ROM（Compact Disc – Read Only Memory）光驱是只能读取 CD 光盘中的数据而不能对光盘数据进行写操作的光盘驱动器。CD – ROM 面板上有一个数字 48×或 52×等，它表示光驱读数据的速度，称作 48 倍速或 52 倍速，基本速度为 150KB/s，52 倍速即 52×150 KB/s ＝7800KB/s。

（2）CD – RW

CD – RW（CD – ReWritable）光驱是可重复刻录的光驱，与硬盘的数据读写方式相似。

CD – RW 光驱的外观如图 2 – 26 所示，其面板上通常有三个数字，如 52×32×

52×，它表示读 CD‐ROM 盘片的速度是 52 倍速，写 CD‐RW 盘片的速度是 32 倍速，写 CD‐R 盘片的速度也是 52 倍速。

图 2‐26　CD‐RW 驱动器外观

（3）DVD‐ROM

DVD‐ROM（Digital Versatile Disc）光驱即数字多功能光驱，如图 2‐27 所示。它具备读取多种光盘的功能，可兼容 CD‐ROM、CD Audio、VCD、CD‐R、CD‐RW 等多种光盘。随着 DVD 光驱及 DVD 光盘价格下降，已逐渐成为目前主流微机系统的常见设备。

图 2‐27　DVD‐ROM 驱动器外观

（4）COMBO

COMBO（康宝）光驱是集 CD‐ROM 读取、DVD 读取以及 CD‐RW 功能于一身的光盘驱动器。

支持蓝光光盘的驱动器称为蓝光康宝光驱。例如：先锋 BDC‐S02BKZ 光驱就是一款向下全兼容的蓝光康宝光驱。它可以兼容包括 BD‐ROM、BD‐R 和 BD‐RE 在内的所有蓝光格式。在 DVD 刻录方面包括 12 倍速的 DVD+/‐R，5 倍速 DVD‐RAM 以及 4 倍速 DVD+/‐R 写入。并且还支持 24 倍速的 CD 写入，但不支持蓝光光盘刻录。COMBO 驱动器和蓝光康宝光驱如图 2‐28 所示。

图 2‐28　COMBO 驱动器（左）和蓝光康宝光驱（右）

（5）Super Multi DVD

Super Multi DVD 也称全兼容 DVD，如图 2‐29 所示。DVD 刻录格式从一开始就分成包括 DVD‐RAM 和 DVD±R/RW 的三大类五种刻录格式。早期的 DVD 刻录机都是只支持三大类格式之一的单一型刻录机，但除了 DVD‐RAM 刻录机可以专心在专业数据存储领域发展之外，+/‐两种格式一直竞争非常激烈。横跨两大阵营的厂家开发了兼容+和‐这两种格式的刻录机，称之为 DVD Dual。Super Multi 除了完全兼容 Dual 模式支持的所有格式之外，还支持 DVD - RAM 这一最适合日常数据备份和数据传递的"光硬盘"技术。简单地说，Super Multi DVD 可播放 CD 和 DVD，刻录 CD - R/RW 和 DVD + R/RW、DVD - R/RW 及 DVD - RAM。

图 2 - 29　Super Multi DVD 外观

2.3.2.3　光驱的外部结构

各种光驱的结构基本相同，这里我们以 CD - ROM 光驱为例来说明其结构。

（1）CD - ROM 的正面

CD - ROM 光驱的正面，即控制面板的结构，如图 2 - 30 所示。

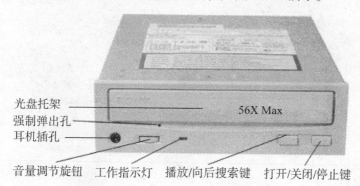

图 2 - 30　CD - ROM 光驱的控制面板

1）耳机插孔

连接耳机或音箱，可输出 CD 音乐。

2）音量调整旋钮

调节 CD 音乐输出音量大小。有的用两个数字按键代替模拟的旋钮。

3）光盘托架

按下"打开/关闭"键可弹出托架，放入光盘后再按"打开/关闭"键收回托架。

4）工作指示灯

灯亮时，表示驱动器正在读取数据。

5）强制弹出孔

用于断电或其他非正常状态下打开光盘托架。可插入别针，推出光盘托盘。

6）打开/关闭/停止键

用于控制光盘托架的进、出。如果正在播放 CD，将停止播放。

7）播放/向后搜索键

用于直接使用控制面板播放 CD。

（2）CD - ROM 的背面

IDE 接口光驱的背面如图 2 - 31 所示，STAT 接口的光驱的背面如图 2 - 32 所示。主要的接口有：

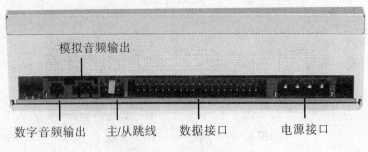

图 2 - 31　IDE 光驱接口

图 2 - 32　SATA 光驱接口

1）电源接口。

2）数据接口。

3）主/从跳线。

用来设置 IDE 设备的主从位置。一般硬盘出厂时设置为主（Master）设备，光驱出厂设置为从（Slave）设备，只有用一根 IDE 数据线接两个相同的设备，如两个硬盘或两个光驱时，才需要跳线。

4）模拟音频输出接口。

5）数字音频输出接口。

2.3.2.4　光驱的性能指标

（1）速度

这里所说的速度，指的是光盘驱动器的标称速度，也就是我们平时所说的光驱是多少倍速，如 40 ×、52 × 等。普通的 CD - ROM 有一个标称速度，而 DVD - ROM 有两个，一个是读取 DVD 光盘的速度，现在一般都是 16 ×，另一个是读取 CD 光盘的速度等同于普通光驱的读盘速度。对于刻录机来说，其标称速度有三个，分别为"写/复写/读"，如40 ×/10 ×/48 × 表示此刻录机刻录 CD - R 的速度为 40 ×，复写 CD - RW 速度为 10 ×，读取普通 CD 光盘速度为 48×。COMBO 驱动器相比刻录机又增加了一个标称速度，如三星 SM－348B 的标称速度为 48×CD－ROM/16×DVD/48×CD－R/24×CD－RW。

（2）数据传输率

光驱的数据传输率是指光驱读写光盘的速度，单位为兆字节每秒（MB/s），它包括了内部数据传输率和外部数据传输率。

内部数据传输率由标称速度换算而来，CD－ROM 标称速度与数据传输率的换算为：数据传输率＝标称速度×150KB/s。对于 DVD－ROM 而言，其传输速率有两个指标，一个是普通光盘的读取速率，和上面的 CD－ROM 一样；另一个是 DVD－ROM 的数据传输率，此时，数据传输率＝标称速度×1385KB/s。

外部传输率也称接口传输率，它是系统总线与光驱缓冲区之间的数据传输率，外部数据传输率与光驱接口类型和光驱缓存的大小有关。目前使用的 IDE 接口最高理论值可达 133MB/s，SATA3 接口可达 750 MB/s。

（3）寻道时间

寻道时间是光驱中激光头从开始寻找到找到所需数据花费的时间。寻道时间的值越小越好。如果寻道时间比较长，那么在频繁存取小文件时必然把时间浪费在寻道操作上，即使这时数据传输率比较快，也只能说明寻找到数据以后的传输率比较快，整体性能的提升不会很高。

（4）CPU 占用率

这项不用多作说明，当然是越小越好，不过刻录机的 CPU 占用率除了和驱动器有关外，和刻录软件也有很大关系。

（5）缓存容量

对于光驱来说，缓存越大连续读取数据的性能越好，在播放视频时图像越流畅，刻录的成功几率越高。目前，一般 CD－ROM 的缓存为 128KB，DVD－ROM 的缓存为 512KB，刻录机的缓存普遍为 2－4MB，个别为 8MB。

（6）兼容性

兼容性是指光驱支持哪些光盘格式。目前兼容性最好的是 SuperMulti DVD。

2.3.3 闪存

闪存（Flash Memory）是一种长寿命的非易失性（在断电情况下仍能保持所存储的数据信息）的存储器。闪存是电子可擦除只读存储器（EEPROM）的变种，但比 EEP-ROM 的读写速度快。

闪存芯片的主要特点是：断电后数据不会消失，体积小，速度快。闪存通常被用来保存少量信息，如计算机主板上的 BIOS 芯片、U 盘、手机和数码相机中的存储卡等。

2.3.3.1 U 盘

U 盘（USB 闪存盘，也称优盘）是由中国朗科公司发明的。它的出现使软盘和软驱被淘汰，它是目前使用范围最广的移动存储设备。

（1）U 盘的特点

U 盘具有体积小，重量轻，容量大，使用 USB 接口，支持即插即用，读写速度快，可热拔插等特点。另外，与硬盘相比，它没有机械读写装置，功耗低、抗震性能好、可靠性高。

U盘的主要缺点是容量较小,一旦出现故障,不能像硬盘一样可以拆出磁盘来做数据恢复。

(2) U盘的结构

U盘的构造非常简单,其关键元件就是控制芯片、闪存芯片、PCB板及USB接口,如图2-33所示。

1) 控制芯片

控制芯片是闪存的"大脑",是整个闪存的核心,是闪存是否能够当做U盘使用的关键。

2) 闪存芯片

闪存芯片是存储数据的核心,决定了U盘的容量、速度。

3) USB接口

这也是它被称为U盘的原因。1998年U盘进入市场,接口由USB1.0发展到USB2.0再到最新的USB3.0,速度逐渐提高。U盘的盛行还间接促进了USB接口的推广。

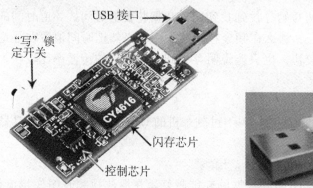

图2-33 U盘的结构

4) 写保护开关

写保护开关也称"写"锁定开关,它有"锁定"和"打开"两中状态,"打开"时,U盘能读能写,"锁定"时,U盘只能读不能写,可保护U盘中的数据文件免遭修改、删除或被病毒感染。切换闪存盘写保护开关,需要在断开与电脑的连接的状态下进行。如果是在与电脑连接状态下切换了写保护开关,需要重新插拔一次闪存盘,才能使切换起作用。

5) LED指示灯

当LED灯亮的时候,它表示U盘连接成功暂时没有数据传输。当LED闪烁的时候,它表示U盘正在数据传输过程中。LED指示灯亮或闪烁时,最好不要拔U盘,否则可能损坏U盘。

6) PCB板

U盘的所有元件都焊接在PCB板上。

2.3.3.2 固态硬盘

固态硬盘(Solid State Disk,SSD)是指用固态电子存储芯片阵列制成的硬盘,主要由控制单元和存储单元(FLASH芯片或DRAM)两部分组成。存储单元负责存储数据,控制单元负责读取、写入数据。SSD拥有速度快,耐用防震,无噪音,重量轻等优点，广泛应用于军事、车载、工控、视频监控、网络监控、网络终端、电力、医疗、航空、导航设备等领域。随着价格的下降，SSD 也开始出现在家用电脑中。

（1）SSD 的分类

固态硬盘的存储介质分为两种，一种是采用闪存芯片作为存储介质，另外一种是采用 DRAM 作为存储介质。

基于闪存的固态硬盘：采用 FLASH 芯片作为存储介质，这也是我们通常所说的SSD。它的外观可以被制作成多种模样，例如：笔记本硬盘、微硬盘、存储卡、优盘等样式。这种 SSD 固态硬盘最大的优点就是可以移动，而且数据保护不受电源控制，能适应于各种环境，但是使用年限不高，适合于个人用户使用。

基于 DRAM 的固态硬盘：采用 DRAM 作为存储介质，是一种高性能的存储器，而且使用寿命很长，美中不足的是需要独立电源来保护数据安全，目前应用范围较窄。

（2）SSD 的结构

SSD 主要由 SSD 主控芯片、缓存芯片、闪存芯片和接口构成，如图 2-34 所示。

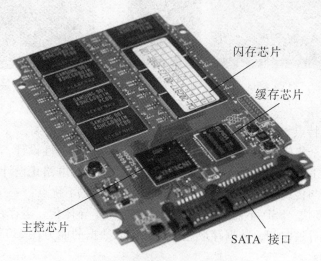

图 2-34　固态硬盘（SSD）的结构

SSD 主控芯片也称 SSD 控制器，负责控制整个 SSD，主要工作有数据存储、数据校验、坏块处理、磨损均衡等，是 SSD 中最重要的部件。

缓存芯片用于提高传输速度，不是所有 SSD 都有缓存。

闪存芯片用于存放数据。

接口负责与主机通信。SSD 有多种接口，常见的有 STAT2.0/3.0、mSATA、Mini PCI-E 和 PCI-E（4×）接口，如图 2-35 所示。mSATA 接口和 Mini PCI-E 接口外形一样，但针脚的定义不同，它们不完全兼容。

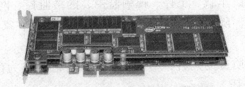
PCI - E 接口

SATA 接口   mSATA 接口   Mini PCI - E 接口

图 2 - 35   固态硬盘（SSD）的接口类型

（3）SSD 的特点

固态硬盘的全集成电路化、无任何机械运动部件的革命性设计，从根本上解决了在移动办公环境下，对于数据读写稳定性的需求。全集成电路化设计可以让固态硬盘做成任何形状。与传统硬盘相比，SSD 固态电子盘具有以下优点：

1）读写速度快。SSD 不需要机械结构，完全的半导体化，不存在数据查找时间、延迟时间和磁盘寻道时间，数据存取速度快，读取数据的能力在 230MB/s 以上，最高的可达 1700MB/s。

2）抗震性能好。SSD 全部采用闪存芯片，经久耐用，防震抗摔，即使发生与硬物碰撞，数据丢失的可能性也能够降到最小。

3）体积小。如 mSATA 接口的 SSD 其全尺寸为 50 × 30mm，半尺寸仅为 26.8 × 29.85mm。

4）质量轻，无噪音，功耗低，有多种形状和接口。

其缺点是：相对于传统硬盘，其成本高、容量低（目前最大 800GB），寿命短，易受电磁干扰，数据损坏后难以恢复。

2.3.3.3 存储卡

存储卡也称闪存卡，其核心是闪存芯片，拥有超凡的便携性（小巧结构）、很好的抗震能力（无机械结构）、低功耗、高可靠性、高存储密度、高读写速度等特点。目前存储卡的主要类型有：SD 卡、CF 卡、SM 卡、MMC 卡、MS（记忆棒）等。主要适用于：数码相机、手机、笔记本电脑、iPAD 等数码产品。

（1）SD

安全数码卡（Secure Digital Memory Card，SD），如图 2 - 36 所示，是目前应用最广

泛的闪存卡，存储容量可达 32GB。SD 卡由日本松下、东芝及美国 SanDisk 公司于 1999 年 8 月共同开发研制。其尺寸为 32×24×2.1mm，大小犹如一张邮票，重量只有 2 克，但却拥有大容量、高数据传输率、极大的移动灵活性以及很好的安全性等特点。

图 2-36　SD 卡和 SDHC 卡

　　传统 SD1.1 版存储卡原来最高容量只有 4GB，针对这一情况，SD 联合协会在 2006 年 5 月宣布了 SD2.0，即 SDHC（High Capacity，高容量）标准。SDHC 卡规范中对于 SD 卡的性能上分为如下 5 个等级，不同等级能分别满足不同的应用需求：

Class0：包括低于 Class 2 和未标注速度等级的情况；

Class2：能满足观看普通 MPEG4 电影、标清数字电视（SDTV）、数码摄像机拍摄；

Class4：满足流畅播放高清数字电视（HDTV），数码相机连拍等需求；

Class6：满足单反相机连拍和专业设备的使用要求。

Class10：传输速率 10~30MB/s。

SDHC 标志及其速度等级标志如图 2-37 所示。

CLASS ②	②	传输速率 2~6MB/s
CLASS ④	④	传输速率 4~10MB/s
CLASS ⑥	⑥	传输速率 6~20MB/s

图 2-37　SDHC 标志及其速度等级标志

（2）Mini SD

Mini SD 卡重量仅有 3 克左右，尺寸为 21.5×20×1.4mm，比普通 SD 卡节省了 60% 的空间。Mini SD 及其适配器的外观如图 2-38 所示。

图 2-38　Mini SD 卡、Mini SDHC 卡及其适配器

（3）Mirco SD（TF）

Micro SD 卡尺寸为 15mm×11mm×1mm，兼容 Mini SD 卡，通过转接器 Micro SD 卡能作为 Mini SD 或 SD 卡使用，是目前手机上使用最多的卡，容量可达 32GB。Micro SD 卡及转接器，如图 2-39 所示。

图 2-39　Micro SD 卡、Micro SDHC 卡及其适配器

（4）CF

CF（Compact Flash，紧凑型闪存）卡，大小为 43mm×36mm×3.3mm，主要应用于数码相机。CF 卡的优点是存储容量大（32GB），成本低，兼容性好；缺点则是体积较大。CF 卡及装有微硬盘的 CF Ⅱ 卡如图 2-40 所示。

图 2-40　CF 卡及装有微硬盘的 CF Ⅱ 卡

（5）MMC

MMC（MultiMedia Card，多媒体卡）由西门子公司和首推 CF 的 SanDisk 于 1997 年推出，其尺寸为 32mm×24mm×1.4mm，主要是针对数码影像、音乐、手机、PDA、电子书、玩具等产品。MMC 卡与 MMC Plus 卡的外观如图 2-41 所示。

图 2-41　MMC 卡与 MMC Plus 卡

（6）RS-MMC

RS-MMC（Reduced Size MMC，缩减尺寸 MMC）卡尺寸为 24mm×18mm×1.4mm，只有标准 MMC 卡的一半大小。RS-MMC 卡及其适配器的外观，如图 2-42 所示。

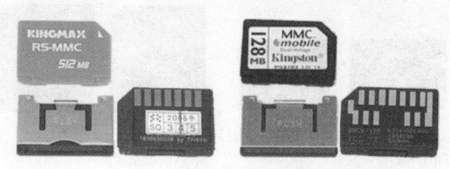

图 2 - 42　RS - MMC 卡及其适配器

（7）Memory Stick（记忆棒）

记忆棒是 Sony 公司开发研制的，尺寸为 50mm×21.5mm×2.8mm，重 4 克，并具有写保护开关。其优点是稳定性好，缺点是容量小且只能应用于索尼的产品中。记忆棒的外观如图 2 - 43 所示。

图 2 - 43　记忆棒

（8）M2

M2（Memory Stick Micro，简称 M2）卡是索尼和 SanDisk 联合推出的微型存储卡，如图 2 - 44 所示。M2 卡采用超小电路设计，专门针对大容量、小体积的移动存储需求，外形尺寸仅 15mm×12.5mm×1.2mm。

图 2 - 44　M2 存储卡及其适配器

（9）xD

xD 卡全称为 XD - PICTURE CARD，是由富士和奥林巴斯联合推出的专为数码相机使用的小型存储卡，是目前体积最小的存储卡。xD 取自于"Extreme Digital"，是"极限数字"的意思。xD 卡的外形尺寸为 20mm×25mm×1.7mm，约 2 克重。配合读卡器，可方便的与个人电脑连接，其理论最大容量可达 8GB。xD 卡外观如图 2 - 45 所示。

图 2 - 45　xD 卡（左）和 SM 卡（右）

（10）SM

SM（Smart Media，智能媒体）卡的尺寸为 37mm×45mm×0.76mm。为节省成本，SM 卡上只有 Flash Memory 模块和接口，而没有控制芯片，使用它的设备必须自带控制机构，因此兼容性较差，现已淘汰。SM 卡外观如图 2 - 45 所示。

（11）读卡器

存储卡可直接插入手机、数码相机等设备中，但必须通过读卡器才能与台式机交换数据。常见的 USB 接口读卡器如图 2 - 46 所示。

软驱位读卡器

Mini 读卡器

多功能读卡器

图 2 - 46　USB 接口的读卡器

第3章　计算机主机设备

计算机主机设备是指计算机工作所必需的设备，包括微处理器、内存条、主板及电源。由于目前大多数主板都集成了显卡、声卡、网卡，大多数机箱都自带电源，另外，对个人计算机而言，机箱和这些扩展卡已是标准配置，所以在这里我们也将机箱和这些扩展卡算作主机设备。

3.1　微处理器

微处理器（Microprocessor）又称 CPU（Central Processing Unit），是现代计算机的核心部件。对于个人电脑（PC）而言，CPU 的规格与频率常常被用来作为衡量一台电脑性能强弱的重要指标。

3.1.1　CPU 的结构

从外部看，CPU 主要由两个部分组成：一个是内核，另一个是基板。下面以Intel Core（酷睿）i7 920 四核 CPU 为例介绍其外部结构，如图 3 - 1 所示。图中左边的用于台式机，右边的用于笔记本电脑。

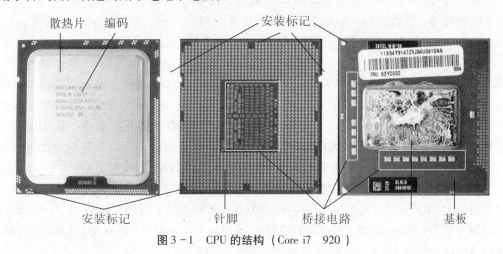

图 3 - 1　CPU 的结构（Core i7　920 ）

3.1.1.1 CPU 内核

CPU 中间凸起部分是 CPU 内核（或称内核芯片），是 CPU 集成电路所在的地方。CPU 内核的另一面通过覆盖在电路基板上的引脚与外界电路连接。

目前 CPU 都是多核的，在一块基板上安装多个运算核心或集成北桥芯片及 GPU（图形处理器，显卡的核心芯片），如 Intel 的酷睿 i5 处理器（主要用于笔记本电脑）就整合了带 GPU 的北桥芯片，这颗芯片采用 45nm 工艺制造，与 32nm 工艺制造的 CPU 内核一起封装，如图 3-2 所示。

图 3-2 CPU 的结构（Core i7 920）

3.1.1.2 CPU 基板

CPU 基板就是承载 CPU 内核的电路板，负责内核芯片和外界数据传输。在它上面常焊接有电容、电阻和决定 CPU 时钟频率的桥接电路。基板背面或者下沿，有用于与主板连接的针脚或者卡式接口。

3.1.1.3 CPU 散热片

散热片可保护内核并在其上印刷 CPU 编码，在 CPU 编码中，一般会注明 CPU 的名称、时钟频率、二级缓存、前端总线、内核电压、封装方式、产地和生产日期等信息。但是 AMD 公司与 Intel 公司标记的形式和含义有所不同。

3.1.1.4 CPU 接口

CPU 的接口形式主要为两大类：一类是针脚式的 Socket 类型，另一类是插卡式的 Slot 类型。其中插卡式的很多产品已经逐渐退出市场。从 486 时代开始，计算机上就普遍使用 Socket 插座来安装 CPU。Socket 插座是一个方形多针脚孔的插座，插座上有一根拉杆，在安装和更换 CPU 时只要将拉杆向上搬到垂直位置，就可以轻易地插进或取出 CPU 芯片。由于插针容易弯曲和折断，现在的 CPU 已将插针缩短为触点。

不同类型的 CPU 的针脚数量（或触点数量）及排列方式不同，所对应的插座也不同。目前 INTEL 公司主流 CPU 产品的针脚数有：478、775、1155、1366 和 2011，对应的插座型号为：Socket 478、Socket LGA775、Socket LGA1155、Socket LGA1366 和 Socket LGA2011。如图 3-3、图 3-4 所示。

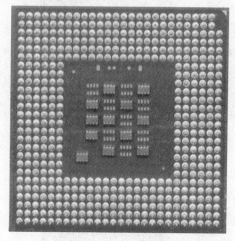

478 针的 Pentium 4 CPU

Socket 478 插座

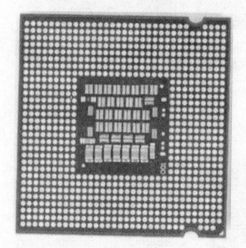

775 针的 Core 2 Quad Q9650 CPU

Socket LGA 775 插座

图 3-3 Inter 早期 CPU 接口及其插座类型

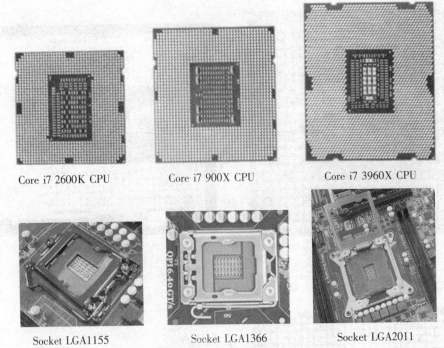

Core i7 2600K CPU　　Core i7 900X CPU　　Core i7 3960X CPU

Socket LGA1155　　Socket LGA1366　　Socket LGA2011

图 3 - 4　Inter 主流 CPU 接口及其插座类型

AMD 主流的 CPU 产品针脚数有：905、940、941 和 942，对应的插座型号为：Socket FM1（905 孔）、Socket　AM2（940 孔）/AM2 +（940 孔），Socket　AM3（941 孔）/AM3 +（942 孔）。如图 3 - 5 所示。

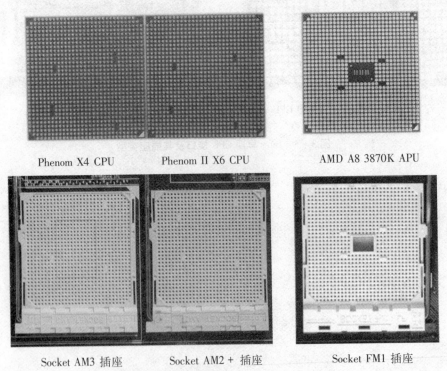

Phenom X4 CPU　　Phenom II X6 CPU　　AMD A8 3870K APU

Socket AM3 插座　　Socket AM2 + 插座　　Socket FM1 插座

图 3 - 5　AMD 主流 CPU 接口及其插座类型

3.1.2　CPU 的主要性能指标

CPU 的性能指标有很多，这里我们介绍几个主要的性能指标。

3.1.2.1　字长

CPU 在单位时间内（同一时间）能一次处理的二进制数的位数叫字长。所以，能处理字长为 8 位数的 CPU 通常就叫 8 位的 CPU。同理，64 位的 CPU 就能在单位时间内处理长度为 64 位的二进制数据。字长越长，CPU 的速度越快。目前 PC 机上的 CPU 大多为 64 位。

3.1.2.2　主频

CPU 的主频是 CPU 内部的工作频率，也称内频，单位为 MHz（兆赫兹）或 GHz（吉赫兹）。目前主流 CPU 的主频在 3.5GHz 左右。主频的高低直接影响 CPU 的运算速度，一般来说，主频越高，一个时钟周期里完成的指令数也越多，当然 CPU 的速度也就越快，但这不是绝对的。例如，1 GHz Itanium 芯片其运算速度表现得差不多跟 2.66 GHz Xeon/Opteron 一样快。

主频是由外频和倍频系数决定的，其计算公式为：

主频 = 外频 × 倍频系数

外频是 CPU 的基准频率，由主板上的晶振提供，外频决定着整块主板的运行速度，也是 CPU 和主板之间同步运行的速度。目前 CPU 的外频主要有 100MHz、133MHz 和 200MHz 三种。倍频系数是指 CPU 主频与外频之间的相对比例关系。

例如：酷睿 i7 2600 CPU 的主频为 3.4GHz，外频为 100MHz，倍频为 34 倍。

3.1.2.3　总线频率

CPU 总线频率以前被称作前端总线（FSB）频率。FSB（Front Side Bus，前端总线）是 CPU 与主板芯片组之间的总线，CPU 通过此总线连接北桥芯片，再通过北桥芯片和内存、显卡交换数据，因此，前端总线频率决定 CPU 与内存之间的数据交换速度。如果没有足够快的前端总线，再强的 CPU 也不能明显提高计算机整体速度。

总线的数据传输率计算公式为：

总线的数据传输率 = （总线频率 × 数据位宽）÷8

目前 PC 机上所能达到的前端总线频率有 800MHz、1000MHz、1066MHz、1333MHz、1600MHz 几种，最高的有 2000MHz。

例如：Intel Core 2 Extreme（至尊）QX9770 CPU，其前端总线频率为 1600MHz，则其数据传输最大带宽是 1600 MHz ×64bit ÷8bit /Byte ＝12.8GB/s。

外频与前端总线频率的区别：前端总线的速度指的是数据传输的速度，外频是 CPU 与主板之间同步运行的速度。也就是说，800MHz 外频特指数字脉冲信号在每秒钟震荡 8 千万次；而 800MHz 前端总线指的是每秒钟 CPU 可接受的数据传输量是 800MHz ×64bit ÷8 bit /Byte ＝6400MB/s。

目前，AMD 平台最新的 CPU 总线是 HT（HyperTransport，超传输）总线，它将原来位于北桥芯片中的内存控制器集成到 CPU 中，CPU 与内存可直接交换数据，不再通过北桥芯片，其 HT 3.0 版的理论最高传输率为 41.6GB/s。Intel 平台与之抗衡的是 QPI（QuickPath Interconnect，快速通道互联）技术，QPI 频率单位为每秒传输次数，通常用

GT/s 表示，所以 QPI 总线总带宽＝每秒传输次数（即 QPI 频率）×每次传输的有效数据（16bit/8＝2B）×双向。例如：QPI 频率为 4.8GT/s 的总带宽＝4.8GT/s×2B×2＝19.2GB/s，QPI 频率为 6.4GT/s 的总带宽＝6.4GT/s×2B×2＝25.6GB/s。

3.1.2.4 缓存大小

缓存大小也是 CPU 的重要指标之一，而且缓存的结构和大小对 CPU 速度的影响非常大。CPU 内缓存的运行频率极高，一般是和处理器同频运作，工作效率远远大于系统内存和硬盘。

L1 Cache（一级缓存）是 CPU 的第一层高速缓存，分为数据缓存和指令缓存。内置的 L1 高速缓存的容量和结构对 CPU 的性能影响较大，不过高速缓冲存储器均由静态 RAM 组成，结构较复杂，在 CPU 管芯面积不能太大的情况下，L1 级高速缓存的容量不可能做得太大。一般服务器 CPU 的 L1 缓存的容量通常在 256KB 左右。

L2 Cache（二级缓存）是 CPU 的第二层高速缓存，目前主流 CPU 的二级缓存容量在 1MB 左右。高端 CPU 还有 L3 Cache，例如 Intel Core i7 3960X CPU 的二级缓存容量 6×256KB，三级缓存容量为 15MB。

3.1.2.5 内核数量

多核处理器是指在一个处理器上集成多个运算核心，从而提高计算能力，减少功耗。比如，酷睿 2 双核处理器在性能方面比单核提高 40%，功耗反而降低 40%。目前，CPU 有双核、三核、四核、六核和八核。

3.1.2.6 制造工艺

制造工艺的微米或纳米技术是指芯片内电路与电路之间的距离。密度愈高的芯片电路设计，意味着在同样大小面积的芯片中，可以拥有密度更高、功能更复杂的电路设计，同时可运行在更高的工作频率。目前 CPU 主要采用 90nm、65nm、45nm、32nm、22 nm 工艺。最近已有 15nm 的制造工艺了。

3.1.2.7 功耗

据测算，主频每增加 1G，功耗将上升 25 瓦，而在芯片功耗超过 150 瓦后，现有的风冷散热系统将无法满足散热的需要。3.4GHz 的奔腾四至尊版，集成晶体管达 1.78 亿个，最高功耗已达 135 瓦。

3.1.2.8 工作电压

CPU 的工作电压分为内核电压和 I/O 电压两种。通常 CPU 的内核电压小于等于 I/O 电压。内核电压一般在 0.5V～1.5V 之间，其大小由 CPU 的生产工艺而定，制作工艺越小，内核工作电压越低。I/O 电压一般都在 1.6V～5V 之间。低电压能解决耗电过大和发热过高的问题。

3.1.2.9 扩展指令集

CPU 依靠指令来计算和控制系统，每款 CPU 在设计时就规定了一系列与其硬件电路相配合的指令系统。指令的强弱也是 CPU 的重要指标。指令集是提高微处理器效率的最有效工具之一。从现阶段的主流体系结构讲，指令集可分为复杂指令集和精简指令集两部分，而从具体运用看，如 Intel 开发的 MMX（Multi Media Extended）、SSE（Streaming－Single instruction multiple data－Extensions，单指令多数据流扩展）、SSE2、SEE3、SEE4 和 AMD 开发的 3DNow!、x86－64 等都是 CPU 的扩展指令集，它们增强了

CPU 的多媒体、图形图像和 Internet 等的处理能力。

3.1.2.10　插座类型

Intel 和 AMD 的 CPU 使用不同类型的 CPU 插座，互不兼容。Intel 主流插座为：LGA775、LGA1155、LGA1366 和 LGA2011；AMD 为：FM1、AM2/AM2 +，AM3/AM3 +。

3.1.3　CPU 散热器

CPU 散热器是为 CPU 安装的空调，可以为 CPU 提供散热功能。如果选择了与 CPU 不匹配的散热器，或者使用了错误的安装方法，轻则会降低整个计算机的性能，重则会烧毁 CPU。

3.1.3.1　CPU 散热器的分类

大多数 CPU 散热器由风扇和散热器件构成，根据使用的散热器件的不同，CPU 散热器可分为风冷散热器和热管散热器两种，其外观如图 3－6 所示。

一般我们把风冷散热器简称为风扇，好像风扇才是散热的关键，其实散热片也起到非常重要的作用。热量的基本传递方式有三种：传导、对流、辐射。CPU 散热器的散热片必须紧贴 CPU，这种传递热量的方式是传导；散热风扇带来冷空气带走热空气，这是对流；温度高于空气的散热片或热管将附近的空气加热，其中有一部分就是辐射。散热片或热管通过接触 CPU 表面将热量带离 CPU，再由风扇转动所造成的气流将热量从散热片或热管上带走，如此循环就是整个散热的过程。

热管是利用蒸发循环制冷，热管一端为蒸发端，另外一端为冷凝端，当热管一端受热时，热管内毛细管中的沸点低、易挥发的液体迅速蒸发，蒸气在微小的压力差下流向另外一端，并且释放出热量，重新凝结成液体，液体再沿多孔材料流回蒸发端，如此循环不止，热量由热管一端传至另外一端。在自然对流冷却条件下，热管散热器比全铜或全铝散热器的性能可提高十倍以上。热管散热器可不使用风扇，这样可降低功耗和噪音，但其成本较高，一般为风冷散热器价格的一倍以上。

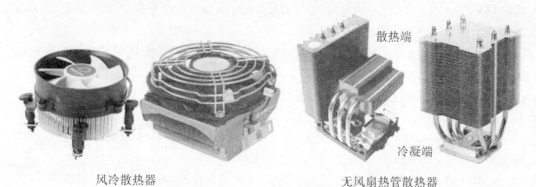

图 3－6　常见散热器外观

3.1.3.2　CPU 散热器的结构

风冷散热器主要由散热片、风扇和扣具构成。热管散热器则增加具有极高导热性能的传热元件——热管，散热器的结构如图 3 － 7 所示。

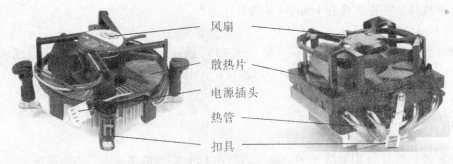

风扇
散热片
电源插头
热管
扣具

图 3-7　散热器结构

3.2　主板

主板是计算机系统中最大的一块电路板,主板上布满了各种电子元件、插槽、接口等。它为 CPU、内存条和各种功能(声、图、通信、网络、TV 等)卡提供安装插槽;为各种磁、光存储设备、打印机和扫描仪等 I/O 设备以及数码相机、摄像头、Modem 等多媒体和通讯设备提供接口。实际上计算机通过主板将 CPU 等各种器件和外部设备有机地结合起来形成一套完整的系统。计算机在正常运行时对系统内存、存储设备和其他 I/O 设备的操控都必须通过主板来完成,因此计算机的整体运行速度和稳定性在相当程度上取决于主板的性能。主板相当于一个城市的基础设施,它是计算机真正的核心。

3.2.1　主板板型

我们常说的主板的板型,是指主板上各元器件的布局排列方式。微机主板结构分为:AT、ATX、ITX 及 BTX。其中 AT 主板又分为:标准 AT 和 Baby-AT,AT 是多年前的老主板结构,现在已淘汰。ATX 又分为:标准 ATX、Micro ATX、LPX、NLX、Flex ATX、EATX、WATX,其中 LPX、NLX、Flex ATX 是 ATX 不常用的变种,EATX和 WATX 则多用于服务器/工作站主板。

目前流行的是 ATX、Micro ATX 及 BTX 结构。ATX 是目前市场上最常见的主板结构。Micro ATX 又称 Mini ATX 或 MATX,是 ATX 结构的简化版,就是常说的"小板",而 BTX 则是英特尔制定的最新一代主板结构。

3.2.1.1　AT 结构

AT(Advanced Techcology,先进技术)主板因为在 IBM PC/AT 机器上首先使用而得名。它的尺寸为 32cm×30cm。

BABY AT 主板由传统的 AT 主板演变而来的,要比 AT 主板小,长宽尺寸为26.5cm×22cm。AT 主板结构如图 3-8 所示。

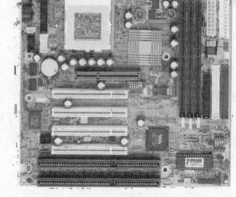

AT 主板   BABY AT 主板

图 3－8　AT 结构的主板

3.2.1.2　ATX 结构

（1）标准 ATX 结构

ATX（Advanced Technology extended，AT 扩展）主板结构是在 Baby AT 的基础上逆时针旋转了 90 度，这使主板的长边紧贴机箱后部，外设接口可以直接集成到主板上，其尺寸为 305×244mm。ATX 结构中具有标准的 I/O 面板插座，提供有两个串行口、一个并行口、一个 PS/2 鼠标接口和一个 PS/2 键盘接口。这些 I/O 接口信号直接从主板上引出，取消了连接线缆，使得主板上可以集成更多的功能，也就消除了电磁辐射、争用空间等弊端，进一步提高了系统的稳定性和可维护性。另外在主板设计上，由于横向宽度加宽，内存插槽可以紧挨最右边的 I/O 槽设计，CPU 插槽也设计在内存插槽的右侧或下部，使 I/O 槽上插全长板卡不再受限，内存条更换也更加方便快捷。软驱接口与硬盘接口的排列位置，更是让你节省数据线，方便安装。ATX 结构如图 3－9 所示。

ATX 主板   Micro ATX 主板

图 3－9　ATX 结构的主板

（2）Micro ATX 结构

Micro ATX 也称 Mini ATX 结构，它是 ATX 结构的简化版，其尺寸为 244×244mm。Micro ATX 规格被推出的最主要目的是为了降低个人电脑系统的总体成本与减少电脑系统对电源的需求量。Micro ATX 结构的主要特性：更小的主板尺寸、更小的电源供应器，而减小主板与电源供应器的尺寸直接反应的就是对于电脑系统的成本下降。虽然减小主板的尺寸可以降低成本，但是主板上可以使用的 I/O 扩充槽也相对减少了，Mi-cro ATX 支持最多到四个扩充槽，这些扩充槽可以是 PCI - E、PCI 或 AGP 等各种规格的组合，视主板制造厂商而定。

3.2.2.3　BTX 结构

BTX（Balanced Techondogy extended，平衡技术扩展）是 ATX 结构的替代者，这类似于前几年 ATX 取代 AT 和 Baby AT 一样。革命性的改变是新的 BTX 规格能够在不牺牲性能的前提下做到最小的体积。新架构对接口、总线、设备都有新的要求。它将使目前所有的杂乱无章、接线凌乱、充满噪音的 PC 机很快过时。

为了适应不同用户的需要，BTX 规范分为三种样式：标准 BTX（325.12 × 266.70mm）、Micro BTX（264.16 × 266.70mm）和 Pico BTX（203.20 × 266.70mm）。MicroBTX 主板是目前最流行的 BTX 主板，它要比 Micro ATX 主板略大。MicroBTX 与 MicroATX 的比较如图 3 - 10 所示。

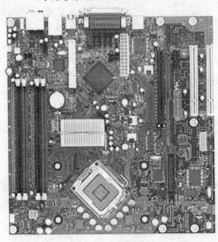

MicroBTX　　　　　　　　　　　　MicroATX

图 3 - 10　MicroBTX 与 MicroATX 主板比较

3.2.2.4　ITX 结构

ITX（Information Technology extended，信息技术扩展）是由 VIA（威盛电子）定义和推出的一种结构紧凑的微型化的主板设计规范，主板尺寸为：170mm × 170mm，类似并兼容 Micro - ATX 和 Flex - ATX 主板。

目前 ITX 主板被广泛应用于各种商业、家庭和工业应用中，主要用于小尺寸的专用计算机，如用车载计算机、机顶盒、银行的 ATM 机、触摸查询机等，因为它小巧、低功耗（功率小于 100W）、低噪音，现在越来越多的人将它用作家用高清 HTPC（Home Theater Personal Computer，家庭影院个人机）或学生机。

ITX 可分为 Mini - ITX（170 × 170mm）、Nano - ITX（120 × 120mm）和 Pico - ITX（100 × 72mm），其中最常用的是 Mini - ITX。ITX 与 ATX 主板比较如图 3 - 11 所示。

Standard-ATX
305×244mm

Micro-ATX
244×244mm

Mini-ITX
170×170mm

Nano-ITX
120×120mm

Pico-ITX
100×72mm

图 3-11　Mini-ITX、ATX 主板比较

3.2.2　主板组成

我们要了解主板，首先要从主板物理结构开始。下面我们就分几个部分，具体阐述主板的各个组成部分。

3.2.2.1　印刷电路板（PCB）

PCB（Printed Circuit Board，印刷电路板）是所有主板组件赖以生存的基础。它实际是由几层树脂材料粘合在一起的，内部采用铜箔走线。一块典型的 PCB 共有四层或六层，最上和最下的两层叫做"信号层"。中间两层则叫做"接地层"和"电源层"。将接地和电源层放在中间，这样便可更容易地对信号线作出修正。如图 3-12 所示。

主信号层　　接地层　　电源层　　辅助信号层

主信号层　　接地层　　内部信号层　　电源层＃1　　电源层＃2　　辅助信号层

图 3-12　多层板的结构

当需要安装双处理器，或者处理器引脚数量超过 425 根时，就要求主板达到六层。这是由于信号线必须相距足够远的距离，以防止相互干扰。六层板可能有三个或四个信号层、一个接地层以及一个或两个电源层，以提供足够的电力供应。一块没有安装任何元件的印刷电路板（PCB 板）如图 3-13 所示。

第 3 章　计算机主机设备

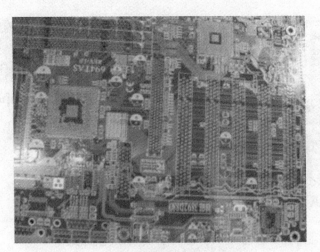

图3-13　一块没有安装任何元件的PCB板

3.2.2.2　主板上的重要芯片

主板上重要的芯片包括：芯片组、I/O及监控芯片、BIOS芯片、集成网卡芯片、集成声卡芯片及时钟芯片等。

（1）主板芯片组

芯片组（Chipset）是主板的核心组成部分，实现CPU与电脑中的所有零件互相沟通，在CPU和外设之间架起了一座桥梁，是主板上最重要的芯片。

主板芯片组有单芯片结构和南北桥双芯片结构，如图3-14所示。单芯片将南北桥芯片的功能彻底整合，基本不存在互相通信的问题，还缩小了主板的体积，降低了成本，但单芯片集成度高，良品率低，发热量大，所以目前流行的还是南北桥双芯片结构。

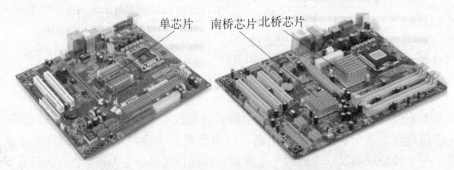

图3-14　单芯片结构和南北桥双芯片结构的主板

在南北桥结构中，北桥芯片负责与CPU的联系并控制内存、PCI-E总线，提供对CPU的类型和主频、系统的前端总线频率、内存的类型和最大容量、PCI-E x16、ECC纠错等支持。整合型芯片组的北桥芯片还集成了显示核心。

南桥芯片负责I/O总线之间的通信，如PCI总线、USB、LAN、ATA、SATA、音频控制器、键盘控制器、实时时钟控制器、高级电源管理等。由于这些设备的速度都比较慢，所以Intel将它们分离出来让南桥芯片控制，这样北桥高速部分就不会受到低速设备的影响，可以全速运行。南北桥结构如图3-15所示。

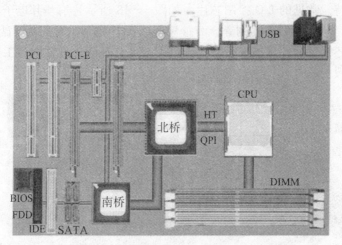

图 3-15　南北桥结构组成的主板示意图

常见的南北桥芯片组及与其配合的 CPU 如图 3-16、图 3-17 所示。

图 3-16　Intel CPU 及其芯片组

AMD FX（推土机）8150 CPU　　　　AMD 990FX 芯片组

图 3-17　AMD　CPU 及其芯片组

（2）I/O 及硬件监控芯片

I/O 控制芯片（输入/输出控制芯片）提供了对并串口、PS2、USB 以及 CPU 风扇等的管理与支持。常见的 I/O 控制芯片（如图 3 - 18 所示）有华邦电子（WINBOND）的 W83627HF、W83627THF 系列等。例如 W83627THF 芯片，可支持键盘、鼠标、并口等传统功能，还提供微处理器温度、电压监控，可避免微处理器因为工作电压或温度过高而造成烧毁。

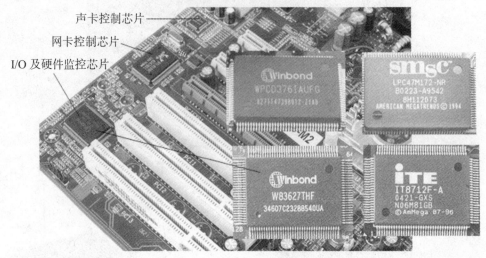

图 3 - 18 I/O 及硬件监控芯片

（3）网卡控制芯片

主板网卡控制芯片指整合了网络功能的主板所集成的相应芯片，与之相对应，在主板的背板上也有相应的网卡接口（RJ - 45）。

现在很多主板都集成了网卡。在主板上常见的整合网卡所选择的芯片主要有 10/100M 的 RealTek 公司的 8100（8139C/8139D 芯片）系列芯片以及威盛网卡芯片等，如图 3 - 19 所示。除此而外，一些中高端主板还另外板载有 Intel、3COM、Alten 和 Broadcom 的千兆网卡芯片等，如 Intel 的 i82547EI、3COM 3C940 等。

图 3 - 19 Realtek 的 RTL8100BL 10/100M 网卡芯片及 VIA 的 VT6122 千兆网卡芯片

（4）声卡控制芯片

板载声卡一般有软声卡和硬声卡之分。这里的软硬之分，指的是板载声卡是否具有声卡主处理芯。一般软声卡没有主处理芯片，只有一个解码芯片，通过 CPU 的运算来代替声卡主处理芯片的作用；而板载硬声卡带有主处理芯片，很多音效处理工作不再需要 CPU 参与了。

图 3-20　主板上的网卡与声卡控制芯片

1）软声卡芯片

现在的主板集成的声卡大部分都是 AC97 声卡，全称是 Audio CODEC97，这是一个由 Intel、Yamaha 等多家厂商联合研发并制定的一个音频电路系统标准。主板上集成的AC97 声卡芯片主要可分为软声卡和硬声卡芯片两种。所谓的 AC 97 软声卡，如图 3-20所示，只是在主板上集成了数字模拟信号转换芯片（如 ALC201 、ALC650、ALC655、AD1885 等），而真正的声卡被集成到北桥中，这样会加重 CPU 少许的工作负担。

2）硬声卡芯片

所谓的 AC97 硬声卡，是在主板上集成了一个能对声音进行独立处理的芯片（如创新 CT5880，驸讯 CMI8738、雅马哈的 744，VIA 的 Envy 24PT)，如图 3-21 所示。这种硬件声卡芯片相对比软声卡在成本上贵了一些，但对 CPU 的占用很小。它们的最新版本都可以提供 5.1 声道和数码输出的功能。

图 3-21　VIA 的 Envy 24PT 及驸讯的 CMI8738 硬声卡芯片

(5) BIOS 芯片

BIOS（Basic Input/Output System，基本输入输出系统），实际是一组被固化在电脑中，为电脑提供最低级最直接的硬件控制程序，是连通软件程序和硬件设备之间的枢纽。它能够让主板识别各种硬件，还可以设置引导系统的设备，调整 CPU 外频等。

BIOS 芯片是可以写入升级的，一方面方便用户不断从 Internet 上更新 BIOS 的版本，来获取更好的性能及对电脑最新硬件的支持，另一方面也会让主板遭受诸如 CIH 病毒的袭击，所以，BIOS 芯片有安装插座，可直接更换，同时，为防范病毒，有双 BIOS 设计。目前市场上主要有 Award、AMI、Phoenix 三家 BIOS 生产厂商。

主板上的 ROM BIOS 芯片是主板上唯一贴有标签的芯片。早期的 BIOS 多为紫外线擦除的可重写 EPROM 芯片，玻璃窗口上面的标签起着保护 BIOS 内容的作用，因为紫外线照射会使 EPROM 内容丢失，所以不能随便撕下。现在的 ROM BIOS 多采用 Flash ROM（快闪可擦可编程只读存储器），通过刷新程序，可以对 Flash ROM 进行重写，方便地实现 BIOS 升级，但依旧保留了贴标签的传统。

BIOS 芯片一般为双列直插式封装（DIP）或 LCC32 封装。它的周围通常会有电池和跳线，这是因为 BIOS 芯片中有系统配置程序，所配置的数据参数存放在 RAM 芯片（CMOS 芯片）中，另外，CMOS 芯片中还存有系统时间、日期信息，为了防止 RAM 断电致数据消失，需要一块电池，同时，电池也为主板上的电子表供电，跳线用于清除 CMOS 芯片中的内容。常见类型的 BIOS 芯片如图 3-22 所示。

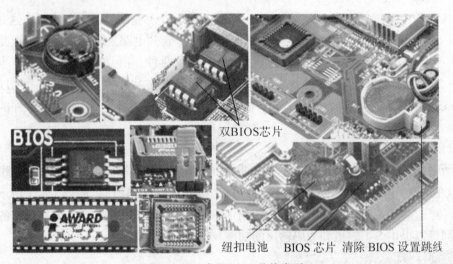

图 3-22 常见 BIOS 芯片类型

（8）时钟芯片

时钟芯片与 14.318MHz 晶振连接在一起，是主板上所有设备的时钟信号产生源，如图 3-23 所示。时钟信号在电路中的主要作用就是同步。时钟芯片以 14.318MHz 晶振的频率为基础，进行频率的叠加和分频，提供给主板的其他设备，如 CPU、内存、PCI、AGP、PCI-E 等。

图 3 - 23 时钟发生器 RTM360 - 110R 及 14.318MHz 的晶振

3.2.2.3 微处理器插座/插槽

微处理器插座/插槽是 CPU 在主板上的安身之处，不同厂商不同的 CPU 有各自的不同的插槽（Slot）或插座（Socket），如图 3 - 24 所示，目前流行的是插座。

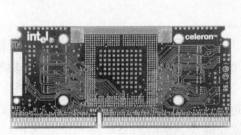

图 3 - 24 Slot 架构 CPU 及主板

目前 Inter CPU 的主流插座类型为 Socket LGA 1155、Socket LGA 1366 和 Socket LGA 2011，插座类型中的数字是插座的针脚数，AMD CPU 的主流插座类型为 Socket FM1（905 孔）、Socket AM2（940 孔）/AM2 +（940 孔），Socket AM3（941 孔）/AM3 +（942 孔），LGA 2011 和 AM3 +如图 3 - 25 所示。

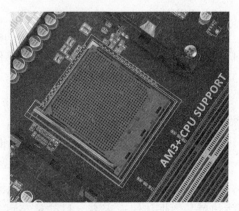

Intel Socket LGA 2011   AMD AM3 +

图 3 - 25 CPU 插座

3.2.2.4 内存插槽

内存插槽是主板上用来安装内存的地方。目前常见的是 DDR 内存插槽。DDR 已发展到 DDR3，每次升级接口都会有所改变，当然这种改变在外形上不容易发现，如图 3－26 所示，在外观上的区别主要是防呆接口的位置和接触点的数量，很明显，DDR（184 PIN）、DDR2（240 PIN）与 DDR3（240 PIN）是不能兼容的。内存槽有不同的颜色区分，如果要组建双通道，必须使用同样颜色的内存插槽。

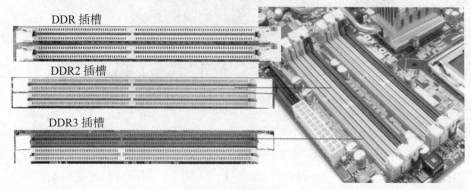

图 3－26　内存插槽

3.2.2.5 扩展插槽

扩展插槽是主板上用于固定扩展卡并将其连接到系统总线上的插槽，也叫扩展槽、扩充插槽。通过在扩展槽上添加扩展卡，可增加计算机功能及提升计算机性能。例如，不满意主板集成显卡的性能，可以添加独立显卡以增强显示性能；不满意板载声卡的音质，可以添加独立声卡以增强音效；不支持无线网络或 IEEE1394 接口的主板可以通过添加无线网卡或 IEEE1394 扩展卡以获得该功能等。早期的 ISA 和 AGP 扩展槽已淘汰，目前主流扩展插槽是 PCI 和 PCI Express（PCI－E）插槽。

（1）AGP 插槽

AGP（Accelerated Graphics Port，加速图形接口；Advanced Graphics Port，高级图形端口）是一种计算机图形显示专用接口，仅用于安装各种 AGP 规范的 3D 显示卡，其最高版本 AGP 3.0（AGP 8X）的传输速率为 2.1GB/s。

（2）PCI 插槽

PCI 插槽是基于 PCI 局部总线（Peripheral Component Interconnection，周边元件扩展接口）的扩展插槽。其位宽为 32 位或 64 位，工作频率为 33MHz，最大数据传输率为 133MB/s（32 位）和 266MB/s（64 位）。可插接显卡、声卡、网卡、内置 Modem、内置 ADSL Modem、USB2.0 卡、IEEE1394 卡、电视卡、视频采集卡以及其他种类繁多的扩展卡。PCI 插槽是主板的主要扩展插槽，通过插接不同的扩展卡可以获得目前电脑能实现的几乎所有功能，是名副其实的"万能"扩展插槽。

（3）PCI－E 插槽

PCI－Express 是最新的总线和接口标准，Express 是高速、特别快的意思，它的主要优势就是数据传输速率高，目前最高可达到 32GB/s，而且还有相当大的发展潜力。主板上的 AGP、PCI 及 PCI－E 插槽如图 3－27 所示。

1）PCI-E 的版本

PCI-E 目前有三个版本，即 PCI-E 1.0 、2.0 和 3.0 。PCI-E1.0 的带宽有：1X（标准单通道 250MB/s，双向 500MB/s）、2X（标准 500MB/s）、4X（1GB/s）、8X（2GB/s）、16X（4GB/s），能满足现在和将来一定时间内出现的低速设备和高速设备的需求。

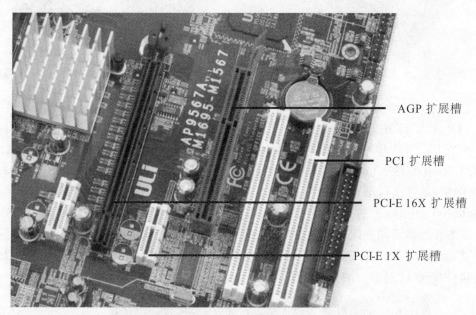

图 3-27　主板上的 AGP、PCI 及 PCI-E 插槽

PCI-E 2.01x 的标准单通道（1x）数据传输率为 500 MB/s，比 PCI-E 1.0 提高了一倍，因此 PCI-E 2.0 16x 双通道的数据传输速度可以达到 16GB/s 。PCI-E 3.0 单通道（1x）带宽即可接近 1GB/s，16x 双向带宽更是可达 32GB/s。

需要注意的是，PCI-E 2.0 插槽能够兼容 PCI-E 1.0 和 PCI-E 1.1 标准的扩展卡，可以使用现有的 PCI-E 16x 显卡，但是 PCI-E 2.0 标准的扩展卡无法兼容 PCI-E 1.0/1.1 插槽，也就是说 PCI-E 2.0 向下兼容 PCI-E 1.0/1.1，并不像 USB 2.0 和 1.1/1.0 那样完全兼容。同样，PCI-E 3.0 也向下兼容现有的 PCI-E 2.0。

2）Mini PCI-E 插槽

Mini PCI-E 插槽，见图 3-28，可方便用户连接无线网卡、蓝牙适配器以及 SSD（Solid State Disk，固态硬盘）等扩展设备。例如在 Mini PCI-E 插槽中安装一块超薄 SSD，用来做系统盘，可使整机速度增快很多，又如，插上一块 Mini PCI-E 无线网卡，如图 3-29 示，就可以省去烦恼的网线缠绕了。

图 3 - 28　Mini PCI - E 插槽

图 3 - 29　连接了无线网卡的 Mini PCI - E 插槽

3.2.2.6　机箱内部设备接口

（1）ATA（IDE）接口

ATA 接口是为连接硬盘和光驱等设备而设的，也称 IDE 接口。常见的 IDE 接口有 ATA33/66/100/133 几种，它们的传输速度可分别达到 33MB/S 、66MB/S、100M 和 133MB/S，而要达到 66MB/S 左右速度除了需要主板芯片组的支持外，还需要使用一根 ATA66/100 专用 40 孔的 80 线的 EIDE 排线。

主板上一般有两到四个 IDE 接口，每个接口能接两个 IDE 设备，但这两个设备必须作主/从设置。由于它速度慢，连接设备数量有限，现已被 SATA 代替。主板上的 IDE 接口和 STAT 接口如图 3 - 30 所示。

图 3 - 30　主板上的 IDE 接口和 STAT 接口

（2）SATA 接口

SATA（Serial ATA，串行 ATA）具有支持热插拔、结构简单、易于连接、传输速度快，不受主盘和从盘设置的限制，可以连接多块硬盘等特点，是未来 PC 机硬盘的趋势。

1）SATA 的版本

目前 SATA 接口标准有三个版本，SATA1 其传输速率可达 1.5GB/s，SATA2.0 为 3GB/s，SATA3 速度达到 6GB/s。

2）Mini - SATA

Mini - SATA（mSATA）是 SATA 接口，是标准的迷你版本，传输速率支持

1.5GBps、3GBps 两种模式，可用于连接 mSATA 接口的固态硬盘（SSD）。各种 SATA 接口的外形如图 3 – 31 所示。

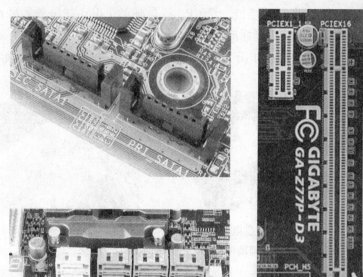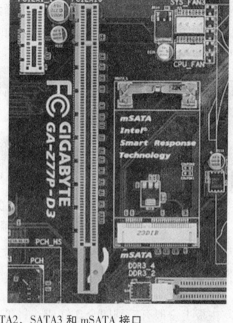

图 3 – 31　主板上的 SATA1、SATA2、SATA3 和 mSATA 接口

（3）电源接口

主板电源接口包括 20 针或 24 针的主板供电接口、4 针或 8 针的 CPU 辅助供电接口。在中高端的主板上，一般都采用 24 针 + 8 针的主板供电接口设计，低端的产品一般为 20 针 + 4 针。

1）主板供电接口

主板供电接口有 20 针和 24 针两种，如图 3 – 32 所示。

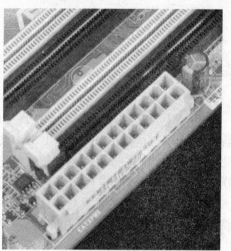

20 针的供电接口　　　　　　　　　　　24 针供电接口

图 3 – 32　主板上的供电接口

2）CPU 辅助供电接口

随着 CPU 的功耗的升高，单靠 CPU 接口的供电方式已经不能满足需求，因此早在 Pentium 4 时代就引入了一个 4 针的 12V 接口，给 CPU 提供辅助供电。在服务器平台，由于对供电要求更高，所以很早就引入更强的 8 针 12V 接口，而现在一些主流的微机主板也使用了 8 针 CPU 辅助供电接口，如图 3 - 33 所示，提供更大的电流，更好地保证 CPU 的稳定性。

4 针供电接口   8 针 供电接口   3 针和 4 针的风扇电源接口

图 3 - 33   主板上的辅助供电及散热器供电接口

仔细观察这些针孔，就会发现有些针孔是四边形的，有些针孔是六边形的，这种结构就是防呆设计，它限制电源连接线只能按照一个方向插入，避免连接错误。

（4）散热器供电接口

主板上一般有三到四个 3 针或 4 针的风扇电源接口，用于为安装在机箱内部的散热风扇供电。

1）3 针风扇电源接口

主板上有两到三个 3 针插座，是为 CPU 散热器、显卡散热器或机箱内的散热风扇供电的。其中两针为电源正负极，一针为测速用。如图 3 - 33 中的 PWR_ FAN 的插座。

2）4 针风扇电源接口

图 3 - 33 中的 CPU_ FAN 是 4 针的 CPU 散热器风扇接口，多出的一针用于风扇调速，许多主板提供了 CPU 温度监测功能，因此，风扇可以根据 CPU 的温度自动调整转速。另外可以看到，这些接口均采用了防呆式的设计方法，反方向就无法插入。

（5）集成声卡 CD 模拟音频输入接口

集成声卡 CD 模拟音频输入接口对应光驱背部的音频输出接口。当使用光驱播放 CD 时，CD 模拟音频通过这个接口传入声卡，再由声卡处理后传送给音箱，如图 3 - 34 所示。

（6）集成声卡的数字音频接口（SPDIF）

索尼/飞利浦数字音频接口（SONY/PHILIPS Digital Interface，SPDIF）。就传输方式而言，SPDIF 分为输出（SPDIF OUT）和输入（SPDIF IN）两种。声卡的 SPDIF OUT 主要功能是将来自电脑的数字音频信号传输到各种外接设备。在目前的主流产品中，SPDIF OUT 功能已经非常普及，通常以同轴或者光纤接口的方式做在声卡或主板上。而 SPDIF IN 在声卡中的主要功能则是接收来自其他设备的数字音频信号，最典型的应用就是接收来自光驱的 CD 唱片的数字音频。

如图 3 - 34 中的"HDMI_ SPDIF"输出接口，可连接到显卡上，通过显卡的 HDMI 接口（High - Definition Multimedia Intenface，高清多媒体接口），将视频和声音传输至 HDTV（High Definition Television，高清电视）、投影仪、液晶显示器上，满足高清数字家庭用户的需求。

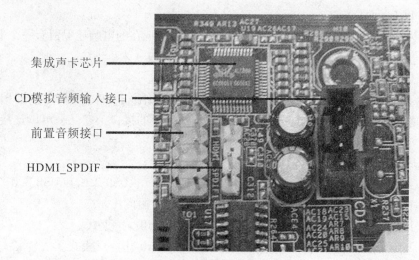

集成声卡芯片

CD模拟音频输入接口

前置音频接口

HDMI_SPDIF

图 3 - 34　集成声卡芯片旁边的接口

3.2.2.7　主板集成外部接口

随着 PC 机扩展功能的不断增强以及可连接外设的增多，如果采用非标准化的连接规范必然造成信息在速度、时序、数据格式以及类型等方面的不匹配，因此出现了形形色色的外部接口标准。PC 机标准的外部接口通常包括串口、并口、PS/2 接口、USB 接口、网络接口、音频接口和视频接口等。这些接口通常被集成在主板上。常见的主板集成外部接口如图 3 - 35 所示。

集成声卡接口

集成网卡接口

USB接口

集成显卡接口

串口

并口

PS/2键盘接口　PS/2鼠标接口

图 3 - 35　主板集成外部接口

（1）PS/2

PS/2 是键盘与鼠标的专用接口，圆形，6 个圆孔用于电源和数据传输，三个缺口和一个长方形孔是防呆设计，用于确定安装方向。PS/2 接口通常有两个，下方紫色的为键盘接口，上面绿色的为鼠标接口，一般不能混用，但在有些主板上将它们合成为一个。它的传输速度要高于 COM 接口，目前被 USB 接口所取代。

（2）COM（串行口）

COM 为 9 针、字母"D"形，通常用来连接 Modem（调制解调器）和鼠标等低速设备。

（3）LPT（并行口）

LPT 为 26 孔、字母"D"形，可接针式打印机。现在的电脑还保留有一个 LPT 口，它只能连接一个设备，且连接的距离有限，通常不超过 3 米。

（4）USB 接口

USB（Universal Serial BUS，通用串行总线）接口结构简单，支持即插即用和热插拔，并且能为所连的设备供电，是 PC 机中使用最广泛的接口，它几乎可以连接除显示器外所有 PC 机外部设备。

1）USB 版本

USB 到目前为止共有四个版本：USB 1.0、USB 1.1、USB 2.0 和 USB 3.0。

USB 1.0 只有低速（low speed，1.5Mbps）一种传输模式。

USB 1.1 增加了全速（full speed，12Mbps 或 1.5MB/s）模式。

USB 2.0 又增加了高速（high speed，480Mbps 或 60MB/s）模式。

USB 3.0 被称为 super speed，其传输带宽高达 5.0GB/s，也就是 625MB/s。

USB 3.0 增加了两对数据传输线和一根接地线，上传和下载使用不同通道，即使同时并行也不会相互阻碍。USB 3.0 插头和插座如图 3 - 36 所示。

图 3 - 36　USB　3.0 接口

2）USB 接口类型

USB 接口有 4 种类型：

A 型：一般用于 PC。

B 型：一般用于 USB 设备。

Mini - USB：一般用于 MP3、数码相机、数码摄像机、移动硬盘等设备。

Micro USB：用于手机和便携设备。

USB2.0 和 USB3.0 接口类型及其标识如图 3 - 37 和图 3 - 38 所示。

（5）IEEE1394 接口

IEEE 1394 接口在生活中应用最多的是高端摄影器材，如 DV，一般用户多采用 USB 接口来传输储存卡上的数据。因此，对于绝大部分用户来说，IEEE 1394 接口很少用上。

IEEE 1394a - 2000 版支持 100/200/400Mbps 的数据传输速率，IEEE 1394b 版则可达到 1.6Gbps。IEEE 1394 - 2008 版支持 s1600（1.6Gbps）和 s3200（3.2Gbps），同时

图 3 - 37　USB2.0 接口类型及其标识

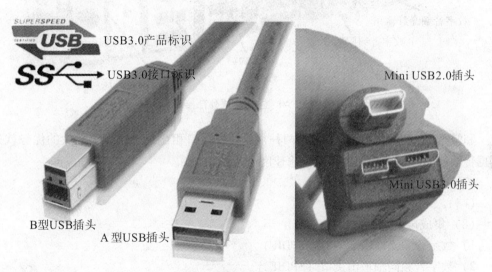

图 3 - 38　USB3.0 接口类型及其标识

向下兼容支持 s400（400Mbps）和 s800（800Mbps）速率的接口。下一代 IEEE1394 的
接口速率还可以扩展到 6.4Gbps。

　　IEEE1394 接口有两种标准的接口形式：6 针和 4 针，也就是常说的大口和小口，
如图 3 - 39 所示。6 针接口像 USB 接口一样提供电源，4 针不提供电源。

　　　　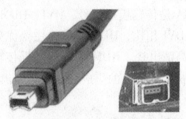

（a）6 针大口　　　　　　　　（b）4 针小口

图 3 - 39　IEEE1394 接口类型

（6）e-SATA 接口

e-SATA 并不是一种独立的外部接口技术标准，简单来说 e-SATA 就是 SATA 的外接式界面。拥有 e-SATA 接口的电脑，可以把 SATA 设备直接从外部连接到系统当中，而不用打开机箱，但由于 e-SATA 本身并不带供电设备，因此需要 SATA 设备与外接电源。这样的话还是要打开机箱，因此其对普通用户没多大用处。主板上的 e-SATA 接口如图 3-40 所示。

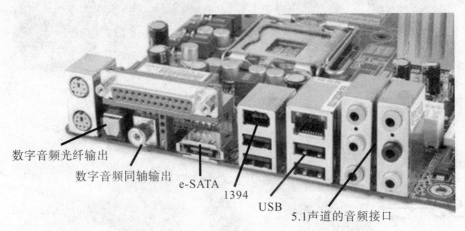

数字音频光纤输出
数字音频同轴输出
e-SATA
1394
USB
5.1声道的音频接口

图 3-40　主板集成外部接口

和常见的 USB2.0 和 IEEE1394 两种常见外置接口相比，e-SATA 最大的优势就是数据传输能力。e-SATA 的理论传输速度可达到 3Gbps。

（7）集成网卡（LAN）接口

（略）

（8）集成声卡接口

1）数字音频光纤输出接口（SPDIF）。

2）数字音频同轴输出接口（SPDIF）。

3）5.1 声道的音频接口。

（9）集成显卡接口

1）VGA 接口（D-SUB）。

2）数字视频接口（DVI）。

3）高清多媒体接口（HDMI）。

4）DisplayPort（DP）。

VGA 是传输模拟信号，DVI、HDMI 和 DP 能传输数字信号，支持 1080P 全高清视频。与 DVI 相比，HDMI 和 DP 主要优势是能够同时传输高清视频和音频数据，主要用于连接高清电视。HDMI 1.3 的数据传输率为 10.2Gbps，DisplayPort 1.0 数据传输率为10.8Gbps。主板上的集成显卡视频输出接口如图 3-41 所示。

图 3-41　主板集成显卡的视频输出接口

3.2.2.8　主板与机箱的接口

（1）机箱控制面板接口

机箱控制面板接口是主板用来连接机箱上的电源按钮、复位按钮、硬盘读写指示灯、电源指示灯和扬声器的地方。其在如图 3-42 中标注为 F_ PANEL 的接口。

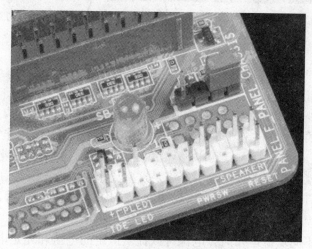

图 3-42　主板上的机箱控制面板接口

图中的针脚位是机箱接线部分。接线时注意正负位，一般黑色/白色为负，其他颜色为正。其中 PWR_ SW 表示电源按钮，RESET 表示复位按钮，IDE_ LED （或 HD_ LED）表示硬盘指示灯、P_ LED 表示电源指示灯，speak 表示扬声器，"＋"号表示正极。

（2）前置 USB 接口

现在电脑的机箱大多数都有前置 USB 接口，这极大地方便了我们使用各种 USB 设备。

为了防止因 USB 接口插错而造成的主板烧毁，大多数主板上将两个前置 USB 接口固定在一起，并采用了防呆式的设计，反插时无法插入，这也大大提高了安装效率。USB2. 0 为 9 针接口，USB3. 0 为 19 针。

（3）前置音频接口

类似于前置 USB 接口，它可将声卡上的耳机和 MIC 接口移至机箱正面，方便使用。虽然前置音频接口也是九针，但空针一般为第七针，同时该接口通常在集成声卡控制芯片附近。

（4）前置 IEEE1394 接口

前置 IEEE1394 接口可使用户在机箱外直接连接 DV（数字摄像机）。

（5）前置 e-SATA 接口

前置 e-SATA 接口可使用户在机箱外直接连接高速大容量移动存储设备。

前置 USB、前置音频、前置 IEEE1394、前置 e-SATA 接口如图 3-43 所示。

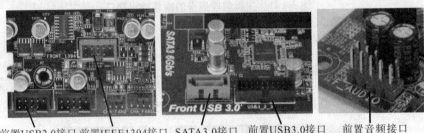

前置USB2.0接口 前置IEEE1394接口 SATA3.0接口 前置USB3.0接口 前置音频接口

图 3-43　主板上的前置接口

3.2.2.9　主板供电模块

主板上有大量电子元件、接口需要供电，另外主板还要为扩展卡供电，其中供电要求较高的是微处理器芯片、南北桥芯片、内存条和显卡。主板结构复杂、元件众多，需要多种电压格式，比如主板上的各种芯片为了降低功耗通常使用非常低的工作电压，如微处理器的核心工作电压可低到 0.65V，但它的功耗可达 130W，电压越低、功耗越大对电源的要求就越高。主机电源不能满足这些要求，因此，一般在主板微处理器插座和集成外部接口之间会有用大量电容、电感和 MOS 管（场效应管，三极管的一种）构成的主板供电模块，为主板提供大功率、稳定、纯净的电源供应，如图 3-44 所示。稳定就是主板在不同负荷运作时，电源可以提供恒定的电压和充足电流供应；纯净就是指提供的电流没有太多的杂质，比如尖峰毛刺、高频的杂波等。

3.2.2.10　主板上其他部件

（1）超频部件

以盈通蓝派 A785G 主板为例，它设计了 Power、Reset、CleanCMOS 按键和 Debug 侦错灯，如图 3-45 所示。用户超频后可直接在主板上用 Reset 按键重启计算机，Debug 侦错灯可监测计算机的工作情况，并用数字代码显示超频过程中出现的问题，超频失败后可用 CleanCMOS 按键清除 BIOS 数据。

（2）蜂鸣器

原来安装在机箱内的小喇叭，被集成在主板上的蜂鸣器代替。如图 3-45 所示。

（3）散热器

以 GA-EP45-Extreme 主板为例，它的散热片由热管连接，覆盖了北桥芯片、南桥芯片、CPU 周围的主板供电模块，它还有一个外形似扩展卡的大型的塔式散热片，从而形成了一个强大的主板散热系统。主板散热器如图 3-46 所示。

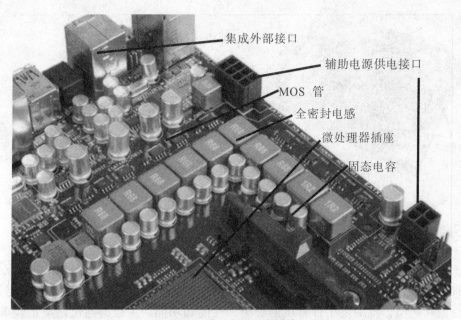

集成外部接口

辅助电源供电接口

MOS 管

全密封电感

微处理器插座

固态电容

图 3-44　主板供电模块

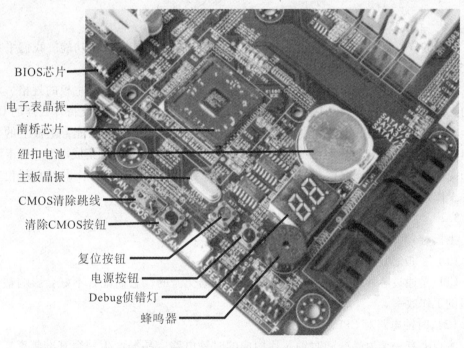

BIOS芯片

电子表晶振

南桥芯片

纽扣电池

主板晶振

CMOS清除跳线

清除CMOS按钮

复位按钮

电源按钮

Debug侦错灯

蜂鸣器

图 3-45　主板超频部件

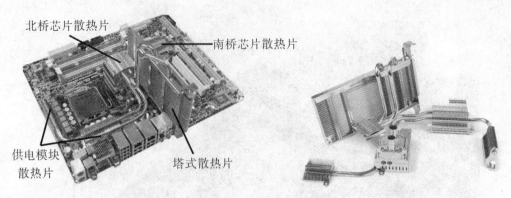

图 3-46　主板的散热器

3.2.3　主板性能指标

主板在一台计算机中扮演着躯干和中枢神经的角色，它是计算机的核心设备。主板的种类繁多，但组成结构基本相同。主板上的芯片组、BIOS、接口等部件决定了主板的性能和类型，也决定了计算机的种类、性能和功能。主板的地位是举足轻重的，透过主板的性能指标，我们就能基本上了解整台计算机的功能、性能、稳定性及兼容性。

3.2.3.1　主板芯片组

主板的核心是主板芯片组，它决定了主板的规格、性能和大致功能。我们平日说"B75 主板"，B75 指的就是主板芯片组。

主板芯片组通常包含南桥芯片和北桥芯片。北桥芯片主要决定主板的规格、对硬件的支持以及系统的性能，它连接着 CPU、内存、PCI 总线。主板支持什么样的 CPU、显卡、内存条，都是北桥芯片决定的。南桥芯片主要决定主板的功能，主板上的各种接口（如 IDE、USB）、PCI 总线、IDE 以及主板上的其他芯片（如集成声卡、网卡等），都归南桥芯片控制。南北桥芯片间通过南北桥总线进行数据传递，南北桥总线位宽越宽、工作频率越高，数据传输率就越高。

3.2.3.2　对 CPU 的支持

主板对 CPU 的支持表现在以下三个方面：

（1）主板芯片组对 CPU 的支持

CPU 是通过芯片组与外围其他设备进行数据交流的，它们配合不好会影响整个计算机的工作效率。

（2）时钟电路对 CPU 的支持

主板上有一个由晶振和时钟芯片构成的时钟电路，晶振产生一个基准频率，再由时钟芯片分频或倍频后提供给 CPU、芯片组、内存、各种总线（PCI、AGP、PCI-E 等）及接口，从而保证计算机各个设备协调工作。CPU 的外频和前端总线频率都是由主板上的时钟电路提供的，另外，由于技术的限制，主板支持的倍频也是有限的，主板能提供的最高外频和倍频数决定了该主板能支持的 CPU 的最高主频频率。

（3）插座的类型对 CPU 的支持

CPU 插座类型的不同是区分主板类型的主要标志。不同厂商生产的 CPU 使用的插座也不同，如 Intel 和 AMD 的 CPU 在插座上就不兼容，同一厂商的 CPU 也有多种类型的插座。

另外，主版供电模块能否提供 CPU 所需的电压与电流；BIOS 能否识别并支持 CPU 也很重要。

3.2.3.3 对内存的支持

主板对内存的支持表现在以下两方面：

（1）主板芯片组对内存的支持

北桥芯片中包含内存控制器，它决定了主板上能使用的内存的结构、种类、最大容量及最高工作频率。

（2）内存插槽对内存的支持

内存插槽的类型决定了内存的种类，如 DDR、DDR2、DDR3。

内存插槽的数量决定了能安装的最大内存容量。

内存插槽的结构决定了是否支持双通道。

目前中高端主板能支持 2200MHz 的双通道 16GB 的 DDR3 内存条。

3.2.3.4 对扩展卡的支持

主板上扩展插槽的类型、版本、数量决定了计算机上能安装的扩展卡的类型、性能和数量。其中最重要的是对显卡的支持。目前主板上大多有一两个 PCI 插槽和三四个 PCI‐E 3.0 版插槽。另外，主板的板型也会影响扩展槽的数量，迷你主板上的扩展槽数量就比标准板上的少。

3.2.3.5 对外部设备的支持

主板上 I/O 接口的类型、版本、数量决定了计算机能连接的外部设备的类型、性能、数量。目前主板上都集成了多个 USB 2.0 和 USB3.0 接口，以及多个 SATA 2、SATA3 及 e‐SATA 接口，有些主板还提供 IEEE1394 接口。

3.2.3.6 对网络、音频、视频的支持

目前大多数主板都集成显卡、声卡和网卡。中高端主板上则集成了千兆网卡、带数字音频接口的 5.1 声道声卡、具有数字高清多媒体输出接口的显卡。

3.2.3.7 BIOS 性能

BIOS 芯片中存放着计算机系统中最重要的基本输入输出程序、系统 CMOS 设置、开机上电自检程序和系统启动程序。BIOS 的版本，BIOS 能否方便地升级，是否具有优良的防病毒功能，也是主板的一个重要性能指标。目前很多主板都采用双 BIOS 芯片技术。

3.2.3.8 稳定性与可靠性

主板的 PCB 板和元件的用料与做工、主板上元件的布局，直接影响主板的稳定性与可靠性。用料与做工较好的主板，采用优质的电容、电阻、接口元件，而且焊点平整、布线清晰、结构缜密。

3.3 内存

内存是连接 CPU 和其他设备的通道，起到缓冲和数据交换作用。当 CPU 在工作时，

需要从硬盘等外部存储器上读取数据，但由于硬盘读写速度慢，距离 CPU 也很远，数据的传输速度就比较慢，导致 CPU 的数据处理效率低下。为了解决这个问题，人们便在 CPU 与外部存储器之间增加了内存。计算机中的内存主要有内存条、BIOS 芯片和高速缓存（Cache）。

3.3.1　内存分类

按照构成内存的半导体存储器的不同，内存可分为 RAM（Random Access Memory，随机存取存储器）和 ROM（Read Only Memory，只读存储器）两类。

RAM 的特点是：随时可以对存放在它里面的任意位置的数据进行修改和存取，即可随机读写；一旦系统断电，存放在它里面的所有数据和程序都会消失，并且无法恢复；相对于 ROM 它的读写速度较快。电脑开机时，操作系统和应用程序的所有正在运行的数据和程序都会放置其中。

ROM 的特点是：只能读，不能写；断电后数据不会消失，因此，数据可长期保存；相对于 RAM 它的读写速度较慢，但远比硬盘的读写速度快。一般 ROM 用于保存计算机的系统程序代码，比如 PC 机主板上的 BIOS 芯片就是一块 ROM 芯片。

3.3.1.1　ROM 的分类

ROM 芯片的发展经历了以下五个阶段：

（1）ROM

ROM 也称 MASK ROM（掩模型只读存储器）。ROM 资料在制造过程中用特殊方法烧录进去，可批量生产，成本较低。

（2）PROM

PROM（Programmable ROM，可编程只读存储器）：可用专用编程器将资料写入，但只能写入一次。

（3）EPROM

EPROM（Erasable Programmable，可擦可编程只读存储器）：可以反复利用专用擦除器或紫外线清除资料，再利用编程器写入资料。这一类芯片比较容易识别，其封装中包含有"石英玻璃窗"，如图 3-47 所示。写入数据或程序后的 EPROM 芯片的"石英玻璃窗"一般会使用黑色或银色不干胶纸盖住，以防遭到阳光直射而丢失数据。

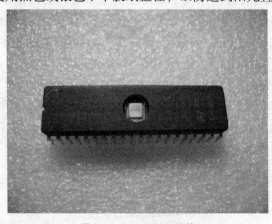

图 3-47　EPROM 芯片

（4）EEPROM

EEPROM（Electrically Erasable Programmable，电可擦可编程只读存储器）：功能与使用方式与 EPROM 一样，不同之处是清除数据的方式，它是以约 20V 的电压来进行清除的，通过专用刷新程序可以改写芯片内容。

（5）FLASH ROM

Flash Memory（闪存）：本质上属于 EEPROM，加入一个较高的电压就可以写入或擦除。闪存是目前 PC 机中使用最广泛的 ROM 类型。

3.3.1.2 RAM 的分类

由于 RAM 可随机存取且速度快，系统运行时，会先将指令和数据从外部存储器（外存）中调入内存，CPU 再从内存中读取指令和数据进行运算，但 RAM 中的数据在掉电后会丢失，所以它只能用来暂时存放程序和数据，要保存运算结果就需要用外存。RAM 可分为两种：

（1）DRAM

DRAM（Dynamic RAM，动态随机存取存储器）：主要应用在计算机中的主存储器中，如内存条、显存等。其特点是：结构简单，集成度高，功耗低，成本低。

（2）SRAM

SRAM（Static RAM，静态随机存取存储器）：主要应用在计算机中的高速小容量存储器中，如高速缓存（Cache），见图 3-48 所示。其特点是：速度快，但结构相对复杂，造价高。

图 3-48　PII CPU 核心两侧芯片为二级高速缓存（L2 Cache）

3.3.2　常见内存条类型

常见内存条类型主要有：SDRAM、DDR、DDR2、DDR3 四种，如图 3-49 所示。目前最流行的是 DDR3 内存条。

3.3.2.1　SDRAM

SDRAM（Synchronous DRAM，同步动态随机存取存储器）是一种与 CPU 实现外频时钟同步的内存模式，一般都采用 168 PIN 的内存模组，工作电压为 3.3V。所谓时钟同步是指内存能够与 CPU 同步存取资料，这样可以取消等待周期，减少数据传输的延迟，因此可提升计算机的性能和效率。

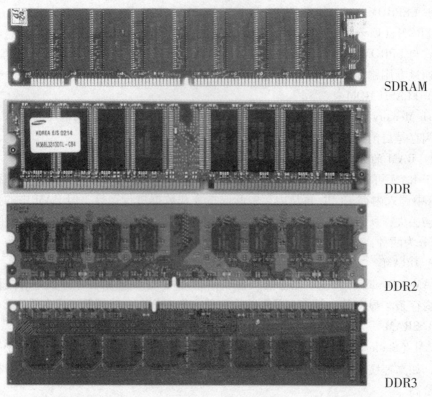

SDRAM

DDR

DDR2

DDR3

图 3 - 49　常见内存条

3.3.2.2　DDR SDRAM

　　DDR SDRAM（Double Data Rate，双倍速率同步动态随机存取存储器）是 SDRAM 的换代产品。SDRAM 在一个时钟周期内只传输一次数据，且是在时钟的上升期进行数据传输；而 DDR 内存则是一个时钟周期内传输两次数据，并能够在时钟的上升期和下降期各传输一次数据，因此称为双倍速率同步动态随机存储器。DDR 内存可以在与 SDRAM 相同的总线频率下达到更高的数据传输率。

3.3.2.3　DDR2

　　DDR2 是 DDR 内存的第二代产品。它在 DDR 内存技术的基础上加以改进，从而其传输速度更快，耗电量更低，散热性能更优良。

3.3.2.4　DDR3

　　DDR3 是 DDR 的第三代产品，它提供了比 DDR2 SDRAM 更高的运行效能与更低的工作电压，运作 I/O 电压仅有 1.5V，稳定性也更好，单条容量已达 16GB，是现在流行的内存产品。常见内存条性能比较见表 3 - 1。

表 3 - 1　　　　　　　　　　　　几种常见内存条比较

性能 ＼ 类型	SDRAM	DDR	DDR2	DDR3
工作电压	3.3V	2.5V	1.8V	1.5V
引脚数	168 PIN	184 PIN	240 PIN	240 PIN

表3-1(续)

性能 \ 类型	SDRAM	DDR	DDR2	DDR3
工作频率（MHZ）	66/100/133	200/266 333/400	400/533 667/800	800/1066 1333/1600
峰值传输速率 GB/s	1.1	3.2	6.4	12.8

3.3.3 内存条的结构

　　内存主要由三个部分组成：PCB 板（Printed circuit Board，印刷电路板）、内存芯片和SPD 芯片。另外，还有外围电子元器件如电容、电阻等。目前常用的 DDR3 内存条结构如图 3-50 所示。

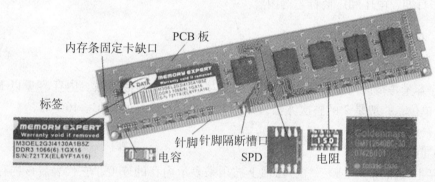

图3-50　DDR3　内存条结构

3.3.3.1　PCB 板

　　内存的 PCB 板多数是绿色，采用多层设计（4 层或 6 层）。

　　PCB 板上常包括以下结构：

　　1）金手指

　　一根根黄色的接触点，就是内存与主板内存槽接触的部分，也称金手指。金手指是铜质导线，时间长了有氧化现象，可用橡皮擦清理。

　　2）内存固定卡缺口

　　主板上的内存插槽会有两个夹子牢固地扣住内存，这个缺口便是用于夹子固定内存用的。

　　3）内存针脚隔断槽口

　　一是用来区分安装方向，防止内存插反，二是区分不同类型的内存条。

3.3.3.2　内存芯片

　　内存芯片也称内存颗粒，内存的速度、容量都是由内存芯片决定的。不同的厂商的内存芯片在性能上也不同。

　　一条内存条上有多颗内存颗粒，一般为 2 的倍数，常见的有 2 颗、4 颗或 8 颗，其原因是 SDRAM、DDR 、DDR2 和 DDR3 的总线位宽都是为 64 位，理论上，完全可以制造出一颗位宽为 64bit 的芯片来满足一条内存使用，但这种设计对技术要求很高，良品率很低导致成本无法控制，应用范围很窄。所以内存芯片的位宽一般都很小，台式机内存颗粒的位宽最高仅16bit，常见的则是4/8bit。这样为了组成64bit内存的需要，至少需要4颗16bit的芯片、8颗8bit的芯片或者16颗4bit的芯片。

3.3.3.3 SPD 芯片

SPD（Serial Presence Detect，模组存在的串行检测）芯片是一个八脚的小芯片，它是一个 EEPROM 可擦写存储器，容量有256个字节，存储信息为：内存的标准工作状态、速度、容量、响应时间等参数。

3.3.3.4 电容、电阻

采用贴片式电容、电阻，可提高内存的电气性能和内存的稳定性能。一般好的内存，它们的分布规划整齐合理。

3.3.3.5 标签

内存条上贴有标签，标签上通常包括：厂商名称、单片容量、芯片类型、工作速度、生产日期、电压和厂商标志等内容。

3.3.4 内存的性能指标

3.3.4.1 内存的容量

内存容量是指该内存条的存储容量，是内存条的关键性参数。内存容量以 MB 或 GB 作为单位，一般是2的整次方倍，如512M、1G、2G、4G、8G、16G等。

3.3.4.2 内存的带宽

（1）工作频率

内存主频和 CPU 主频一样，习惯上被用来表示内存的速度，它代表着该内存所能达到的最高工作频率。内存主频是以 MHz（兆赫）为单位来计量的。目前常见的内存工作频率有：2400MHz/2200MHz/2133MHz/2000MHz/1866MHz/1800MHz/1600MHz。

（2）总线位宽

SDRAM、DDR、DDR2、DDR3 的总线位宽都为64位。

（3）内存的带宽

内存工作频率和总线位宽决定了内存的带宽，其计算公式为：

内存的带宽 = 内存工作频率 × （总线位宽/8） × 通道数

比如工作频率1600MHz的DDR2内存条，其带宽为：1600MHz×（64bit/8）×1 = 12.8GB/s。若使用双通道则带宽为25.6 GB/s。

3.3.4.3 CL 延迟

CL 是 CAS Latency（CAS 等待时间）的缩写，CAS 是 Column Address Strobe（列地址选通脉冲）的缩写。

内存延迟时间决定了内存的性能，这个参数越小，内存性能越好。内存延迟通常采用4个数字表示，中间用"-"隔开。以"5-4-4-12"为例，第一个数代表 CAS（Column Address Strobe）延迟时间，也就是内存存取数据所需的延迟时间，即通常说的 CL 值；第二个数代表 RAS（Row Address Strobe）-to-CAS 延迟，表示内存行地址传输到列地址的延迟时间；第三个数表示 RAS Prechiarge 延迟（内存行地址脉冲预充电时间）；最后一个数则是 Act-to-Prechiarge 延迟（内存行地址选择延迟）。

这 4 个延迟中最重要的指标是第一个参数 CAS，它代表内存接收到一条指令后要等待多少个时间周期才能执行任务，就像开车从发现危险到刹车需要一定的反应时间一样。这个时间只有长短之分而不可能消除，内存的 CL 值也不可能消除，一般来说频率相同的内存 CL 值越小性能就越好。

3.3.4.4 内存工作电压

不同类型的内存正常工作所需的电压也不同，但各自均有自己的规格，超出其规格，容易造成内存损坏。一般 SDRAM 内存为 3.3V、DDR 内存为 2.5V、DDR2 内存为 1.8V、DDR3 内存为 1.5V。

3.4 电源

计算机电源是专门为机箱内部配件（如主板，驱动器，显卡等）供电的设备。电源输入的是 220V 交流电，输出的是供机箱内部所有设备使用的低压直流电。电源必须提供稳定、连续的电流，如果提供的电流过量或不足，所连接的设备就有可能不能正常运作，所以电源是计算机硬件系统里重要的部件，它的性能直接影响整机的性能。

3.4.1 电源的分类

3.4.1.1 AT 电源

AT 电源供应器功率一般为 150W ~ 220W，主要应用在 AT 主板和 Baby AT 主板上，如今已被淘汰。

3.4.1.2 ATX 电源

ATX 是英文 AT Extend 的缩写，可以翻译为"AT 扩展"标准，1995 年由 Intel 公司提出，时至今日，ATX 架构电源已经称为业界的主流标准。ATX 电源有多种版本，目前市面上销售的家用电脑电源，一般都是 ATX12V 2.0 版。

ATX 电源功率一般为 250W ~ 400W，并且可以实现软件关机、键盘开机、远程开机等功能，这是因为 ATX 电源在关机后并没有完全断电，在电源内部仍有很小的电流存在，可以接收到各种唤醒信号，其标准尺寸为 150 × 140 × 86mm。

3.4.1.3 BTX 电源

BTX 电源也是遵从 BTX 标准设计的 PC 电源。不过 BTX 电源兼容了 ATX 技术，其工作原理与内部结构基本相同，输出标准与目前的 ATX12V 2.0 规范一样。

BTX 电源在原 ATX 规范的基础之上衍生出 ATX 12V、CFX 12V、LFX 12V 几种电源规格。其中 ATX 12V 是既有规格，所以 ATX12V 2.0 版电源可以直接用于标准 BTX 机箱。CFX12V 适用于系统总容量在 10 ~ 15 升的机箱。这种电源与以前的电源虽然在技术上没有变化，但为了适应尺寸的要求，采用了不规则的外形。目前定义了 220W、240W、275W 三种规格，其中 275W 的电源采用相互独立的双路 + 12V 输出。而 LFX12V 则适用于系统容量 6 ~ 9 升的机箱，目前有 180W 和 200W 两种规格。

3.4.1.4 ITX 电源

针对小巧的 ITX 主板和机箱，ITX 电源的功率和体积比 ATX 电源小很多，有些 ITX 机箱太小，干脆使用类似笔记本电脑的外接直流电源。常见 ITX 电源如图 3 - 51 所示。

图 3 – 51　ITX 电源与 ATX 电源比较

3.4.2　电源外部结构

　　电源外部形状是封闭的方形箱子，常见的有三大类：AT 电源、ATX 电源和 BTX 电源，如图 3 – 52 所示。整个电源被封在一个有金属屏蔽作用的方形铁盒内，盒内除电压、电流变换线路外，还设有电压和电流的过压、过流或空载的保护装置，并装有供通风散热用的风扇。面板上有风扇排气口、电源输入插座及各种输出插座。

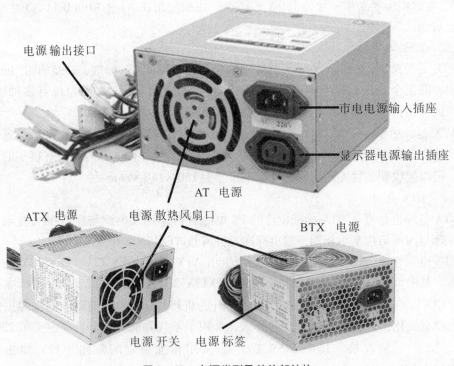

图 3 – 52　电源类型及其外部结构

3.4.2.1　市电电源输入插座

　　该插座通过主机电源线将市电输入到主机电源中。该插座为三针、"D"型。

3.4.2.2 显示器电源输出插座

该插座用于为显示器提供市电，便于计算机关机时同时关闭显示器电源。该插座为三孔、"D"型。目前显示器都采用市电直接供电。

需要注意的是：在微机中和电源相关的插座、插头，输入用"针"，输出用"孔"，这样设计的目的是防止漏电和触电。

3.4.2.3 电源开关

ATX电源在关机后并没有完全断电，在电源内部仍有很小的电流存在，可以接收到键盘开机或远程开机唤醒信号，故此开关用于将电源完全关闭。

3.4.2.4 电源标签

电源标签上有电源的品牌、型号、各项参数及认证类型等信息。

3.4.2.5 电源散热风扇口

其主要用于电源内风扇散去电源工作时产生的热量。

3.4.2.6 电源输出插头

电源输出插头主要为机箱内部的主板、显卡、驱动器等供电，不同的设备需要不同的插头，因此电源输出插头有多种类型，如图3-53所示，所有插头均为输出，所以设计为"孔"。

图3-53　电源输出插头

（1）主板电源插头

主板电源插头用于将电源与主板相连接。电源的主板供电插头为20孔或24孔，具有防反插的设计，如图3-54所示。

1）20孔或24孔主板供电插头

20孔与24孔插头对比

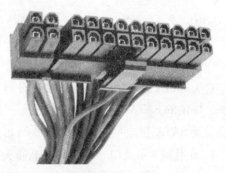

24孔主板电源插头

图3-54　20孔与24孔主板供电插头

2）4孔或8孔主板辅助供电插头

Intel公司推出的Pentium 4处理器，由于其功耗大（50W以上），主板通常要求ATX电源单独提供一组4孔的辅助电源插头以专门为CPU供电，以保证系统的稳定运行。某些高端主板采用了8孔的辅助供电插头，如图3-55所示。

20+4孔及4孔插头　　　　　　　　　8孔插头

图3-55　4孔与8孔主板辅助供电插头

（2）机箱内其他设备电源插头

1）小4孔软驱供电插头

现在的软驱早已经成为历史，空余的小4孔线可以用来接读卡器或散热风扇。

2）大4孔硬盘、光驱供电插头

"D"型插头，用来连接硬盘、光驱等设备，为它们提供电力支持。此类插头一般有4个。

小4孔、大4孔插头　　　大4孔转SATA线　　　　　　SATA供电插头

图3-56　电源4孔插头及SATA供电插头

3）SATA供电插头

它为SATA设备提供电源，插头设计为"L"型，孔内有15个触电，不同型号的电源，提供的SATA电源插头数量也不一样，若不够用，可用大4孔插头转接。电源4孔插头及SATA供电插头如图3-56所示。

4）6孔或8孔PCI-E显卡供电插头

随着PIC-E显卡功率的增加，扩展槽已不能提供足够的能量让显卡稳定运行，所以ATX电源又增加了6孔或8孔PCI-E显卡供电插头，如图3-57所示。另外，许多高端主板辅助供电也采用了 8 孔插头，因此，不少用户怕把两者搞混插错，其实这两个 8 孔插头是可以混插的。

| 6 孔插头 | 8 孔插头 | 6 孔转 8 孔线 |

图 3 - 57　PCI - E 显卡供电插头

3.4.3　电源的性能指标

3.4.3.1　电源功率

功率是电源最主要的性能参数，主要指直流电的输出功率，单位是瓦特，一般在 300W 左右。功率越大，代表可连接的设备越多，电脑的扩充性也就越好。随着电脑性能的不断提升，耗电量也越来越大，大功率的电源便成为电脑稳定工作的重要保证。电源功率的相关参数在电源标签上一般都可以看到。

3.4.3.2　电压稳定度

电压稳定度是指在其他影响因素不变的情况下，由负载变化或输入电压波动引起的输出电压变化的程度。

3.4.3.3　纹波及噪声

纹波及噪声是反映电源输出电压波形质量的指标，指输出直流电中交流成分的峰值，该值越小，输出的直流电的质量越好，对负载的干扰越小。

3.4.3.4　电源效率和寿命

电源效率指电源各组直流电输出功率之和与输入有效功率的比值。国标规定不小于 65%。电源效率和电源设计电路有密切的关系，提高电源效率可以减少电源自身的电源损耗和发热量。电源寿命是根据其内部的元器件的寿命确定的，如果一般元器件寿命为 3～5 年，那么电源寿命可达 8 万～10 万小时。

3.4.3.5　保护功能

电源保护功能是指电源应具有在直流输出遇到意外情况时能进行自动的自我保护功能。如防雷击保护，过压保护，低电压保护，过电流保护，过温保护，短路保护，过载保护等。

3.4.3.6　电磁干扰

电源在工作时内部会产生较强的电磁振荡和辐射，从而对外产生电磁干扰，这种干扰一般是用电源外壳和机箱进行屏蔽，但无法完全避免这种电磁干扰，为了限制它，国际上制定了 FCCA 和 FCCB 标准，国内也制定了国标 A（工业级）和国标 B（家用电器级），优质电源都能通过 B 级标准。

3.4.3.7　电源的安全认证

为了避免因电源质量问题引起的严重事故，电源必须通过各种安全认证才能在市场上销售，因此电源的标签上都会印有各种国内、国际认证标记。其中，国际上主要有 FCC、UL、CSA、TUV 和 CE 等认证，国内认证为中国的安全认证机构的 CCEE 长城认证。通过的认证规格越多，电源的安全和质量越好。

3.5 机箱

计算机机箱的作用主要有三个方面：一是提供空间给电源、主板、各种扩展卡、光驱、硬盘等设备，并通过机箱内部的支撑、支架、各种螺丝或卡件等将这些零配件固定在机箱内部，形成一个整体；二是起保护作用，它坚实的外壳保护着机箱内部的设备，尤其是没有外包装的板卡，能防压、防冲击、防尘，防电磁干扰，屏蔽电磁辐射；三是提供控制界面，机箱面板上有各种按钮和指示灯，以前机箱上还有一个小喇叭，这些能让操作者更方便地操纵计算机或了解计算机的运行情况。

3.5.1 机箱的类型

机箱主要分为立式和卧式机箱，另外，机箱还有超薄、半高、3/4 高和全高之分。按其所符合的标准，可分为 AT、ATX、ITX 和 BTX 机箱。

3.5.1.1 ATX 机箱

在 ATX 主板规范下衍生的机箱就称为 ATX 机箱，其可安装的主板最大规格为 305mm × 244mm。ATX 又衍生出 Micro ATX（244mm × 244mm）、WTX（355.6mm × 425.4mm，主要用于服务器主板）、MiniATX（170mm × 170mm）、Flex - ATX（229mm × 191mm）几个规格。目前市面上销售的机箱以 ATX、Micro ATX 和 BTX 机箱为主。

3.5.1.2 Micro ATX 机箱

Micro ATX 是 ATX 结构的简化版，其主板规格为 244 × 244mm，被推出的最主要目的是为了降低个人电脑系统的总体成本与减少电脑系统对电源的需求量。

Micro ATX 机箱体积较小，扩展性有限，只适合对电脑性能要求不高的用户；而 ATX 机箱无论在散热方面，还是性能扩展方面都比 Micro ATX 机箱强得多，因此，ATX 目前仍是市场的主流。ATX 与 Micro ATX 机箱对比如图 3 - 58 所示。

ATX 机箱

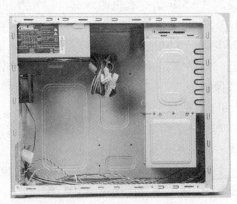
Micro ATX 机箱

图 3 - 58 ATX 与 Micro ATX 机箱对比

3.5.1.3 BTX 机箱

BTX 主板规格为（325.12mm×266.70mm），与 ATX 相比，BTX 机箱主要有以下几个优势：

（1）优化的系统散热结构

ATX 系统内产生的热量，是通过电源风扇排出，而机箱内部的气流要流经硬盘、南桥、北桥、CPU、电源，表面上看起来空气没有被浪费，而实际上由于各元件没有按照散热的需求排列，因此导致最需要散热的部分没有有效的散热。

BTX 机箱相比 ATX 机箱最明显的区别，就在于把以往只在左侧开启的侧面板，改到了右边，而其他 I/O 接口，也都相应的改到了相反的位置。

在机箱内部，BTX 在不增加额外散热装置的情况下，采用了分区域、直通式的短距离风道，通过加装在风扇上的风罩以及翻折 90 度安装的显卡，将 CPU 和显卡集中，进行分区域散热。散热时从机箱前部向后吸入冷却气流，并顺沿内部线性配置的设备，最后在机箱背部流出。这样设计不仅更利于提高内部的散热效能，而且也可以因此而降低散热设备的风扇转速，保证机箱内部的低噪音环境。这样也使散热效果大大改善，并为将来更高功耗 CPU 的出现奠定了基础。ATX 与 BTX 机箱散热结构比较如图 3-59 所示。

图 3-59 ATX（左）与 BTX（右）机箱散热结构

BTX 机箱都要搭配一个风罩组件，它有固定的大小与长度，能将 CPU 及其散热片包裹起来并与前机箱风扇连接，如图 3-60 所示。此外，在前机箱风扇和风罩之间加入一个气流导向装置，能够对风扇产生的气流进行调节和汇聚，同时也能达到均衡噪声与风压的目的。

CPU 散热器及导风罩	BTX 主板上使用的 CPU 散热器

图 3-60　BTX 机箱搭配的风罩组件

（2）适应不同的系统尺寸和配置

其除了可以将尺寸做小之外，也可以根据需求建立扩展型的系统。

当然，就像 ATX 从大小上分为标准 ATX、Micro ATX 一样，BTX 的主板也根据扩展插槽的数量分为：标准 BTX，microBTX 和 picoBTX 三种。

标准 BTX 最大宽度为 325.12mm，可以支持 7 个扩展槽，microBTX 最大宽度为 264.16mm，可以支持 4 个扩展槽，picoBTX 最大宽度为 203.20mm，最多只能支持 1 个扩展槽。而它们的深度都是 266.70mm。根据板型的大小以及用途，机箱的大小和形制也有不同。但是无论如何变化，整个系统的散热结构都没有变化，CPU、北桥、南桥（以及标准 BTX 和 microBTX 的显卡）都在一条直线上。BTX 与 ATX 机箱内部布局对比如图 3-61 所示。

图 3-61　BTX（左）与 ATX（右）机箱内部布局对比

3.5.1.4　ITX 机箱

ITX 机箱安装大小为 170mm×170mm 的 ITX 主板，适合作家用高清 HTPC（Home Theater Personal Computer，家庭影院个人机）、商业用机或学生机。其主要特点是：结

构紧凑、体积小巧、外观精美，因此也深受女性用户的喜爱。常见的 ITX 机箱如图
3 - 62 所示。

图 3 - 62   ITX 机箱

3.5.2　机箱的结构

3.5.2.1　机箱内的主要部件

（1）安装主板用的支撑架孔和螺柱孔。

（2）电源固定架：用来安装电源。

（3）插卡槽：用来固定各种插卡。

（4）主板集成接口输入/输出孔。

（5）驱动器槽：用来固定硬盘、光驱。

（6）控制面板接脚：用来连接机箱面板与主板。

（7）扬声器。

以 ATX 立式机箱为例，其内部主要部件如图 3 - 63 所示。

图 3 - 63   ATX 立式机箱结构

3.5.2.2　机箱正面控制面板

机箱控制面板上一般有以下按钮和指示灯：

（1）POWER 电源按钮。

（2）RESET 复位按钮。

（3）POWER、绿色（或紫色）灯、电源指示灯。

（4）H. D. D、红色灯、硬盘读写指示。

以上各部件如图 3 - 64 所示。

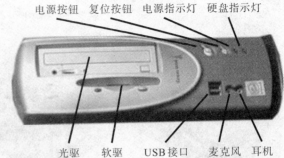

电源按钮
电源指示灯
硬盘指示灯
复位按钮

电源按钮　复位按钮　电源指示灯　硬盘指示灯

光驱　软驱　USB接口　麦克风　耳机

图 3 - 64　机箱正面结构

3.5.2.3　机箱正面 I/O 面板

机箱 I/O 面板上主要有前置 USB 接口和音频接口，如图 3 - 64 所示，有些机箱正面有更丰富的接口，支持 USB3.0、IEEE1394、e - SATA、存储卡读写等接口，如图 3 - 65 所示。

（1）前置 USB 接口：通常有 2~4 个。

（2）前置音频接口：MIC、耳机接口。

（3）前置 IEEE1394 接口。

（4）前置 e - SATA 接口。

（5）前置存储卡读写接口。

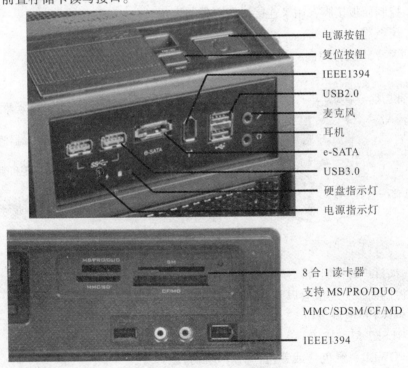

电源按钮
复位按钮
IEEE1394
USB2.0
麦克风
耳机
e-SATA
USB3.0
硬盘指示灯
电源指示灯

8 合 1 读卡器
支持 MS/PRO/DUO
MMC/SDSM/CF/MD

IEEE1394

图 3 - 65　机箱正面 I/O 面板

3.6 扩展卡

PC 机中常用的扩展卡有：显卡、声卡和网卡，目前大多数主板都集成这三个扩展卡。为了提升这些卡的性能或增加功能，我们会使用独立的显卡、声卡和网卡，一般集成的声卡和网卡已能满足大多数用户的要求，所以只有独立的显卡在 PC 机中使用比较多。另外，PC 机为了扩展功能，还可安装许多其他扩展卡，比如电视卡、1394 卡、MODEM 卡，无线网卡等。

3.6.1 显卡

显卡在一台电脑中不仅肩负着向各种显示设备（包括 CRT 显示器、液晶显示器和电视机）输出所需信号的工作，而且也是一台电脑图形、图像的处理中枢。电脑图形处理能力的强弱和在 3D 游戏中的表现与显卡有极大的联系。从某种程度上来讲，显卡的性能直接决定了一台电脑在 2D 图形处理、游戏 3D 加速、专业图像处理和多媒体视频输入输出等性能和功能上的强弱。

3.6.1.1 显卡的结构

常见的显卡有 AGP 显卡和 PCI－E 显卡，其结构如图 3－66 所示。目前主流的显卡是 PCI－E 显卡。

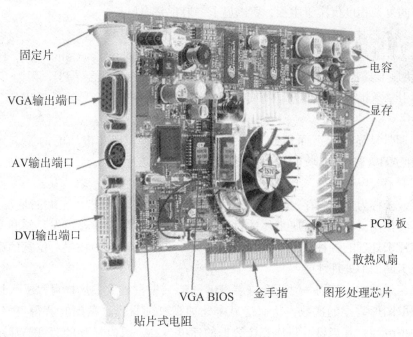

图 3－66　AGP 显卡结构

一块显卡从结构上来讲，通常由显示芯片（GPU）、显存、供电模块、散热系统、视频信号输入输出接口等组成。如图 3－67 所示是一块 PCI－E×16 显示卡的结构图（盈通 9600GT 游戏高手全能版，已经去掉散热器）。

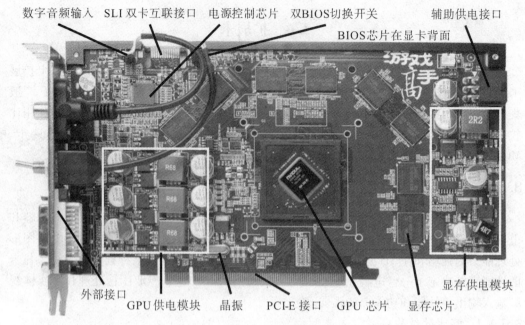

数字音频输入　SLI 双卡互联接口　电源控制芯片　双BIOS切换开关　　　辅助供电接口

BIOS芯片在显卡背面

外部接口　　GPU 供电模块　　晶振　　PCI-E 接口　GPU 芯片　显存芯片　　显存供电模块

图 3-67　PCI-E×16 显卡的结构

（1）印刷电路板

显卡的复杂程度仅次于主板，所以显卡一般都是多层板。

（2）显示芯片（GPU）

显示芯片就是一块显卡的"心脏"，也称 GPU（Graphic Processing Unit，图形处理器）。一块显卡具备什么样的处理能力和技术特性，完全取决于 GPU，因为 GPU 中的图形处理引擎承担着将 CPU 和内存传送过来的图形处理加工、转换并输出至显示设备的重任。

GPU 通常是显示卡上面积最大、引脚最多的芯片。现在市场上的显卡大多采用 NVIDIA 和 ATI（被 AMD 收购）两家公司的图形处理芯片。

（3）显存

显存，全称为显示内存，即显卡专用内存。如果将显示芯片比做图形加工工厂，那么显存的作用就相当于这座工厂的材料仓库，因为显存承担着预先存储和交换需要由显示芯片来处理的各种数据。显存容量的大小、工作频率的快慢、位宽的高低将直接影响显卡的图形处理性能。

显存容量越大，其同一时间允许装载的图形数据量越大，这样可以极大地减少去内存中读取图形数据的次数，从而让显卡处理高纹理材质、贴图时获得更好的性能。显存的频率越高，其与显示芯片交换数据的速度越高，只有显存的速度与显示芯片的处理能力匹配，才能真正发挥显示芯片的处理能力。而显存的位宽越高，其同一时间允许传送数据的带宽也相应更高，如 256bit 与 128bit 位宽的显存相比，256bit 提供的带宽从理论上来讲，就是 128bit 的两倍。

显卡对位宽要求很高，容量反而退居其次，所以显存颗粒的位宽普遍比内存颗粒大（这也是显存和内存的主要区别之一）。内存颗粒的位宽一般为 8bit，显存颗粒为

32bit，同样是 8 颗芯片，内存条总位宽是 64bit，显卡则是 256bit。

到目前为止，显存与系统内存用的都是完全相同的技术。一般显卡用的被称为 GDDR（Graphics DDR，图形 DDR），不过高端显卡需要比系统内存更快的存储器，所以越来越多显卡厂商转向使用 DDR2 和 DDR3 技术。GDDR 比 DDR 的工作频率高，所以其工作电压也较高，发热量也比较大，比如 GDDR2 的工作电压不是 1.8 伏而是 2.5 伏。

目前市场上常见的显存主要有 GDDR2、GDDR3、GDDR5 几种类型的产品。

GDDR2 多被低端显卡产品采用，最高默认频率从 500MHz 到 1000MHz。其单颗颗粒位宽为 16bit，组成 128bit 的规格需要 8 颗。GDDR3 显存其单颗颗粒位宽为 32bit，8 颗颗粒即可组成 256bit/512MB 的显存位宽及容量，显存频率 800MHz 到 2500MHz。相比 GDDR2，GDDR3 具备低功耗、高频率和单颗容量大三大优点，使得 GDDR3 目前被主流显卡产品广泛采用。工作频率为 2000MHz 的 GDDR3 显存，如果显存的位宽为 128bit，其显存带宽就是 2000MHz × 128bit ÷ 8 = 32GB/s。GDDR4 单颗显存颗粒可实现 64bit 位宽 64MB 容量，但同频率的 GDDR3 显存在性能上要领先于采用 GDDR4 显存的产品，GDDR4 逐渐被淘汰。GDDR5 显存工作频率达 4000 MHz，显存的位宽为 256bit，提供的总带宽是 GDDR3 的 4 倍，可达 128GB/s，目前主要用于高端显卡。GDDR5 显存如图 3 - 68 所示。

图 3 - 68   GDDR5 显存芯片

（4）显卡 BIOS 芯片

显卡 BIOS 又称为 VGA BIOS，是显卡的基本输入输出程序，它的作用是控制和管理显卡上的各个部件，如显示芯片、显存等。它存放着显示卡的基本硬件驱动代码，以及显示卡的型号、规格、生产厂家、出厂时间等信息。启动 PC 机时，在屏幕上首先看到的内容就是显示 BIOS 内的内容。

VGA BIOS 能让显卡完成最基本的工作。为了让操作系统能更好更充分地发挥它的性能，还必须安装显卡驱动程序。显卡驱动程序是显卡硬件与操作系统间的接口，没有显卡驱动的话，操作系统只能工作在最基本的显示分辨率（640 × 480）、256 色的状态。

有些显卡还提供了适应高频和低频的两个 BIOS，让超频玩家进行弹性选择，如图 3 - 69 所示。打开高频 BIOS 时能体验到 3D 游戏的极速快感；调节至低频 BIOS 使用时，能降低显卡功耗并节约电力。

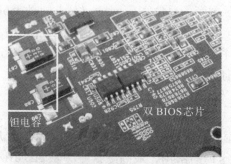

图 3-69 双 BIOS 芯片（显卡背面）

（5）显卡供电模块

显卡的 GPU 集成度和核心工作频率不断升高，随之而来的是功耗的增加。显卡想要很稳定地工作就必须要有稳定、纯净的供电才行。这就要求显卡有自己独立的供电模块，以保证其稳定工作。

（6）显卡散热器

随着显卡功能的不断完善、性能的不断提高，GPU 的发热量也在逐渐攀升，目前显卡的散热要求不亚于 CPU 和主板，只有保证显卡良好的散热，才能让显示核心发挥出更强大的威力。显卡的散热器和 CPU 的散热器很相似，只是形状和安装方式略有不同，如图 3-70 所示。

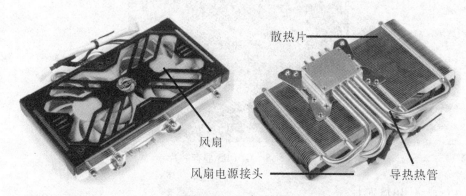

图 3-70 显卡散热器

（7）显卡辅助电源接口

随着显卡的功耗增加，通过主板上的扩展插槽供电已不能满足显卡的需求，显卡必须外接电源才能获得足够的能量使其稳定工作。现在大多中高端显卡都提供了辅助电源接口，如图 3-71 所示，以便从主机电源直接获取能量。

6针

双6针

6针＋8针

图 3-71 显卡辅助电源接口

（8）显卡总线接口

由于 AGP8×的数据传输带宽 2.1GB/s 已经逐渐无法满足今后显卡对于图形传输总线的更高要求，因此目前主流的显卡只能使用 PCI－E 16×（8GB/s 双向传输模式）才能获得更高的数据传输带宽，从而克服 AGP 总线产生的数据传输瓶颈。AGP8×和 PCI－E 16×接口如图 3－72 所示。

图 AGP 8×接口

PCI－E 16×接口

图 3－72　AGP8×和 PCI－E 16×接口

（9）输入/输出接口

1）VGA（D－Sub）

VGA（Video Graphics Array，视频图形阵列）接口就是显卡上模拟信号输出接口，也叫 D－Sub（D－subminiature，超小"D"型）接口，用于连接模拟的 CRT 显示器。VGA 接口是一种 D 型接口，上面共有 15 个针孔，分成三排，每排五个，一般为蓝色。VGA 接口支持的最大分辨率为：2048×1536（刷新频率 60Hz）。

2）DVI

DVI（Digital Visual Interface，数字视频接口）是数字视频输出接口，用于连接数字显示器，如数字液晶显示器。常用的 DVI 接口有两种：

DVI－D：24 针，只能接收数字信号，不兼容模拟信号。DVI－D 双通道支持的最大分辨率为：2560×1600（刷新频率 60Hz）或 1920×1080，（刷新频率 120Hz）。

DVI－I：24＋4 针，可同时兼容模拟和数字信号。使用模拟输出时需使用 DVI 转 D－Sub 转接头。DVI－I 双通道支持的最大分辨率为：2560×1600（刷新频率 60Hz）或 1920×1200，（刷新频率 120Hz）。DVI－D 与 DVI－I 接口如图 3－73 所示。

图 3－73　DVI－D（左）与 DVI－I（右）接口的外观对比

3）同轴 TV－OUT

同轴 TV－Out 是指显卡具备使用同轴电缆输出视频信号到电视的 AV 接口。可使用更大的屏幕看电影、打游戏。

4）S 端子

S 端子一般标注为 S－VIDEO，其全称是 Separate Video，主要用于显卡的视频传输。S 指的是"SEPARATE（分离）"，它将亮度和色度分离输出，避免了混合输出时亮度和色度的相互干扰，因此，S 端子相比于同轴电缆接口，提高了图像的清晰度。

早期显卡上采用的 S 端子有标准的 4 孔输出接口（不带音效输出）和扩展的 7 孔输出接口（带音效输出），现在使用 9 孔的 VIVO 输入/输出接口。

4 孔的 S 端子实际上是一种五芯接口，由两路视频亮度信号、两路视频色度信号和一路公共屏蔽地线共五条芯线组成。7 孔的 S 端子增加了两路音频信号。

VIVO（Video In and Video Out 视频输入/输出）接口是一种扩展的 S 端子接口，9 孔，可将计算机的视频信号输出给其他设备外，也能将电视机、影碟机、摄像机等设备的视频信号输入到计算机中，通过相配套的视频处理软件，可实时捕获其他视频设备的信号。带 VIVO 接口的显卡都具备视频输出与视频采集功能。同轴接口及 S 端子如图 3 - 74 所示。

同轴接口 标准 4 针 S 端子　　　　增强型 7 针 S 端子　　　　　　9 针 VIVO 接口

图 3 -74　同轴接口及 S 端子

5）HDMI

HDMI（High - Definition Multimedia Interface，高清多媒体接口）同 DVI 一样是传输全数字信号的接口，如图 3 - 75 所示。不同的是 HDMI 接口不仅能传输高清数字视频信号，还可以同时传输不经压缩的全数字高清晰度、多声道音频和智能格局与控制命令数据。

HDMI 采用了和 DVI 相同的数字视频信号传输方式，HDMI 接口可以向下兼容 DVI 接口，只要使用专用的转接线缆即可将 HDMI 转成 DVI（丢失音频信号）或将 DVI 转成 HDMI（无音频信号）。

因为 HDMI 接口传输带宽高（1.3 版为 10.2 Gb/s），输出分辨率高（最高可达 4096 ×2160），连接便利，非常适合高清视频的输出，因此目前有中高端显卡抛弃了 S - Video 转而使用 HDMI 接口。而且因为 HDMI 接口输出的是数字信号，衰减小，因此质量好的 HDMI 连接线，即使长达 15 米，也能输出优异的画质。

许多显卡都有双 BIOS 设计，大部分的双 BIOS 显卡都采用跳线切换的形式，但是这种方式操作起来有一定难度，并且如果我们需要跳线时必须将机箱盖打开，非常麻烦。而图 3 -75 中这款显卡（盈通 9600GT 游戏高手全能版）则人性化地将 BIOS 切换开关做到了接口面板上，配合面板上的标识，我们可以轻松地在高频（High）与低频（Low）之间切换。

6）DisplayPort 接口

DisplayPort 也是一种高清数字显示接口，不仅可连接电脑和显示器，也可以连接电脑和家庭影院。DisplayPort 可提供高达 10.8GB/s 的带宽，高于最新的 HDMI 1.3 所提供的 10.2GB/s 的带宽，而且它是免费使用的，不像 HDMI 那样需要高额授权费。

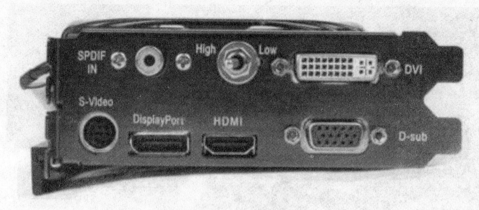

图 3-75　显卡的外部接口

和 HDMI 一样，DisplayPort 也允许音频与视频信号共用一条线缆传输，支持多种高质量数字音频信号。同时，在 DisplayPort 的 4 条主传输通道之外，还有一条带宽为 1Mbps 的辅助通道，可以直接作为语音、视频等低带宽数据的传输通道，也可用于无延迟的游戏控制，以实现对周边设备的整合和控制。

通过 DP 系列转换器可以把 Display Port 显卡接到普通的 VGA、DVI、HDMI 等显示设备上，如图 3-76 所示。

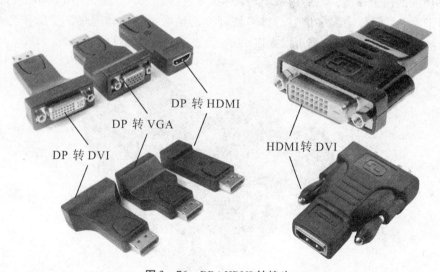

图 3-76　DP/HDMI 转接头

7）SPDIF IN 接口

SPDIF 输入接口可以在机箱外部通过同轴电缆输入来自声卡、TV、影碟机或摄像机的数字音频信息，供显卡 HDMI 接口输出使用，如图 3-77 所示。它也可以直接在机箱内通过针式插座连接声卡，如图 3-77 所示。

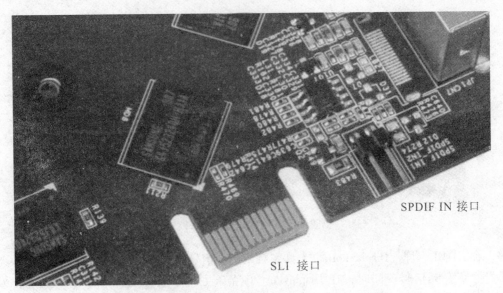

SPDIF IN 接口

SLI 接口

图 3 - 77   显卡上的 SPDIF IN 接口及双卡互联 SLI 接口

8）SLI——双卡互联接口

SLI（Scalable Link Interface，可升级连接接口）技术就是将两块显卡同时插入主板 PCI - E16 × 的两个插槽，然后用一块 SLI 连接卡连接起来，如图 3 - 78 所示。这种连接卡在两张显卡之间传输数字信号，显卡处理完的帧数据被集合起来，然后作为一个整体信号被输出。SLI 技术最高可以提供 1.87 倍于单一显卡的性能。

图 3 - 78   双卡互联

3.6.1.2   显卡的性能指标

（1）显示芯片（GPU）的性能

目前市场上的主流 GPU 大多出自 NVIDIA 和 ATI（被 AMD 收购）两家公司。

1）核心频率

核心频率是指 GPU 的工作频率。与 CPU 主频是一样，对于一块核心相同的显示芯片而言，工作频率越高，性能越好。

2）制造工艺

与 CPU 一样，GPU 多采用 40 纳米左右的制造技术，集成度越高，功能越强大，芯片的体积越小，工作频率越高，功耗越小。

3）流处理器数量（SPs）

流处理器（Stream Processors，简称 SPs）的作用是处理由 CPU 传输过来的数据，处理后转化为显示器可以辨识的数字信号。流处理器可以成组或者大量使用，从而大幅度提升显卡并行处理能力。

一般来说，流处理器数量越多，显卡性能越好，比如拥有 640 个流处理器的显卡要比拥有 80 个流处理器的显卡高出几个档次。由于 NV 和 AMD 的显卡流处理器架构不同，一般情况下看起来 NV 的显卡流处理器要少于 AMD 的，但 1 个 NV 显卡流处理器等效于 4 到 5 个 AMD 显卡的流处理器，因此，可以通过等效方式进行大约地估算，从而对比两家之间的显卡。

（2）显存的性能

显存就是显卡的"数据仓库"，它的性能好坏直接关系到显存设备的表现。而体现仓库性能的参数主要有两个："容量"和"进出口速度"。

1）显存类型

目前市场上常见的显存主要有 GDDR2、GDDR3、GDDR4、GDDR5 几种类型的产品。主流产品通常采用 GDDR3 或 GDDR5。

2）显存容量

目前显存容量一般在 1GB 左右。

3）显存位宽

内存位宽一般为 64bit，显存位宽可达 256bit。

4）显存工作频率

不同显存能提供的显存频率的差异也很大，主要有 3100MHz、3200MHz、3400MHz、3800MHz、4000MHz 等。

5）显存的带宽

显存带宽是指显存与 GPU 之间数据交换的带宽，其计算公式为：

显存带宽 = 显存频率 × 显存位宽/8

比如 4000 MHz 的 GDDR5 显存，其带宽为 4000 MHz × 256bit/8 = 128GB/s。

（3）最大分辨率

最大分辨率是指显示卡能在显示器上描绘点数的最大数量，它由水平行点数和垂直列点数组成。通常以"横向点 × 纵向点"表示。

例如：分辨率为 1024 × 768，说明由 1024 个水平点和 768 个垂直点组成。目前显卡的分辨率可达 2560 × 1600。

（4）接口的性能

1）总线接口

目前显卡间使用 PCI－E 接口，PCI－E 2.0 16 × 双通道的数据传输速度可以达到 16GB/s。PCI－E 3.0 16 × 双向带宽更是可达 32GB/s。

2）输入输出接口

显卡都提供显示器视频接口，通常有模拟的 VGA 或数字的 DVI，有些显卡还提供输出视频信号到电视的数字高清多媒体接口（HDMI）以及视频采集接口（VIVO）。

（5）色深

色深是指在某一分辨率下，每一个像点可以有多少种色彩来描述，它的单位是"bit"（位）。具体地说，8 位的色深是将所有颜色分为 256 种，那么，每个点存储时需要 1 个字节，每一个像点就可以取这 256 种颜色中的一种来描述。当然，把所有颜色简单地分为 256 种实在太少了点，因此，人们就定义了一个"增强色"的概念来描述色深，它是指 16 位（2^{16} =65536 色，即通常所说的"64K 色"）及"真彩"（24 位）和 32 位色等。

（6）刷新频率

刷新频率是指图像在屏幕上更新的速度，也即屏幕上的图像每秒钟出现的次数。它的单位是赫兹（Hz）。一般人眼不容易察觉 75Hz 以上刷新频率带来的闪烁感，因此最好能将您显示卡刷新频率调到 75Hz 以上。

显卡每秒向显示器传送的数据量为：分辨率×（色深/8）×刷新频率。

3.6.2 声卡

从本质上讲，声音是一种连续的波，称为声波。声波沿诸如空气或水这样的媒介传播，当这些声波引起人们的鼓膜振动时，人们便听到了声音。声波最基本的参数有两个：一个是声音的幅度，即声音的大小强弱程度，也称为音量；另一个是声音的频率，即声波每秒钟的振动次数，用 Hz 或者 kHz 为单位表示。频率高的声音，听起来尖锐，频率低的声音，听起来低沉。而要把声音信号存储到计算机之中去，必须把连续变化的波形信号（称为模拟信号）转换成为数字信号，因为计算机中只能存储数字信号。麦克风能将声波转换为电信号，声卡的主要功能就是完成电信号到数字信号（0 和 1）的转换以及反向转换和处理。

3.6.2.1 声卡的基本功能

声卡是多媒体技术中最基本的组成部分，是实现声波（模拟信号）/数字信号相互转换的硬件电路。从结构上分，声卡可分为模数转换电路和数模转换电路两部分。模数转换电路负责将麦克风等声音输入设备采到的模拟声音信号转换为电脑能处理的数字信号；而数模转换电路负责将电脑使用的数字声音信号转换为喇叭等设备能使用的模拟信号，如图 3-79 所示。

声卡在多媒体系统中的主要作用如下：

（1）录制（采集）

通过声卡及相应驱动程序的控制，采集来自麦克风、收录机等音源的信号，压缩后形成数字声音文件，再存放到计算机系统的内存或硬盘中。

（2）还原

将硬盘或激光盘片压缩的数字化声音文件还原，重建高质量的声音信号，放大后，通过扬声器输出。

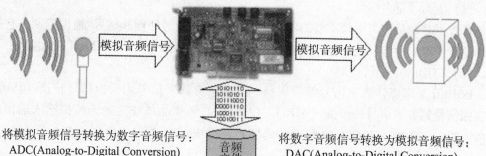

将模拟音频信号转换为数字音频信号：
ADC(Analog-to-Digital Conversion)

音频
文件

将数字音频信号转换为模拟音频信号：
DAC(Analog-to-Digital Conversion)

图 3-79　声卡的功能

（3）编辑加工

对数字化的声音文件进行编辑加工，以达到某一特殊的效果。

（4）音量控制

对各种音源进行混合，即声卡具有混响器的功能。

（5）压缩与解压

压缩和解压采集数据时，对数字化声音信号进行压缩，以便存储。播放时，对压缩的数字化声音文件进行解压。

（6）语音合成

利用语音合成技术，通过声卡朗读文本信息，如读英语单词、读句子、演奏音乐等。

3.6.2.2　声卡的结构

声卡的结构如图 3-80 所示。

图 3-80　声卡的结构

（1）音效主芯片

音效主芯片是声卡上最重要的芯片，主要完成声音的处理和输入/输出控制，它的好坏是衡量声卡性能和档次的重要标志，如图3-81中的VIA ENVY24HT-S芯片。

（2）CODEC　编解码器

CODEC是多媒体数字信号编解码器，主要负责数字信号到模拟信号转换（DAC）和模拟信号到数字信号的转换（ADC）。CODEC的转换品质决定声卡模拟输入输出的品质。图3-82中WM8776这颗编解码芯片，完成前置通道的模拟音频输出和模拟输入。

图3-81　音效主芯片

图3-82　编解码器

（3）DAC数字到模拟转换芯片

如图3-83所示，一颗VT1617A完成7.1模式中中置低音、环绕声道、后置声道的6个通道模拟音频输出。

（4）功率放大芯片

功率放大芯片将声音信号放大，但同时也放大了噪音，在声音输出的同时自然有较大噪音。如图3-84中功率放大芯片采用了NE5532。

图3-83　DAC芯片

图3-84　功率放大芯片与继电器

（5）继电器

在耳机放大电路和前置线路输出之间，有一个继电器用于无损切换，切换操作在声卡控制面板中完成，这样极大地方便了同时使用耳机和音箱的用户。

（6）晶体振荡器

晶体振荡器一般是一个不锈钢外壳，其作用是产生固定的振荡频率，使声卡各部件的运作有个参考的基准。

有些声卡使用双晶振，其频率为24.576MHz和22.5792MHz，分别为44.1KHz和48KHz工作时提供基准时钟信号，用以减少采样率转换的误差。

（7）外部输入/输出接口

常见的7.1声卡的外部输入/输出接口如图3-85所示。

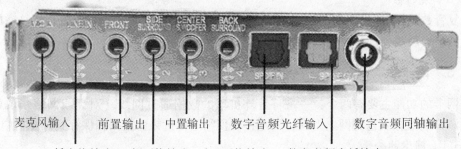

图3-85 7.1声卡的外部输入/输出接口

（8）CD音频输入接口

声卡上有专供连接光驱上的CD音频输出的接口，它是一个4针的小插座，当CD的模拟音频接到声卡的CD音频接口端后，在播放CD光盘时，CD音乐就可直接由声卡的输出端输出。

（9）SPDIF OUT

2针的数字音频输出接口。

（10）PCI总线接口

现在声卡大都采用PCI或PCI-E总线接口。

3.6.2.3 声卡的技术指标

声卡的技术指标包括：

（1）采样位数

采样位数是指将声音从模拟信号转化为数字信号的二进制位数，即A/D，D/A转换精度。采样位数可理解为声卡对声音信号的理解能力，位数越大，采样精度越高，声音的还原质量越好。目前市场上主流声卡的采样位数都为16位。

（2）采样频率

采样频率是指声卡在一秒钟内对声音信号的采样次数，频率越高则声音越真实。目前主流声卡的采样频率一般分为22.05kHz（FM广播音质）、44.1kHz（CD音质）、48kHz三个等级，22.05kHz只能达到FM广播的声音品质，44.1kHz则是理论上的CD音质界限，48kHz则更加精确一些。

（3）信噪比

信噪比指声卡对噪声的抑制能力，单位是 dB（分贝），其值等于音频信号中有效信号与噪声信号的功率之比。信噪比的值越大说明声卡的降噪性能越好，目前一般声卡的信噪比应在 85 ~ 95dB 之间。

（4）声道数

声卡一般有双声道声卡、四声道声卡、5.1 声道声卡、7.1 声道声卡。音箱的 2.1 声道和 4.1 声道对应的声卡是双声道和四声道声卡，"X.1"重低音声道是从各个声道中提取低频部分的信号输出的。5.1 和 7.1 声卡则确确实实有独立的"X.1"声道，通常将这类声卡称为"六声道"或"八声道"声卡。声卡的声道数越多，还原的声音定位越精确，音效越好。

（5）复音数

复音数是指在回放一秒内发出的最大声音的数目。复音数越大，音色越好，播放所能听到声音就越多，音乐也就越细腻。

3.6.3 网卡

网卡的功能主要有两个：一是将计算机里的数据通过网线（对无线网络来说就是电磁波）将数据发送到网络上去；二是接收网络上传过来的数据，保存到计算机中。

3.6.3.1 网卡的分类

网络有许多种不同的类型，如以太网、令牌环、FDDI、ATM、无线网络等。不同的网络必须采用与之相适应的网卡。因为绝大多数局域网都是以太网，所以在这里只介绍以太网网卡。

（1）按与网络的连接方式分

网卡按与网络的连接方式可分为有线网卡和无线网卡。

（2）按照网卡的总线接口分

网卡可分为 PCI 网卡、PCI - E 网卡、PCMCIA 网卡、USB 网卡、Mini - PCIE 网卡。PCI 网卡是最常见的网卡，PCMCIA 网卡是用于笔记本计算机的一种网卡。另外，目前一些主流的主板都集成了网卡。如图 3 - 86 所示。

（3）按照网卡所支持的带宽分

网卡按带宽可分为千兆（1000Mbps）网卡、10/100Mbps 自适应网卡、10Mbps 网卡。千兆（1000Mbps）网卡也称为千兆以太网网卡，它是今后的发展方向，目前多用于服务器；10/100Mbps 自适应网卡又称快速以太网网卡。所谓 10/100Mbps 自适应网卡，是指该网卡具有一定的智能，可以与远端网络设备（集线器或交换机）自动协商，以确定当前可以使用的速率是 10Mbps 还是 100Mbps。

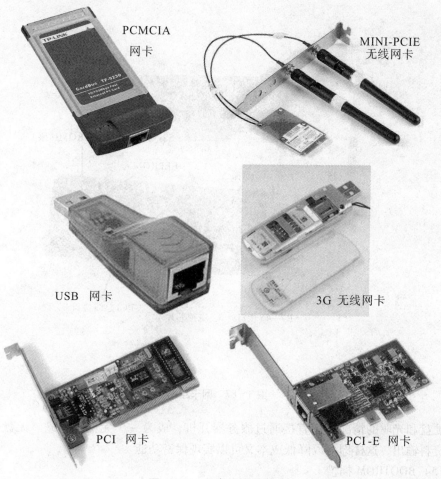

图 3 - 86　网卡的接口类型

3.6.3.2　网卡的结构

网卡的结构如图 3 - 87 所示。

（1）主控芯片

主控芯片是网卡中最重要元件，是网卡的控制中心，如同计算机的 CPU，控制着整个网卡的工作，负责数据的传送和连接时的信号侦测。主控芯片能减少占用计算机的内存和 CPU 时间，有效减低系统的负担。

（2）数据泵

数据泵又名网络隔离变压，它所起的主要作用是：传输数据时隔离网线连接的不同网络设备间的不同电压，以防止不同电压通过网线传输损坏设备；对设备起到防雷保护的作用。

（3）晶体振荡器

晶体振荡器负责产生网卡所有芯片的运算时钟，其原理就像主板上的晶体振荡器一样。通常网卡是使用 20 或 25Hz 的晶体振荡器。高精度的晶振，能保证数据传输的精确同步，大大减少了丢包的可能性。

（4）BOOTROM 芯片

BOOTROM 芯片也称无盘启动芯片，里面存放了网络启动的程序，让计算机可以在

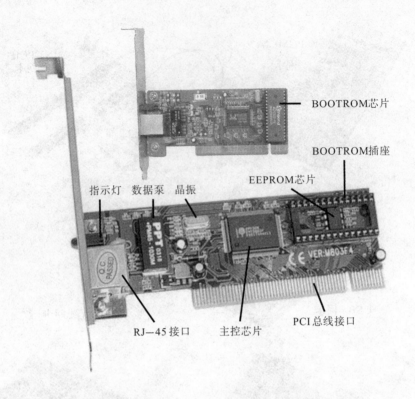

图 3 - 87　网卡结构

没有硬盘和光驱的情况下，直接通过服务器开机，成为一个无盘工作站。无盘也就无法将资料输出，这样即可以降低成本又可以实现保密功能。

（5）BOOTROM 插槽

如不需要无盘启动则此插槽处在空置状态。

（6）EEPROM 芯片

EEPROM 芯片里面存放着网卡的一些配置信息，通过它来自动设置网卡。主板集成网卡的 EEPROM 信息一般集成在主板 BIOS 芯片中。

（7）RJ - 45 接口

RJ - 45 是采用双绞线作为传输媒介的一种网卡接口，在 100Mbps 网中最常应用。

（8）指示灯

在网卡后方会有二到三个指示灯，其作用是显示目前网络的连线状态，通常具有 tx 和 rx 两个信息。tx 代表正在发送数据，rx 代表正在接收数据。

（9）总线接口

常见的总线接口类型有 PCI 和 PCI - E。

第4章 微机组装

组装是微机组装与维护工作中的重要任务，组装前必须做好准备工作，了解各部件的接口及安装方法，规划好安装顺序。在组装过程中要严格执行组装的工艺流程及注意事项，防止在组装过程中损坏设备或留下故障隐患。另外，现在微机的硬件维修都是在板卡或部件级别上进行的，所以更换部件也是微机维修的一项重要技能。

4.1 组装前的准备工作

为了能正确地进行微机组装，避免错误，应该尽可能多地搜集各个部件的用户使用说明书并对照实物熟悉部件，了解装配微机的一般步骤。主板和各种适配卡的说明书应该仔细阅读，熟悉 CPU 插座、电源插座、内存插槽、PCI 插槽、PCI－E 插槽、IDE（硬盘、光驱）接口、SATA 接口、PS/2 接口、UBS 接口、DVI 接口、HDMI 接口等的位置、形状及安装方向，熟悉主板与机箱面板间的按钮和指示灯的连接方法，了解主板跳线的位置及设置方法。

4.1.1 安装前的准备

组装微机前要先准备好工作环境，要使用的安装工具，清点并配齐所需设备及其连接线、螺钉、支架及耗材等，了解安装注意事项。

4.1.1.1 工具

组装微机并不需要有复杂的仪器、设备和工具，一把十字螺丝刀就可以完成微机组装工作。当然，为了安装方便，最好再准备一些常用的工具如尖嘴钳、六角套筒、镊子、试电笔等，如果有条件，可以再准备一块万用表。

（1）十字螺丝刀

计算机内部大多数零部件都是依靠螺丝固定，准备一支十字螺丝刀是必需的。螺丝刀一定要有磁性，方便螺丝固定操作和取出掉入机箱内部的螺丝。

（2）尖嘴钳

有些微机设备，如主板、硬盘和光驱有跳线，大多数跳线帽可直接用手插拔，当遇到跳线位置不好用手拔插时，就需要用到尖嘴钳。另外，接口中的插针弯曲时也需要用尖嘴钳扳正。

（3）六角套筒

要将主板固定到机箱底板上时，需要在机箱底板上先固定铜螺柱，铜螺柱为六角形，用尖嘴钳固定容易将铜螺柱的六角磨圆，所以最好准备一支六角套筒。螺丝刀、尖嘴钳和六角套筒如图4－1所示。

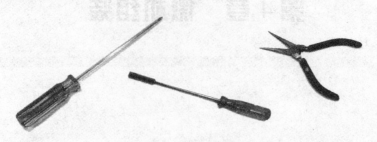

图4－1　螺丝刀、六角套筒和尖嘴钳

4.1.1.2　工作台

如果你已购买了电脑桌，它就是最好的工作台。将工作台放在房间的"空档"部位，使你能够围着它转，以便从不同的位置进行操作。

4.1.1.3　部件放置台

部件放置台用于放置将要安装的部件。最好在其上面铺垫一层硬纸板（如部件包装盒）、报纸或纯棉布，不要用化纤布或塑料布，防止产生静电损坏部件。

4.1.1.4　硬件

将买回的部件开封，取出部件，除机箱放在工作台上外，其他部件放在部件放置台上，不要重叠。说明书、安装盘、连接线、螺钉分类放开备用。注意，不要触摸已拆封部件上面的线路及芯片，以防静电损坏它们。一些带有防静电包装膜的部件，如主板、硬盘、内存等，在安装前，最好不要取出。

4.1.1.5　软件

微机安装时需要准备的软件主要有：

（1）主板用户手册、各部件的用户手册。

（2）启动盘（光盘或U盘）。

（3）操作系统安装盘。

（4）各种板、卡、外设的驱动盘。

4.1.1.6　连接线

连接线主要有各种部件的信号线、电源线，如主机、显示器、打印机、扫描仪等的电源线，硬盘、光驱、显示器、打印机、扫描仪等的数据及控制信号线，音箱、光驱的音频线等。机箱内部的部件，如主板、硬盘、光驱的电源线由机箱内主电源提供，其他连接线一般在对应的部件包装盒中。微机安装时需要准备的连接线主要有：

（1）硬盘数据连接线。

（2）光驱数据连接线。

（3）光驱到声卡的CD音频输出线。

（4）显示器信号及电源线。

（5）主机电源线。

（6）声卡到音箱的音频连接线。

（7）打印机信号及电源线。

（8）网线。

（9）电话线。

4.1.1.7 螺钉及耗材

微机上使用的各种螺钉如图 4-2 所示。主要有以下几个种类：

（1）中号细牙。用于安装主板，需要 6 到 8 颗，其中扩展卡 3 颗、光驱 4 颗。

（2）大号粗牙。用于安装电源和机箱，各需要 4 颗（有些机箱使用手拧螺丝钉）。

（3）中号粗牙。用于安装硬盘，每个硬盘需要 4 颗。

（4）铜镙柱。用于主板与机箱的连接，一般需要 6 到 8 颗。

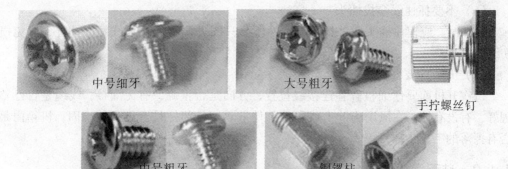

图 4-2 微机上使用的各种螺钉

微机组装时要用到的耗材包括扎线用塑料线卡或环形橡皮筋及导热硅脂，如图 4-3 所示。扎线在组装完成后整理机箱时使用，导热硅脂在安装 CPU 散热器时使用。

图 4-3 扎线及导热硅脂

螺钉和扎线通常在机箱的附件包中，导热硅脂可在购 CPU 或散热器时索取。

4.1.1.8 装机注意事项

组装微机时，必须严格遵守以下注意事项，以防在安装过程中损坏部件或留下故障隐患。

（1）防静电

装机前要先放掉身体上的静电，以防由于静电放电击穿部件里的各种半导体元器件。具体方法是接触与大地连接的金属物件，如自来水管、暖气管等，最简单的方法是用双手摸一下机箱的金属部分。

（2）不得带电操作

任何时候不能带电拔插任何线、卡、接头、器件；不得带电拆装螺钉。

（3）插卡要平直稳

将卡垂直对准插槽，两边均匀用力水平插入，不要使太大的力。卡或插头插不进去时要先检查位置、方向是否正确，插针是否有弯曲。

（4）部件要轻拿轻放

在装机过程中移动部件时要轻拿轻放，切勿失手将部件掉落在桌面或地板上，特别是对于 CPU、硬盘等部件。在开机测试时禁止移动机箱，以防损坏硬盘等贵重部件。

（5）接插要牢靠，电源插头万万不得接反

插接的插头、插座一定要完全插入，以保证接触可靠。如果方向正确又插不进去，应修整一下插针。在进行部件的线缆连接时，一定要注意插头、插座的方向，一般它们都有防误插设施，也叫"防呆装置"，是预防你发呆时出错的措施，如缺口、倒角等。只要留意它们，就会避免出错。

（6）不要抓住线缆拔插头

拆卸时，应捏住插头向外拔连接线，不要只图方便直接抓住线缆向外扯，以免损伤线缆。

（7）开机前要仔细检查

每次开机前要仔细检查各连接线位置、方向是否正确，有无漏接；线缆是否已整理好，有没有掉落在风扇扇叶上或阻挡部件散热；各部件是否已安装牢固；机箱内是否有掉落的工具、螺钉等。

4.1.2　装配微机的一般步骤

组装微机时要注意安装顺序，一般原则是：先硬件后软件，先核心部件后扩展部件，先机箱内后机箱外，先信号线后电源线。根据这些原则，微机组装可分为三个阶段。

4.1.2.1　第一阶段：基本系统的安装

（1）主板上元器件安装。主要是安装 CPU、CPU 散热器及内存条。

（2）在机箱中固定主板。

（3）连接机箱面板上按钮、指示灯。

（4）显示卡的安装。

（5）显示器的安装。

（6）键盘、鼠标的安装。

（7）基本系统的电源连接。主要包括：主板电源、CPU 辅助电源、散热器风扇电源、主机电源及显示器电源。

（8）检查后加电测试基本系统。

4.1.2.2　第二阶段：标准部件的安装

（1）扩展卡（声卡、网卡）的安装。

（2）硬盘驱动器的安装。

（3）光盘驱动器的安装。

（4）音箱的安装。

4.1.2.3　第三阶段：操作系统及扩展部件的安装

（1）（检查后开机）设置系统 CMOS 参数。

（2）硬盘初始化。

（3）操作系统安装。

（4）部件驱动程序安装。主要包括：主板、显卡、声卡、网卡驱动程序。

（5）附加卡及其驱动程序的安装。如 TV 卡、1394 卡等的安装。

（6）附加设备及其驱动程序的安装。如打印机、扫描仪、MODEM 等安装。

（7）各部件测试。有些部件安装后需要设置，如显卡、网卡、MODEM 等，最好安装完成后立即测试。比如，用光驱播放 CD，如果能通过音箱听到声音，说明光驱、声卡及音箱安装正确；如果能设置显卡的分辨率、颜色数、刷新频率等参数，说明显卡及其驱动程序安装正确；如果能上网，说明网卡、MODEM 安装配置正确。

（8）应用软件安装测试。

（9）系统备份。所有软硬件安装测试完成后，没有问题的话就可以用 Ghost 软件将系统备份，将来大多数软件问题都可通过恢复系统来解决。

4.2　组装微机硬件

微机硬件的安装是微机组装与维护工作中的重要内容，安装过程中一定要注意安装工艺及流程，防止在安装过程中损坏硬件或留下故障隐患。在安装时还要学会如何拆卸部件，已备将来在维护、维修过程中更换受损部件。现在微机的部件集成度越来越高，可维修性越来越小，而成本随着集成度的升高却越来越低，所以，微机部件损坏后，一般都不是维修而是更换。

4.2.1　准备机箱

微机的重要部件几乎都安装在机箱内，如微处理器、内存条、主板、电源、显卡、硬盘、光驱等，所以安装前一定要把机箱先准备好，熟悉和规划各部件在机箱中的安装位置、顺序，了解各部件的安装方法。这里我们以 ATX 立式机箱为例。

4.2.1.1　拆除机箱外壳

将机箱立放在工作台上，拆下机箱两边的侧面板，取出附送的外接 220V 市电的电源线和附件包。

机箱上要预先拆除的主要有机箱前面板、侧面挡板和底板。大多数机箱前方面板不能拆除，固定螺丝在机箱的后方。拆下机箱侧面挡板和底板的目的主要是方便安装主板和其他部件（如内存条、微处理器）。有些机箱的底板不能拆除，只需拆除侧面挡板即可安装主板。拆下侧面挡板的机箱如图 4-4 所示。

图 4-4　拆下侧面挡板的机箱

4.2.1.2 核对附件包

机箱内一般配有一个附件包，内有各种螺钉、I/O挡板、铜螺柱、扎线等物品。I/O挡板用于固定主板上的I/O接口，最好使用主板原配的，其外形及安装位置如图4-5所示。

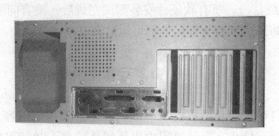

图4-5　I/O挡板及其安装位置

4.2.1.3 检查电源与主板及显卡是否匹配

核对主板及显卡上的电源插座形状、数量是否与电源的输出接头一致。

4.2.1.4 检查主板与机箱是否匹配

检查主板上的安装孔与机箱上的安装孔数量、位置是否对应。

4.2.1.5 取下光驱塑料挡板

由里往外推压，取下要安装光驱部位的塑料面板。取下光驱位挡板后机箱正面如图4-6所示。

4.2.1.6 去除机箱后挡片

对照主板集成输入/输出接口的部位，用尖嘴钳或螺丝刀，去除机箱后面板上相应安装孔及插槽位置上的可拆除挡片及防尘板，如图4-7所示。

去除I/O挡板上的铁片

图4-6　取下光驱位挡板　　　　图4-7　去除挡片及防尘板

4.2.1.7　整理机箱

将机箱脚垫安装在机箱底部。整理一下机箱内各种连接线，将它们收拢，用橡皮筋简单捆扎在一起，以免影响后续操作。

4.2.2　安装电源

一般机箱中配有电源，如果你单独购买了电源，就需要进行电源的安装。在机箱中安装电源的步骤如下：

（1）找到电源安装位置。

（2）确定电源安装方向。

（3）装入电源并用螺钉固定。

安装时要注意对齐电源后面部分和机箱后面部分的螺钉孔。电源安装方法如图4-8所示。

电源的螺钉孔

机箱安装电源位置上的螺钉孔

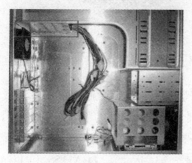
电源在机箱中的位置

用螺钉固定电源

图4-8　在机箱中安装电源

4.2.3　安装微处理器及散热器

微处理器是微机的核心部件，安装不好将直接导致微机不能使用。微处理器的散热器安装不好会使微机性能下降，甚至导致微处理器损毁。

4.2.3.1　触点式 CPU 安装

触点式设计与插针式设计相比，最大的优势是不用再去担心针脚弯曲或折断的问题，拆装都比较简单，但对处理器的插座要求则更高。

目前，Intel 平台的主流 CPU 插座 LGA775、LGA1155、LGA1156、LGA1366 及 LGA2011 都使用触点式安装，虽然它们触点数量不一样，但安装的过程类似。以 LGA775 为例安装步骤如下：

（1）打开插座盖板。方法是：用适当的力向下微压固定 CPU 的压杆，同时用力往外推压杆，使其脱离固定卡扣，再将压杆拉起到垂直位置，然后将固定处理器的盖板向压杆反方向提起到垂直位置，如图 4 - 9 所示。

图 4 - 9　打开插座盖板

（2）确定 CPU 安装方向。仔细观察，在 CPU 的一角上有一个三角形的标识（安装方向标识），在 CPU 的两边有两个半圆形缺口（安装定位缺口），如图 4 - 10 所示。

图 4 - 10　Intel 触点式处理器上的安装标识

另外仔细观察主板上的 CPU 插座，会发现插座有一个对应的三角形的标识或缺一个角，在插座两边有两个凸起（防呆设计），它们分别与 CPU 上的安装方向标识与定位缺口对应。目前 Intel 平台常用的 CPU 插座主要有：LGA775（如图 4 - 11 所示）、LGA1366（如图 4 - 12 所示）、LGA2011（如图 4 - 13 所示），LGA1155 和 LGA1156（如图 4 - 14 所示）。

图 4 - 11　Intel LGA775 插座

图 4 - 12　Intel LGA 1366 插座

图 4 - 13　Intel LGA2011 插座

Intel 各型号的 CPU 插座是互不兼容的，尤其需要注意的是，LGA1155 与 LGA1156 插座，它们的外观非常相似，但安装定位凸起的位置不同，如图 4 - 14 所示，对应的微处理器如图 4 - 15 所示。LGA 1366 和 LGA 1156 对应的微处理器目前已经停产被淘汰。

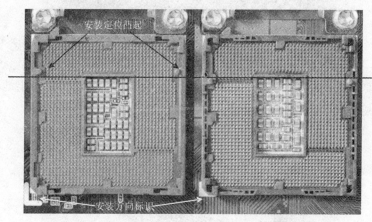

Intel LGA 1155 插座　　　　　　　　　　Intel LGA 1156 插座

图 4 - 14　Intel LGA 1155 插座与 LGA 1156 插座对比

LGA1155 的封装 Core i5 - 3570　　　　LGA1156 封装的 Core i5 - 750

图 4 - 15　LGA 1155 封装 CPU 与 LGA 1156 封装 CPU 对比

（3）放入 CPU。将 CPU 上的定位缺口与插座上的定位凸起对应，平稳地放入 CPU，然后轻轻压一下，确保 CPU 没有突起部分即可，如图 4 - 16 所示。

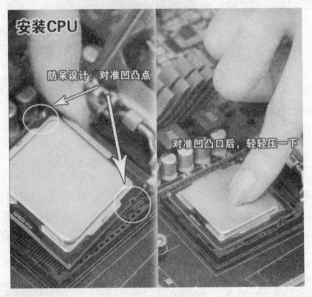

图 4 - 16　放入 CPU

（4）还原插座盖板。盖上金属盖板，用力将压杆还原，将 CPU 牢牢地固定在插座上，完成 CPU 的安装，如图 4 - 17 所示。

图 4 - 17　还原插座盖板

4.2.3.2　插针式 CPU 的安装

对于插针式 CPU 的安装，这里我们以 940 针的 AMD AM2 Athlon 3000 + 处理器（如图 4 - 18 所示）为例。

图4-18 940针的 AMD AM2 Athlon 3000+处理器

（1）拉起压杆。将 CPU 插槽上的压杆提起，方法是用轻微的力量向下压固定 CPU 的压杆，同时稍用力往外推，使其脱离固定卡扣后，再轻轻的提起拉杆到垂直位置，如图4-19所示。

图4-19 拉起压杆

（2）确定安装方向。将处理器上印有三角标志的一端与 CPU 插槽上印有三角标志的一端对齐，如图4-20所示。

图 4 - 20　确定安装方向

（3）放入 CPU。平稳地放入 CPU，然后轻轻压一下，确保 CPU 平整没有突起部分，如图 4 - 21 所示。

注意：在安装或拆卸 CPU 时，拿 CPU 的时候，要让 CPU 上的安装标识在左下方或压杆在右边，即应用手捏住 CPU 的左右两边；放入 CPU 时方向一定要正确，千万不要用力向下压，以防针脚弯折。

（4）还原压杆。压杆的作用是将 CPU 锁死在插座上。确认 CPU 与插座紧密结合后，我们再反方向将压杆扣死（这个步骤需要微稍用点力），即完成了插针式 CPU 的安排，如图 4 - 22 所示。

图 4 - 21　放入 CPU

图 4 - 22　还原压杆

拆卸针式微处理器时，首先要打开压杆，然后水平向上拿起微处理器，注意不能歪斜，即不要先抬起一边或一个脚再抬起另一边或另一个脚，否则可能会造成针脚弯曲。另外，一定要拿稳，防止微处理器掉落而损坏针脚。取下的微处理器要针脚向上摆放，以防针脚被污染。

　　安装插针式微处理器时一定要注意处理器的针脚数量及排列方式要与插座相对应。Intel 的 Pentium 4 或 Celeron4 处理器也是插针式的，使用 Socket 478 插座。Pentium 4 微处理器及 Socket 478 插座如图 4 - 23 所示。

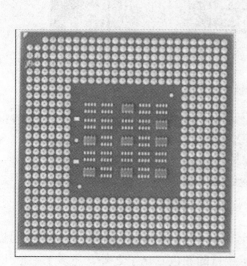 

图 4 - 23　Pentium 4 微处理器及 Socket 478 插座

　　另外，AMD 中使用 Socket AM2 +（940 孔）、Socket AM3（941 孔）、Socket AM3 +（942 孔）插座的微处理器也是插针式的。Socket AM3 的针脚配置和 Socket AM2 + 不兼容，也就是说 Socket AM3 插座没法安装 Socket AM2 + 或更早的处理器，两种插座的对比如图 4 - 24 所示。

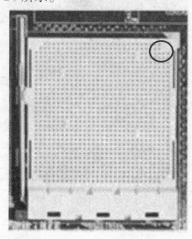 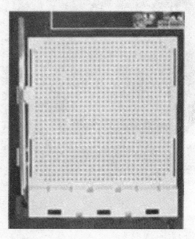

图 4 - 24　Socket AM2 +（左 940 孔）与 Socket AM3（右 941 孔）对比

　　但 Socket AM3 接口封装的 CPU 仍然可以在 Socket AM2 +/AM2 插座上安装，AM3 和 AM2 + 处理器针脚对比如图 4 - 25 所示。

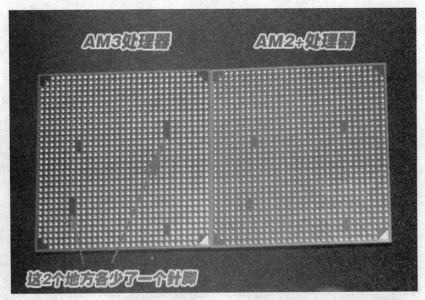

图4-25 AM3和AM2+针脚差异对比

AMD FX（推土机）系列微处理器使用Socket AM3+插座。从图4-26中我们可以看出与Socket AM3+插座相比AM3插座除了接口的颜色变化了之外，还多了一个孔，变成了942孔。

图4-26 Socket AM3与Socket AM3+插座对比

4.2.3.3 涂抹导热硅脂

导热硅脂要涂抹均匀，不要涂太多，薄薄的一层即可，以完全覆盖微处理器与散热器接触部分且装上散热器后不溢出为标准。CPU封装外壳上有很多肉眼看不见的凹凸，硅脂的主要用途就是填充这些凹凸，让CPU更好的接触散热器。有些散热器在出售时其底部已经涂上了导热硅脂，如AMD公司盒装的AM2处理器所自带的散热器，就不需要再在CPU表面涂抹，只需要将散热器底部用来保护硅脂的塑料薄膜揭去即可。

涂抹导热硅脂的方法如图 4 - 27 所示。

图 4 - 27　涂抹导热硅脂

4.2.3.4　安装挂钩式散热器

挂钩式散热器是指使用挂钩与微处理器插座相连实现固定的散热器，其特点是安装拆卸方便但不够稳固，适合小型散热器。AMD 公司的微处理器大多使用挂钩式散热器。其安装步骤如下：

（1）确定安装方向。安装前，先比划一下，确定风扇安装方向：散热器上的挂钩与 CPU 插座上的凸起一致；风扇电源线靠近主板上的风扇插座（主板上的标识字符为 CPU_ FAN），确保风扇电源线不横跨风扇，如图 4 - 28 所示。

图 4 - 28　确定散热器安装方向

（2）安装卡扣。先将散热器上没有扳手的一端与主板处理器插座上的卡扣对齐，再将卡扣向下压并卡好。用同样的方法，将散热器另一端与主板 CPU 插座上的卡扣卡好，这样散热器就被固定在主板上了。安装卡扣的方法如图 4 - 29 所示。

图 4 - 29　安装卡扣

（3）锁紧散热器。为了使其更加牢固，散热器上还提供有卡死的扳手。按照正确的方向，将扳手扳到位，便将散热器牢牢地固定在主板的 CPU 插座上。锁紧散热器的方法如图 4 - 30 所示。

图 4 - 30　锁紧散热器

（4）连接风扇电源线。散热器风扇电源插头有三线和四线的，如图 4 - 31 所示，而对应的主板上的插座也有三针和四针的，如图 4 - 32 所示。插头和插座有防呆设计，插头上的凸起对应插座上的背板，反方向是无法插入的。

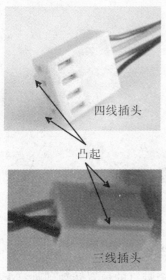

四线插头

凸起

三线插头

图 4-31　散热器风扇电源插头

背板

图 4-32　散热器风扇电源插座

三根线的插头中一般黑色线为接地线,红色线为 +12V 电源线,另一根线用于风扇测速,四针的风扇接口是为一些转速较高的风扇设计的,多出来的一根线的作用是可以根据 CPU 的工作温度自动调节风扇转速。三根线的插头也可以连接在四针的插座上,如图 4-33 所示。

图 4-33　连接风扇电源

拆卸挂钩式散热器时,先将散热器风扇电源插头拔出,注意要捏住插头拔,不得抓住线缆拔插头,这样容易损坏插头,然后再将散热器的固定杆拉起,把散热器的卡扣取下离开卡位,平衡用力即可取下散热器。取下的散热器放在桌面上时,有硅胶的一面最好向上。

4.2.3.5　安装四角固定式散热器

四角固定式散热器如图 4-34 所示,它通过四个针脚直接与主板连接,安装方便而且散热器可做得更大,散热效果也比挂钩式的好。但它的固定用针脚是塑料的,易损坏易老化，不适合多次拆装。

图 4 - 34　四角固定式散热器

（1）打开锁定装置。安装时先要把散热器上四个脚钉的位置转动到脚钉上箭头相反的方向，如图 4 - 35 所示。

图 4 - 35　打开锁定装置

（2）确定安装方向。安装前，先比划一下，确定散热器安装方向，使风扇电源线靠近主板上的 CPU 风扇电源插座，确保风扇电源线不横跨风扇。

（3）与主板连接。将散热器的四个脚钉对准主板上的四个孔，按照对角顺序依次用力按下，如图 4 - 36 所示。

（4）锁紧散热器。散热器安装到位后，依次按脚钉上的箭头方向转动脚钉将散热器锁紧。

（5）连接散热器风扇电源。连接方法与挂钩式散热器相同。

如果要拆卸这种散热器，先拔下风扇电源线，再把散热器四个脚钉向脚钉上所标箭头相反的方向转动，然后用力向上依次拔出四个脚钉，即可将散热器取下。

图 4 - 36　散热器与主板的连接

4.2.3.6　带扣具的散热器的安装

与初级散热器不同，中高级散热器以完善的安装底座作为基础，安装时要在主板背面相应的位置安放扣具，并使用螺丝固定，这样设计的好处在于散热器与 CPU 的结合更加紧密与稳定。目前，大功率的微处理器都使用重量较大、有大面积散热片和多根热管的散热器，这种散热器一般都采用扣具安装。这里我们以带热管的双塔式散热器为例来介绍它的安装方法。

（1）安装散热扣具。散热器扣具的配件如图 4 - 37 所示。可以看到，散热器扣具由底座、固定螺丝、绝缘底托、连接支架和固定螺母组成。在安装散热器之前，首先要安装扣具到主板上。

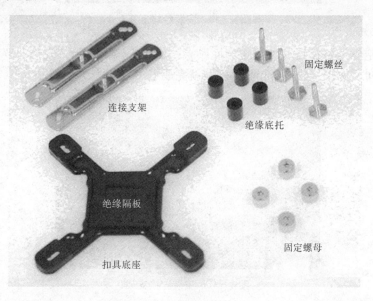

图 4 - 37　散热器扣具配件

在扣具底座上安装固定螺丝时，一定要注意辨认底座正反面，在底座上面安装有橡胶或者塑料制的绝缘隔板，如果安装反了，可能会导致主板短路，造成主板以及

CPU 的损坏。安装好的固定螺丝的底座如图 4-38 所示。在扣具底座上装好固定螺丝后，从主板背面将其安装到位，如图 4-39 所示。

图 4-38　安装固定螺丝

图 4-39　扣具从主板背面开始安装

在主板正面，先在每颗固定螺丝上安装一个绝缘底托，如图 4-40 所示。

图 4-40　安装绝缘底托

再用固定螺母将连接支架固定到底座上，如图 4-41 所示。安装时要注意连接支架的安装方向。这样，散热器扣具的安装就完成了。

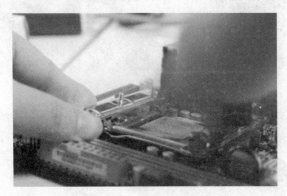

图 4-41　安装连接支架

（2）安装散热器。在安装好扣具之后，接下来需要做的是将散热器进行正确安装。由于双塔式散热器往往配有两个散热风扇，所以它的安装有先后顺序问题。双塔式散热器的扣具连接点都在中央，所以一定要先连接散热器到扣具上，再安装中央的散热风扇。

　　要将散热器连接到扣具上，只需找准方向将散热器上的螺丝与扣具上的安装位置对齐，拧紧螺丝即可，如图4-42所示。

图4-42　将散热器固定螺丝锁紧

　　安装好散热器之后，将中央风扇扣在散热器的散热片上，如图4-43所示。要注意，在中央散热风扇安装时，一定要先确认好扣具方向，避免安装错误。最后连接风扇电源线，完成安装。

装好后的
双塔式散热器

图4-43　双塔式散热器安装完成

4.2.4　安装内存条

　　在安装内存条之前，最好先看看主板的说明书，了解主板支持哪些种类的内存条，内存插槽的位置及可安装的最大容量。各种内存条的安装过程其实都基本相同。

　　（1）打开保险栓。首先将需要安装内存条的对应的内存插槽两侧的塑胶卡扣（也

称 "保险栓") 往外侧扳动, 使内存条能够插入, 如图 4－44 所示。

图 4－44　打开保险栓

(2) 确定安装方向。安装时使内存条引脚 (金手指) 上的缺口与插座上的定位凸起对应, 如图 4－45 所示。注意拿内存条的方法, 尽可能不要用手接触内存条上的导电部分, 以防手上的静电击穿存储芯片。

图 4－45　确定安装方向

(3) 垂直插入。将内存条垂直放入保险栓边上的槽中, 双手拇指相对, 按住内存条两边, 垂直向下用力, 直到内存插槽两头的保险栓自动卡住内存条两侧的缺口, 如图 4－46 所示。注意插入过程要平直稳, 两边要一起水平插入, 保持垂直不要晃动, 两边用力要均匀。

图 4－46　垂直插入内存条

（4）拆卸内存条。如要取出内存条，只需用两手拇指同时向外扳保险栓，即可将内存条从插槽中撬出。

（5）安装双通道内存条。目前绝大多数微机主板都支持双通道功能，使用双通道可提高微机性能，因此建议大家在选购内存时尽量选择两根同规格的内存条来搭建双通道。支持双通道的主板，其内存插槽有两种颜色，如图 4 - 47 所示。

安装双通道内存条的方法很简单，只需将两根同规格的内存条安装在同一种颜色的内存插槽上，如图 4 - 48 所示，即可激活双通道工作模式。

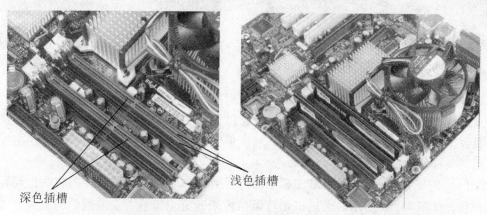

图 4 - 47　支持双通道的内存插槽　　　　图 4 - 48　安装好的双通道内存条

4.2.5　安装主板

对不同的机箱，主板有不同的安装方法，但基本上都是大同小异。安装主板到机箱中前，最好先在机箱外安装好微处理器、内存条、显卡、显示器，然后连接好相应的电源线，开机测试以下这些部件能否工作，没问题再将主板安装到机箱中，以防所有设备都安装完成后开不了机，再来找问题出在那就比较困难了。

（1）机箱准备工作。使用主板包装中自带的 I/O 挡板替换机箱上的原有挡板，去除挡板上多余的挡片，去除机箱上要安装扩展卡（如显卡）位置上的防尘片。

（2）确定螺柱的位置和数量。让主板的 I/O 接口一端对着机箱后部的 I/O 挡板，将主板放入机箱中，再将主板与机箱上的螺丝孔一一对准，看看机箱上哪些螺丝孔需要安装螺柱。

（3）在机箱上相应位置安装螺柱。如图 4 - 49 所示，把机箱附带的铜螺柱旋入机箱底板，然后用钳子或六角套筒再加固。螺柱安装完成后如图 4 - 50 所示。

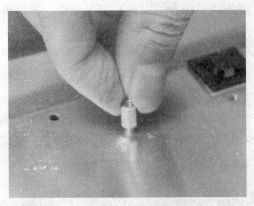

图 4-49　将螺柱安装到机箱的对应位置

图 4-50　安装好的螺柱的机箱

注意：螺柱要拧紧，否则以后拆卸主板时螺柱会随着主板固定螺钉一起松动，主板就会很难拆下。要使用相同高度的螺柱，以保证主板平整，防止内存条、显卡接触不良及主板形变。最少使用六颗螺柱，四个角各一颗，中间再用两颗，以防在主板上安装其他部件时主板变形。

（4）将主板放入机箱。抓住主板上的扩展槽或 CPU 散热器找准方向将主板轻轻放入机箱，如图 4-51 所示。通过机箱背面挡板来确定主板是否安放到位，主板上的集成 I/O 接口应从机箱背面的挡板处露出来，如图 4-52 所示。检查一下每个螺柱是否与主板上的安装孔相对应。

图 4-51　主板放入机箱

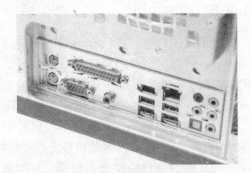

图 4-52　确定主板是否安装到位

（5）用螺钉固定主板。在装螺钉时，尽可能利用螺丝刀的磁性来安放螺钉，每颗螺钉不要一次性的拧紧，等全部螺钉安装到位后，再依次拧紧，这样做的好处是随时可以对主板的位置进行调整。

安放主板时，一定要保证主板上的安装孔与螺柱上的孔对正，能够轻松旋入固定螺钉，千万不要凑合。如果安装孔偏位强行旋入螺钉，将使主板产生内应力，时间一长，可能引起主板变形并导致印刷电路板上的导线断裂，造成主板损坏。另外，安装孔偏位也可能使铜螺柱与主板背面线路接触，形成"短路"或"接地"，造成电路故障，甚至损坏主板。

4.2.6 主板与机箱的连接

主板与机箱的连接主要包括：电源按钮、复位按钮、电源指示灯、硬盘读写指示灯、扬声器、前置 USB、前置音频等。这些连接在主板上为针式插座，机箱上为孔式插头，如图 4-53 所示。

图 4-53 机箱前面板与主板的连接插头

在主板说明书中，会有详细介绍哪组插针应连接哪个连线，我们只要对照插入即可。就算没有主板说明书也不要紧，因为大多数主板上都会将每组插针的作用印在主板的电路板上。只要你细心观察就可以通过这些英文字母来正确的安装各种连线。

4.2.6.1 主板与机箱控制面板的连接

主板与机箱控制面板的连接包括：电源按钮、复位按钮、硬盘读写指示灯、电源指示灯和扬声器。主板上的插座一般标注为 F_ PANEL，如图 4-54 所示，其中 PWRSW 表示电源按钮，RESET 表示复位按钮，IDE_ LED（或 HD_ LED）表示硬盘读写指示灯、P_ LED 表示电源指示灯，SPEAK 表示扬声器，"＋"号表示正极。其主板手册上的安装说明如图 4-55 所示。

图 4-54 主板上的机箱控制面板连接插座

机箱上的插头如图 4-56 所示。接线时注意正负极，一般插头上黑色或白色线为负极，其他颜色为正极。电源按钮和复位按钮连接时可不考虑极性。

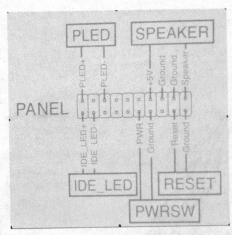

图 4 - 55　主板手册上的安装说明

图 4 - 56　机箱上的插头

（1）电源按钮。机箱面板上的电源按钮用于开启/关闭电源。连接时，先从机箱面板连线中找到标有"POWERSW"的两孔插头，然后插在主板上标示有"PWRSW"或"PWR"字样的插针上就可以，不需要考虑插接的正反。

（2）复位按钮。复位按钮是用于重新启动计算机的。连接时，先找到标有"RE-SETSW"的两孔插头，然后插在标有"RESET"或"RST"的插针上即可，不需要考虑插接的正反。

（3）电源指示灯。电源指示灯可以表示目前主板是否加电工作。连接时，将标有"POWERLED"的三孔插头（中间一根线空缺）插在标有"PWRLED"或"PLED"的插针上即可。由于电源指示灯是采用发光二极管，所以连接是有方向性的。有些主板上会标示"PLED +"和"PLED -"，我们需要将插头上彩色线一端对应连接在PLED +插针上，白色线连接在 PLED -插针上即可。有些机箱为了适应更多类型的主板，将此插头分为独立的两根线。

（4）硬盘读写指示灯。硬盘读写指示灯可以表明硬盘的工作状态，此灯在闪烁，说明硬盘正在存取数据。连接时，将标有"H. D. D LED"的两孔插头插在标有"HD-DLED"或"IDELED"的插针上即可。硬盘读写指示灯的连接也是有方向性的，有些主板上会标示"HDDLED +"和"HDDLED -"。

由于发光二极管是有极性的，插反是不亮的，所以如果你连接之后指示灯不亮，不必担心因接反而损坏设备，只要将计算机关闭，将相应指示灯的插线反转连接就可以了。

（5）扬声器。扬声器是主机箱上的一个小喇叭，能在微机检测到错误时提供声音报警。连接时，将标有"Speaker"的四孔插头（中间两根线空缺），插在主板上标有"Speaker"或"SPK"字样的插针上。注意安装方向。目前大多数主板已将扬声器集成无须再连接。

4.2.6.2　前置 USB 接口

为了防止因 USB 接口插错而造成的主板损坏，大多数主板上将两个前置 USB 接口固定在一起，并采用了防呆式的设计，有缺针和缺口，反插时无法插入，这也大大提高了安装效率。主板上 USB2. 0 为 9 针插座，USB3. 0 为 19 针。

4.2.6.3 前置音频接口

类似于前置 USB 接口，它可将声卡上的耳机和 MIC 接口移至机箱正面，方便使用。虽然前置音频插座也是九针，但空针位置与 USB 插座不同，同时该接口通常在集成声卡控制芯片附近。前置 USB 及前置音频的插座和插头如图 4-57 所示。

前置 USB2.0 接口　　　　前置音频插头　前置USB2.0插头　　　前置音频接口

图 4-57　机箱前置接口的插头和插座

其他前置接口如 IEEE1394、e-STAT、读卡器等的安装方法与前置 USB 相同，在此不做详述。

4.2.7　安装硬盘和光驱

微机的硬盘和光驱按接口类型可分为 ATA 接口和 STAT 接口，目前主流的是 SATA 接口。接口中都有数据接口和电源接口，ATA 接口的硬盘和光驱比 STAT 多一个主从设置跳线，ATA 接口的光驱比硬盘多一个 CD 音频输出接口。安装硬盘或光驱的步骤如下：

（1）主从配置。安装 ATA 接口的硬盘和光驱时，应检查其主从配置。一般硬盘出厂设置为"主盘"，光驱出厂设置为"从盘"。只有在一根数据线上连接两个相同设备时才需要设置主从跳线，必须是一主一从。一般硬盘和光驱上都印有设置方法。每个 SATA 接口只能连接一块硬盘和光驱，因此无须主从设置。

（2）选位固定。硬盘一般使用 3.5 英寸安装架，光驱使用 5 英寸架，如图 4-58 所示。将硬盘金属盖面向上，由机箱内部推入 3.5 英寸硬盘安装架，尽量靠前并远离其他设备，但又与机箱前面板间保持一点距离，以利散热。光驱的安装与硬盘类似，硬盘和光驱安装到位后，左右各用 2 颗螺钉将它固定在安装架上。另外，要注意硬盘和光驱的正反面，正面在上，背面在下，如图 4-59 所示。

图 4-58　机箱内的安装架

图 4-59　固定后的硬盘和光驱

　　需要注意的是：硬盘是在机箱内由内而外装入安装架，光驱是从机箱外由外而内装入安装架，如图 4-60 所示。

将光驱反向从机箱前面板装进5.25英寸槽位

将宽度为3.5英寸的硬盘反向装进机箱

图 4-60　硬盘和光驱的安装方向

　　（3）连接信号线。硬盘和光驱的信号线接口都有防呆设计，在主板上 SATA 接口为"L"型，ATA 接口（一般标注为 IDE）有缺口和缺针，如图 4-61 所示，在连接线上也有对应的设计，如图 4-62 所示。

图 4 - 61 主板上的 SATA 和 ATA (IDE) 接口

图 4 - 62 SATA 和 ATA (IDE) 数据线

安装 80 线的 IDE 扁平电缆时，只需将线缆上的凸起对应接口上的缺口，然后用大拇指平直稳插入即可，安装方法如图 4 - 63 所示。SATA 数据线为 7 根线，安装较简单，将插头上的缺口对准插座上的 "L" 型凸起插入即可，如图 4 - 64 所示。

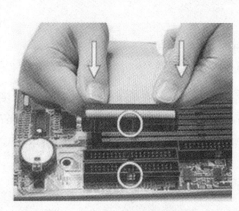

图 4 - 63 IDE 数据线安装方法

图 4 - 64 SATA 数据线的安装

（4）连接电源线。SATA 硬盘和光驱的供电接口为 "L" 型 15 针，ATA 的为 "D" 型四孔，它们均有防呆设计并且可以转接，两种电源接口及其转接线如图 4 - 65 所示。

图 4 - 65　两种供电接口及其转接线

　　安装好信号线与电源线的 ATA 及 SATA 硬盘如图 4 - 66 所示。光驱的信号线与电源线的安装与硬盘相同。

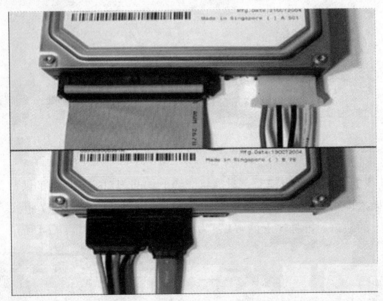

图 4 - 66　接好线的 ATA 及 SATA 硬盘

　　（5）连接光驱模拟音频线。当使用光驱播放 CD 时，必须在声卡与光驱之间连接一条音频线。由于声卡大多集成在主板上，所以这根线一端接在光驱上，如图 4 - 67 所示，另一端接在主板集成声卡边上的 CD 模拟音频输入接口上，如图 4 - 68 所示。

图 4-67　光驱模拟音频线的连接

图 4-68　主板上的 CD 模拟音频输入接口

4.2.8　主板电源连接

主板电源连接包括主板供电和 CPU 辅助供电，它们都采用了防呆设计，只有按正确的方向才能够插入。安装时将插头上的卡扣对准插座上的楔形凸起插入即可，如图 4-69 所示。

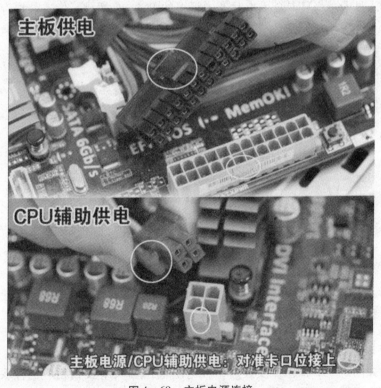

图 4-69　主板电源连接

安装好后，卡扣会锁住插头防止其脱落，拆卸插头时，要捏住插头及卡扣的上端，解除锁定再向上拔出，不能只捏住插头向上拔，更不能直接抓住线向上拔。

4.2.9 安装扩展卡

微机上的扩展卡主要有显卡、声卡和网卡，安装方法基本相同。很多主板都集成了声卡和网卡，只有显卡需要安装。目前显卡都使用 PCI - E16 × 插槽，其安装方法如下：

（1）打开插槽上的卡扣。先去掉机箱上要安装显卡的 PCI - E 插槽所对应的防尘板，按下插槽后方的卡扣，如图 4 - 70 所示。

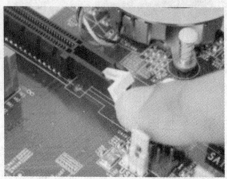

图 4 - 70　打开插槽上的卡扣

（2）插入显卡。将显卡金手指对准主板上的 PCI - E 插槽，像安装内存条那样平、直稳地按下，如图 4 - 71 所示，直到插槽上的卡扣自动弹起（一般能听到咔哒声），从侧面检查金手指是否已全部进入 PCI - E 插槽。

图 4 - 71　插入显卡

（3）连接辅助电源。有些 PCI - E 显卡的功率比较大，需要辅助供电。6 针显卡辅助供电接口如图 4 - 72 所示。安装时，在电源输出插头中找到相应的插头插入即可，安装方法与主板辅助电源相同。如果没有相应的插头，可用大 4 针的电源输出插头转接，转接线如图 4 - 73 所示。

图4-72　6针显卡辅助供电接口

图4-73　电源输出转接头

（4）安装固定螺钉。扩展卡安装到位后必须用螺钉固定在机箱上，以防将来连接外部设备（如显示器）时造成扩展卡接触不良和脱落。

如果要拔出显卡，应先拔掉显卡上的辅助电源插头，再拆除固定螺钉，打开插槽上的卡扣，然后将显卡垂直提起。需要注意的是：卡扣并不会由于受到来自显卡的向上的力而弹开，你必须手动将卡子打开才能将显卡拔出。

4.2.10　整理机箱内连线

机箱内所有设备、连线安装完成后，应将多余长度的线缆和没有使用的电源插头折叠、捆绑，使机箱内部整洁、美观，如图4-74所示。同时注意不要让线缆碰到主板上的部件，尽量给CPU风扇周围留出更大的空间，以利散热并防止风扇扇叶接触线缆造成线缆或扇叶受损。

图4-74　整理机箱内连线

4.2.11　机箱外部连接

机箱外部连接主要是指机箱背面的各种外部设备的连接，包括：主机电源、显示器、键盘、鼠标、音箱及网络设备等。

4.2.11.1　电源线连接

机箱后面的主机电源输入接口和显示器上的电源输入接口都使用 3 针电源插座。电源连接线如图 4 - 75 所示，连接时将电源线三孔的一端插入主机或显示器电源输入插座，再将另一端三针的插头插入连接 220 伏交流电（市电）的插线板即可。

其他直接使用市电的微机外部设备，如打印机、扫描仪等，其电源线和连接方法与主机相同。还有些外部设备使用 9 伏或 12 伏低压直流电，这就需要电源适配器（如图 4 - 76 所示）。

图 4 - 75　连接市电的电源线

图 4 - 76　电源适配器

4.2.11.2　信号线连线

微机后面连接信号线的接口都可集成在主板上，如图 4 - 77 所示。一般微机要连接的外部设备信号线主要有：键盘线、鼠标线、显示器信号线、网线、音频线等。

图 4 - 77　微机后面连接信号线的接口

（1）键盘、鼠标连接。PS/2 是一种古老的接口，有防呆设计，广泛用于键盘和鼠标的连接。现在的 PS/2 接口一般都带有颜色标示，紫色用于连接键盘，绿色用于连接鼠标。

连接 PS/2 接口鼠标、键盘时要注意：PS/2 接口为六孔的圆形插座，上下不对称，连接时键盘、鼠标的插头上的凹形槽方向要与 PS/2 接口上的凹形卡口相对应，方向错误则插不进，还容易造成插针弯折，所以，插入时千万不要使用蛮力。PS/2 插座和插头如图 4 - 78 所示。

图 4 - 78　PS/2 插座和插头

有些主板上的 PS/2 接口可能没有颜色标示，但键盘和鼠标插错接口并不会损坏设备，只是启动时系统无法识别键盘和鼠标，此时将鼠标键盘对调一下接口就行了，一定要注意操作时要先关机，不要带电操作，否则可能损坏接口。

（2）USB 设备连接。现在许多微机外部设备都采用 USB 接口，如键盘、鼠标、打印机、扫描仪、摄像头、移动硬盘等。目前，USB2.0 接口已逐渐被 3.0 接口代替，连接时要注意：USB3.0 的接口一定要用 3.0 的连接线，否则达不到 5.0Gb/s 的传输速度。

USB 接口也有防呆设计，连接时比较简单，只需注意一下方向，插反了是插不进去的。常用的 USB3.0 A 型和 B 型插头如图 4 - 79 所示。使用 USB3.0 B 型接口的移动硬盘盒如图 4 - 80 所示。

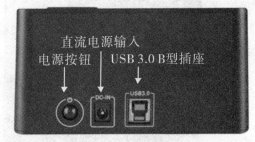

直流电源输入
电源按钮　USB 3.0 B型插座

图 4 - 79　USB3.0 A 型和 B 型插头　　　　图 4 - 80　移动硬盘盒

（3）显示器连接。显示器一般需要连接一根电源线和一根信号线，电源接口与主机电源相同，信号接口有模拟的 VGA 接口和数字的 DVI 接口，如果将高清电视作显示器加音箱使用，可直接连接 HDMI 接口，三种接口的插头如图 4 - 81 所示。三种接口均为"D"型设计，连接时要注意方向，VGA 和 DVI 接口插好后可用其自带的手拧螺钉固定，以防脱落。

第 4 章　微机组装

图 4-81 VGA、HDMI 和 DVI 插头

需要注意的是，HDMI 接口可转为 DVI 接口，DVI 接口可转为 VGA 接口，但不能逆向转接，其转接头如图 4-82 所示。

HDMI转DVI转接器

DVI转VGA转接器

图 4-82 视频接口转接器

（4）音箱连接。通常有源音箱或耳机接在 Speaker（或 Line - out）端口上。连接时，将有源音箱或耳机的 φ 3.5mm 双声道插头插入机箱后侧主板集成声卡上的绿色插孔中即可。

有些音箱或功放要求左右声道独立输入，这需要用到如图 4-83 所示的音频转接线。

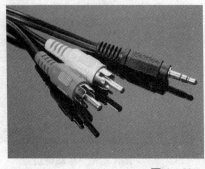

图 4-83 音频转接线

4.2.11.3 网络连接

（1）网线连接。网线的插头（也称水晶头）上有个卡件，与网络接口插座上的缺口相对应，如图 4-84 所示。连接网线时将卡件对准缺口插入即可。拔网线时要注意必须捏住卡件再往外拔，不能直接握住网线向外扯。

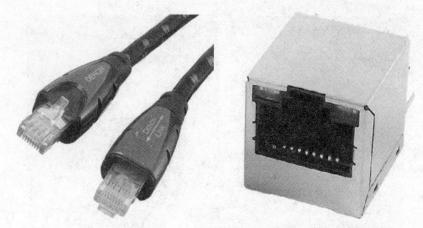

图 4 - 84   网络接口的插头及插座

一般政府部门、公司、企业、学校等在办公室或机房内的微机，只需将网线的另一端插入交换机即可上网。

（2）ADSL 上网。目前大多数用户是使用 ADSL 通过电话线上互联网，如果要上网的同时能通打电话，而且两者相互不影响的话，那就需要在连接电话和 ADSL Modem 前使用分离器，分离器一般结构如图 4 - 85 所示，三个接口均连接电话线，其中"LINE"连接入户线，"PHONE"连接电话，"ADSL"连接 Modem，在连接前请看清每个口的作用和位置，以免连接错误。

ADSL Modem 的接口如图 4 - 86 所示。其中"电话线接口"连接用于上网的电话入线，"网线接口"用于连接要上网的微机的网卡。

图 4 - 85   分离器

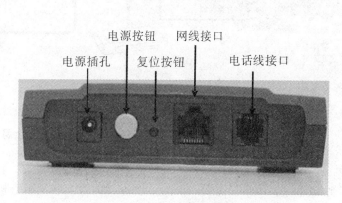

图 4 - 86   ADSL Modem 的接口

使用 ADSL 上网时，各设备连线完成后，如图 4 - 87 所示。

（3）无线上网。现在越来越多的家庭拥有不止一台上网设备，如笔记本电脑、iPAD、手机等，而普通 ADSL Modem 只有一个上网接口，这时，只需在 ADSL MODEM 后增加一个无线路由器即可解决所有上网问题。使用无线路由器上网的硬件连接如图 4 -88 所示。

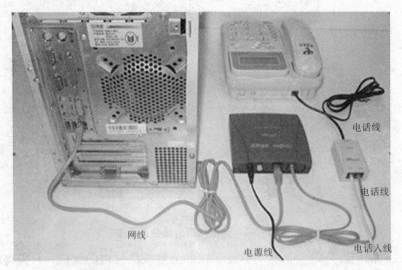

图 4 - 87　使用 ADSL 上网

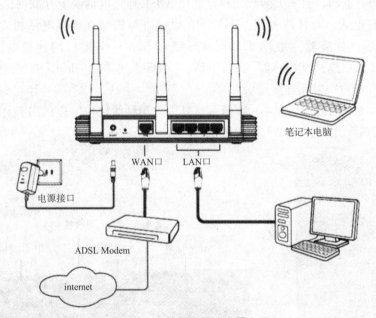

图 4 - 88　使用无线路由器上网

（4）光纤上网。随着三网融合技术的发展，目前，许多城市已开通了光纤上网业务（iTV）。用户只需要一个光猫设备（内置互联网视听机顶盒），就即可连接电视收看电视节目又可连接计算机享受丰富的网络内容。与传统铜缆（电话线）网络接入相比，光纤入户具有以下三方面的优势：一是全程光纤传输，高带宽、抗干扰、长距离，再也不用为上网速度慢或常掉线而烦恼，又快又稳定。二是有效提高网络的综合接入能力，实现 20M 到 100M 的宽带接入能力。三是一条光纤支持多项业务传输，能提供网上互动娱乐、音频视频信号共享（可无须机顶盒看高清电视）、小区信息化平台等业务。

在硬件连接上，光纤上网只需将原来的 ADSL MODEM 换成光猫，将电话入户线改为光纤入户线就可以了，使用光猫无线路由一体机上网的连接方法如图4-89所示。

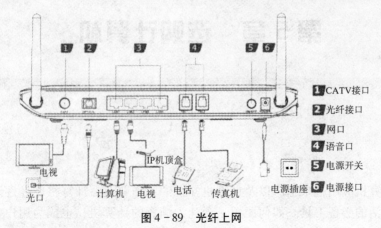

1 CATV接口
2 光纤接口
3 网口
4 语音口
5 电源开关
6 电源接口

电视
光口
IP机顶盒
计算机
电视
电话
传真机
电源插座

图4-89 光纤上网

第5章 选购计算机

随着计算机应用越来越广以及计算机知识的不断普及，计算机已经逐渐成为很多人工作、生活的必备工具。如何配置一台让人满意的计算机，也成为用户和计算机销售人员所关心的问题。

本章主要讲述选购配置计算机的原则，配置计算机的方法、步骤、注意事项，以及如何查看计算机的配置。

5.1 选购计算机的基本原则

配置选购计算机的关键是应该满足使用者的使用需求，在这个前提下，根据计算机性能的优劣、价格的高低、商家服务质量的好坏等具体情况来最终决定计算机的配置方案，即确定计算机硬件的构成情况。确定配置方案时，要遵循实用性、兼容性、性价比及整体性四大原则。

5.1.1 实用性原则

购买计算机之前，首先必须明确拟购计算机的用途，做到有的放矢，只有明确用途，才能建立正确的选购思路。

根据计算机的用途，就能确定该计算机所需功能和性能。功能决定了配置哪些部件的问题，功能多所需的部件就多，比如，如需要多媒体功能，必须配声卡和音箱；要有打印功能，必须配打印机；要用电话线上网，必须配 Modem；要视频语音聊天，必须配麦克风和摄像头等。性能决定核心部件的参数，如 CPU 的主频有多高？几个核？高速缓存有多少？内存的容量有多大？带宽是多少等。性能越好通常价格越高，买一个普通的 PS/2 接口的光电鼠标一般只需 15 元，而一个高端的游戏或制图用无线鼠标，如罗技 G700 鼠标，其价格是普通鼠标的 30 倍以上。

在实用性上容易出现的问题：一是小而全，功能过于强大，配置过多的外部设备，如普通家用计算机，却配置了扫描仪、打印机、移动硬盘、麦克风等设备，直到计算机淘汰，有些设备也没用几次。二是一步到位，很多用户害怕计算很快过时，从而超前配置，性能过于强大，配置了市面上最新最好的 CPU、内存、显卡，而平时的应用主要是文字表格处理和上网，真是高射炮打蚊子——大材小用。其实大多数计算机只有 4～5 年的使用寿命，配置时够用就好。

下面我们介绍，针对不同的用户选购电脑，如何遵循实用性原则。

5.1.1.1 办公用户

办公用户平时主要完成文字、表格、简单的图形图像处理和上网任务，对计算机性能要求不高，使用中低端的计算机即可，但办公用户对计算机的稳定性和功能要求较高。稳定性要求是指计算机要能连续稳定的工作，比如对于银行，电信，税务，工商行政服务部门等，计算机慢不要紧但不能停；功能要求较高是因为办公用户有大量的信息需要存档和在各部门间交流，打印、复印、扫描、传真等使用较频繁，需要配置独立的打印机，复印机，扫描仪，传真机，有些还需要配置特种票据打印机（如银行打存折）或速印机。建议办公用户购买中低端品牌机，以获得良好的稳定性和售后服务。

5.1.1.2 家庭用户

家庭用户的计算机主要用来打字、制表、看电影、上网以及玩游戏等。性能要求比办公用户稍高，注重性价比，需要较大的屏幕和较好的音箱，可不必配打印机，如果有家庭办公的需要也可配置打印、扫描、复印、传真一体机。如果上网比较多则需较大容量的内存，因为在网上购物或使用 QQ 时会打开大量窗口，内存消耗大，严重时会影响机器的速度；另外，高性能的 Modem 和网卡也可提高网速、减少掉线。建议使用兼容机，可采用 AMD 的集成 GPU 的 APU 系列处理器或 Intel 的双核系列处理器以及整合主板。

5.1.1.3 图形及图像处理用户

如果购买计算机的主要目的是进行平面设计，多媒体应用以及制作装潢效果图等，如广告公司、影楼、婚庆公司、电视台、家装公司等，则需配置 Intel 的四核或更多核处理器的计算机，并尽量使用大容量双通道内存组，专业的图形处理显卡，高速大容量硬盘，大屏幕高分辨率专业图形显示器，一只高精度极品鼠标，并配置高分辨率彩色打印机及光盘刻录机。建议使用高性能品牌机，如苹果公司的专业图形处理工作站。

5.1.1.4 三维动画、视频和电脑游戏用户

对于三维动画制作、视频制作和电脑游戏爱好者来说，对计算机的配置要求一般都比较高，特别是 3D 游戏爱好者。这时在制定计算机的配置方案时一定要注意内存容量是否够大，显卡的动画处理能力是否强大。当然 CPU 的运算能力也不能忽略，一般建议选择 AMD 的多核处理器。另外对显卡、显示器、音箱及键盘鼠标都有较高的要求。显卡要求功能强大、性能出众或使用 SLI 双显卡，显卡最好带视频输出，这样就可以将视频信号外接至大屏幕高清家用电视机上；如果你对音效要求较高，还可配 5.1 声道独立声卡；游戏中场景一般变化越快，对显示器的反应速度要求较高。建议使用兼容机，以获得较高的性价比。

5.1.1.5 家庭影院用户

现在越来越多的人购买计算机是出于多媒体欣赏的需要，将计算机当作家庭影院的信号源和控制器，这种计算机一般需预装各种多媒体解码播放软件，可用来对应播放各种影音媒体，并具有多种音频视频接口，如 HDMI 或 DP 视频接口、5.1 声道音频接口、光纤数字音频输出接口等，可与多种视听设备（如高清电视、投影机、等离子显示器、家用功放、音箱等）设备连接。另外，这种计算机一般摆放在客厅，要求外观小巧精美，使用外接 DVD 光驱和无线鼠标。建议使用 HTPC（Home Theater Personal

Computer，家庭影院个人机）。

综上所述，购买什么样的计算机首先应该由用户购买计算机的用途来决定。盲目地追求高档豪华的配置而不能充分地发挥其强大的性能实际上是一种浪费，为了省钱而去购买性能过于低下的计算机则会导致无法满足使用需要。总之，要根据计算机的应用范围、工作需要、个人喜好，将电脑配置的既经济实用，又突出重点，彰显个性。

5.1.2 兼容性原则

所谓兼容性，是指多个硬件之间、多个软件之间或是多个软硬件之间的相互配合的程度。就如同人与人之间输血或进行器官移植，血型或器官不匹配，会产生"排斥"反应，严重的会危及生命。对于计算机硬件来说，多种不同的电脑部件，如CPU、主板、显卡等，如果在工作时能够相互配合、稳定地工作，就说明它们之间的兼容性比较好，反之就是兼容性不好。对于软件来说，一是指某个软件能稳定地工作在某操作系统之中，就说这个软件对这个操作系统是兼容的。再就是在多任务操作系统中，几个同时运行的软件之间，如果能稳定地工作，不经常出错误，就说它们之间的兼容性好，否则就是兼容性不好。另一种就是软件共享，几个软件之间无需复杂的转换，即能方便地共享相互间的数据，也称为兼容。

我们使用的计算机绝大多数是由不同厂商生产的产品组合在一起，它们相互之间难免会发生"摩擦"。这就是我们通常所说的不兼容性，所谓"兼容机"一词，也源自于此。在配置过程中，CPU、显卡、主板、内存、电源、机箱几大核心硬件都是需要用户考虑是否兼容的。硬件接口规格按产品型号不同有不同的支持设计，不兼容现象往往给用户使用带来不便，在配置计算机时我们必须考虑这个问题。最常见的兼容性问题主要有以下几类：

5.1.2.1 CPU兼容性

目前主流CPU接口分为四大类：LGA 1155接口、LGA 2011接口、FM1接口、Socket AM3＋接口。这四种接口分别对应四种不同类型的主板。LGA 1155接口和LGA 2011接口对应的是Intel处理器平台，只能对应使用对Intel的针脚数符合的CPU；FM1接口和Socket AM3＋接口对应的是AMD处理器平台，只能适用于AMD相关处理器。

5.1.2.2 内存兼容性

如今市场上能买到的内存条产品有台式机内存（DDR2、DDR3）和笔记本内存（DDR2、DDR3）。台式机内存条比笔记本内存条长很多，容易区分，用户最应该关注的是DDR2内存与DDR3的区别。两代内存条金手指隔断槽口的位置是不相同的，目前主流主板均仅支持DDR3内存，因此使用老的DDR2内存将不可用到新平台中，同样的以前老主板选用的DDR2内存，如果想升级电脑加大内存，那么依然只可以购买DDR2内存。

如果需要多通道内存组（如双通道内存组、三通道内存组、四通道内存组），还需考虑CPU和主板（主要是芯片组、内存插槽及BIOS）对其的兼容性。例如：用1333MHz的DDR3组建双通道内存组，可选择酷睿i3 2120 CPU和H61主板。

5.1.2.3 显卡兼容性

目前显卡功能越来越强大，性能大幅度提高，但体积也越来越大，如曾经一度热卖的 GTX260 显卡长约 26cm，而如今的 AMD7970 显卡长达 28cm，如此长的设计导致很多机箱不兼容。另外，显卡散热量也是一个需要用户考虑的问题，在玩大型 PC 游戏时，显卡由于高负荷运行其将释放大量的热，尤其是使用 SLI 双卡的用户更需要注意显卡的热量排放空间、排放效率。大尺寸机箱是独立显卡用户首先应该考虑的，大尺寸机箱内拥有保障显卡正常散热的风道。

5.1.2.4 电源兼容性

汽车中小马拉大车（汽车发动机功率不足）会导致整车出现很多负面效应（费油、整车性能低下、运行高负载）。对于配置计算机也是这样，如果整机搭配一款输出功率小于本机最低需求功率的电源时，该机器在运行游戏、软件时都会出现运行不稳定现象（如自动重启、蓝屏）。小马拉大车时机器长期运行甚至可以导致机器元器件损坏，主板、显卡、硬盘寿命缩短。

另外电源的供电接口是否与机箱内安装的主板、显卡、硬盘、光驱等的接口类型与数量相匹配也是配置计算机时需要考虑的问题。如有些主板或显卡上有 6pin 或 8pin 的电源接口，有些显卡甚至需要双 6pin 或 8pin 的电源接口。

5.1.3 性价比原则

确定购机预算也是购机方案的重要一步，确定预算应该根据计算机的用途、市场情况和用户经济情况而定。如何在有限的资金内获得高性能的计算机，就是性价比问题。

性价比简单来说就是性能与价格之比，提高性价比的方法一是购买性能不变但价格下降的产品，如在节假日或电脑城搞活动时，购买打折或促销产品，或是在新产品推出被替代产品大幅降价时购买；二是购买价格不变，但性能大幅度提高的产品；三是选择价格提高，但性能提高更多的产品，比如价格提高一倍，性能却提高五倍以上；四是选价格降低性能却大幅提高的产品。计算机、手机（用于通信的计算机）行业为什么发展得那么快，就是因为其产品更新换代快，性价比极高。286 电脑流行时，要卖两万多元一台，现在的 586 性能提高了几万倍，但 3000 元就买得到；早期的几万元的"大哥大"和现在千元的智能手机性能也是不能同日而语的。

一般来说，在配置计算机时，兼容机的性价比高于品牌机；台式机的性价比高于笔记本电脑；主流产品的性价比高于非主流产品；AMD 系列产品性价比高于 Intel 系列产品。

5.1.3.1 兼容机与品牌机

如果用户是一个计算机的初学者，掌握的计算机知识有限，身边也没有可以随时请教的老师，购买品牌机不失为一个比较合适的选择。相反，如果用户已经掌握了一定的计算机知识，并且希望自己的计算机有较高的性价比，那么兼容机则是更好的选择。

从严格意义上讲，PC 机中除了 IBM 一家品牌机之外，其余的都属于兼容机，或者说是 IBM PC 系列微机的兼容机。不过为了与中小装机商和个人组装的计算机相区别，大型兼容机厂商生产的计算机一般也称为品牌机，例如惠普、戴尔、联想和方正等。另外，目前笔记本电脑都是品牌机。

（1）品牌机的特点

购买品牌机有以下优点：

·可靠的质量。品牌机兼容性、稳定性好，软硬件均通过严格的兼容性测试，很少出现死机现象。

·优质的售后服务。品牌机有值得信赖的保修网络，耐心的技术服务，品牌机的很多问题通过打售后服务电话就能解决。

·赠送大量的正版随机软件。

·购买过程简单方便。

品牌机缺点是：

·性价比低。相同的性能水平，品牌机的价格要高于兼容机。

·升级性能差。

（2）兼容机的特点

购买兼容机我们也称为"攒机"或DIY（Do It Yourself，自己动手做），它有以下优点：

·配置自由，彰显个性。

·价格低廉，性价比高。

·便于升级。

·能提高动手能力。

兼容机缺点是：

·兼容性差，容易死机。不同厂家生产的硬件组装在一起，没有经过兼容性测试，另外兼容机上大量使用盗版软件，也可能造成软硬件不兼容，通常这些不兼容问题要经过一段时间后才能发现，会为用户带来许多麻烦。

·售后服务没有保障。在对计算机产品的投诉中，兼容机的售后服务是被投诉最多的。

·需要较高的专业知识，购买过程复杂耗时。

总之，品牌机稳定性好，售后服务有保障，无须自己维护，适合公司、学校、企事业单位、政府部门；兼容机性价比高，重点突出，适合于家庭用户和对电脑有特殊要求的用户。

5.1.3.2 台式机与笔记本电脑

很多人在购买计算机的时候，不知道该买笔记本电脑还是该买台式机。于是没有充分地考虑就选择其一，在以后的使用中可能发现购买的并不合适。那么，怎样决定该购买笔记本电脑还是台式机呢？一般来说有以下几个必须考虑的因素：

（1）应用场合

首先，我们来看看应用场合。笔记本最大的优点是便携性好，如果计算机的主要用途是移动办公或者用户可能经常外出，比如，大学生可能需要经常在宿舍、教室、图书馆及家里使用电脑，那么笔记本电脑无疑是更好的选择。台式机无论如何都无法满足"移动"的要求，但是，如果只是普通用户，台式机则是最好的选择。

（2）价格因素

其次，我们来看看价格的因素。相同性能的笔记本电脑的价格相比台式机来说还是要高出很多，一般来说5000元的笔记本电脑的性能，只相当于3000元的台式机，高性能的笔记本电脑其价格超出不少人的承受能力。虽然市场上也有低价的笔记本电脑，但价格与性能、质量、服务是捆绑在一起的，低端笔记本电脑的性能总是无法让人满意。

（3）性能因素

然后，我们再来看一下性能因素。第一，笔记本电脑的升级性很差。对于希望不断升级计算机，以满足更高性能要求的用户来说，笔记本电脑是无法实现这一点的，除非另购新机。第二，笔记本电脑屏幕小，键盘小，不适合做大量的文字编辑工作和图形图像处理工作，也不适合玩大型游戏，比如在笔记本电脑上玩《星际争霸2》、《使命召唤7》和《魔兽世界》这三款游戏，与在台式机上的高分辨率和流畅性不可同日而语。第三，笔记本电脑需要经常充电，结构紧凑散热不良，导致使用效率低。第四，笔记本电脑在移动过程中容易因碰撞而损坏，使用环境不定，风吹日晒，使用寿命短。

总之一句话，如果便携性是最重要的，那么选笔记本电脑，其他的能用台式机就用台式机。如果你打算用8000元购买笔记本电脑的话，建议你花4000元购买台式机，放在你最常用计算机的地方，花4000元买笔记本电脑随身携带。

5.1.3.3 主流与非主流

对计算机产品而言，主流产品是指现阶段大多数人使用的产品或市场上最流行最好卖的产品，主流产品通常价格适中，性能中等。而非主流产品则是指快淘汰的产品或刚推出的最新产品，快淘汰的产品价格低，但性能差，新产品价格高，技术不成熟，还可能存在致命缺点。通常主流产品的价格波动很小，非主流产品降价速度快、幅度大，所以，选择主流产品，技术成熟，性能稳定，价格适中且保值，这也符合中国人的"中庸"思想，不要走在最前面，也不要落在最后面。

5.1.3.4 Intel 产品与 AMD 产品

目前的个人计算机市场上，CPU 品牌只有 Intel 和 AMD，它们是竞争对手，产品互不兼容。它们还有各自的系列主板芯片组和显卡 GPU，这样就形成了 Intel 系列和 AMD 系列产品，用户该如何选择呢？

Intel 的处理器比 AMD 的在多媒体指令方面稍胜一筹，因此在多媒体及平面处理任务中，相比同档次 AMD 处理器，Intel 的 CPU 显得更有优势；AMD 处理器的浮点运算能力比 Intel 的处理器的要好一些。浮点运算能力强，对于游戏应用、三维处理应用方面比较有优势。

在性能上，同档次的 Intel 系列产品整体来说可能比 AMD 的要有优势一点，不过在价格方面，AMD 的系列产品绝对占优，AMD 的系列产品的性价比更高。

因此，要获得高性价比并且应用于三维制作、游戏、视频处理等方面选 AMD 系列产品；要高性能并应用在商业、多媒体、平面设计方面则选 Intel 系列产品。

总的来说，要想配置高性价比的计算机，就目前市场而言，选择以主流 AMD 系列产品为核心、台式的兼容机是最好的选择。

5.1.4　整体性原则

5.1.4.1　防止木桶效应

在计算机配置过程中，一个硬件选择不当就会引起整机的瓶颈效应或木桶效应。木桶效应是指一只木桶想盛满水，必须每块木板都一样平齐且无破损，如果这只桶的木板中有一块不齐或者某块木板下面有破洞，这只桶就无法盛满水。也就是说一只木桶能盛多少水，并不取决于最长的那块木板，而是取决于最短的那块木板。木桶效应也称短板效应：一个木桶无论有多高，它盛水的高度取决于其中最低的那块木板，如图 5-1 所示。

图 5-1　木桶效应

比如，处理器与主板搭配不恰当（主板供电不足），处理器会表现出温度偏高、不稳定、效能低等；一个入门级显卡搭配一个上千元的多核处理器，结果整机性能还是维持在入门级水平，处理器性能不能完全发挥；很多用户很在乎内存条和硬盘的容量，却不关心它们的读写速度，结果是一个高速多核微处理器搭配了大容量低速的 IDE 硬盘和大容量低速内存条，造成微处理器大量时间无数据可处理，工作效率低下。

5.1.4.2　配置重点突出

决定计算机整体性能的核心部件是 CPU、主板、内存和电源。这 4 个部件要重点投资，但也要兼顾其他配件的性能。例如，如果用户购买电脑的主要目的是玩游戏或进行图形图像处理，那么就应该多考虑显卡的性能；如果你要考虑升级性能，那么可以在显示器、音箱、硬盘上多投入一点，这三样是最保值的，在你更换新电脑时，大屏幕的显示器、高保真音箱都可以保留继续使用，硬盘就算不接入新机器，加个 USB 硬盘盒也可用作移动硬盘来备份数据用。

最常见的整体性问题是 CPU 和内存配置过高，而主板和电源被忽略。大多数用户都知道自己电脑的 CPU 型号，内存大小，但对主板和电源却是一问三不知，其实主板和电源才是计算机最核心的部件，因为计算机中所有部件是通过主板连接为一体的，所有部件都需要电源供电。

总之，在资金有限的前提下，首先重点投资主要配件，然后再根据应用特点考虑其他配件的性能，合理地分配资金、搭配部件才能物超所值。日常生活中我们常说的

"男女搭配，干活不累"、"不怕狼一样的对手，就怕猪一样的队友"其实就是整体性问题。

5.2　购买过程

购买计算机是一个复杂而且冗长的过程，一般我们可以把它分成购买前，购买中和购买后三个阶段。通常购买品牌机要比购买兼容机简单些，所以这里我们主要介绍购买兼容机的过程，购买品牌机也可参考这一过程。

5.2.1　购买前

购买前需要做一些准备工作，做到心中有数，有的放矢，防止被奸商所骗或在购买过程中犹豫不决。

5.2.1.1　确定使用目的

计算机的用途决定了该计算机应具备哪些功能和什么样的性能，其功能决定计算机应包含哪些部件，性能决定计算机主要部件的参数。

5.2.1.2　确定价格范围

要根据计算机的用途、市场情况和自己的经济情况来确定价格范围，太低可能无法满足使用要求，太高可能会承受不起或造成浪费。

5.2.1.3　了解各部件的性能参数

各部件的性能参数可参考本书第二章和第三章的内容。了解各部件的性能参数能使你更好地作出选择，比如，有些用户选 CPU 只看主频，选内存和硬盘只看容量不管速度，这很容易造成所配电脑有瓶颈、整体性差。

5.2.1.4　了解市场主流产品的品牌及型号

使用主流产品可提高性价比，还可防止所配电脑过分超前或落后。

5.2.1.5　模拟攒机

在正式开始购买组装前，如果你还是把握不大，建议首先到网络上的模拟攒机平台上模拟配置一下，通过选择部件及其型号，它能给出价格并作一些简单的兼容性或冲突检测，你可以更好地控制预算分配和搭配部件。另外，模拟攒机网上也有很多别人做好的配置单可供参考。

网上模拟攒机平台有：

中关村：http：//zj. zol. com. cn/。

PcHome：http：//diy. pchome. net/。

泡泡网：http：//d. pcpop. com/。

太平洋电脑网：http：//mydiy. pconline. com. cn/。

华强北电脑网：http：//zj. hqbpc. com/。

硬派网：http：//product. inpai. com. cn/diy_ default. htm。

珠江路在线：http：//product. zhujiangroad. com/diy/。

攒机商城：http：//www. zanji. net/。

通过以上步骤，可做到心中有数，到卖场后，不易被骗。

5.2.1.6 确定购买方式

电脑主要有五种购买方式：

（1）到实体店购买

如果是 DIY 的话，最好是去电脑城里的实体店购买，如果要买品牌机，可以在电脑城或大的家电商场（如苏宁、国美等）完成。

到电脑城对于懂电脑和不懂电脑的人来说都是比较合适的。对于懂电脑 DIY 的用户，在电脑配件价格透明的市场中，容易找到性价比最好的方案，对于不懂电脑的人来说，店员可以提供给你比较正确的 DIY 方案。另外，在电脑城里 PC 机或 PC 机部件的品牌较集中，很容易货比三家，还能看到实物，操作样机，可当场验货，不易上当受骗。

（2）到网店购买

到网店购买的优势是价格极为便宜，是所有购买方式中最便宜的，适合购买中高档兼容机，或与实体店差价过大的产品。缺点是低端廉价产品经常出现质量问题，或者实物与照片不符的现象。主要网站有：淘宝、拍拍、百度有啊、阿里巴巴等。

（3）到网络商城购买

到网络商城购买的优势是产品质量不错，价格也低于实体店，但是略高于网店，最重要的优势是能够分期付款，适合刷卡一族用户购买。缺点是交货速度较慢，维修返厂有中转耽误时间。其主要网站有：京东商城，新蛋网，红孩子网上商城，F7NET分期网等。

（4）到官网直接购买

到官网直接购买的优势是产品质量有保障，售后服务最全面，完全不用担心买到水货的问题，适合对产品质量要求很高的用户采用。缺点是价格往往比实体店还要贵。其主要网站有：戴尔、三星、LG、明基等。

（5）上网团购

上网团购的优势是价格极低，厂商利润非常少，由于团购是与厂商直接挂钩，因此产品售后保障也完全不是问题，是所有网购中最实惠的一种。缺点是产品样式稀少，无法满足覆盖所有用户群体。其主要网站有：IT168 论坛团购，新浪团购等。

因此要想买到真正超值的产品，一定要合理选择一个适合自己的购买方式，才能保证利益最大化。如果准备攒一台高配置电脑的话，一般推荐采用网络商城分期付款方式；低配电脑推荐采用网店购买方式；主流配置电脑推荐采用团购方式（基本上主流配置的硬件产品，团购都能买到）或到实体店购买方式；对电脑质量要求很高的用户推荐采用官网直接购买的方式。

5.2.2 购买中

这里我们以在电脑城实体店 DIY 为例。网上购买可参考以下过程：

5.2.2.1 确定配置单

（1）与销售人员沟通

购机时你要让销售人员明白你购机的使用目的，能承受的价格范围，有何特殊要求；搞清对方的优势在那里，如是不是品牌代理商，售后服务如何，能否免费送货，所销售的产品中哪些最有竞争优势，能提供何种优惠等。

（2）商讨部件配置及其价格

讨论各部件的品牌、型号、价格，合计一个总价，如果总价超出预算，就需要与商家协商（砍价）或调整配置。另外，可要求赠送键盘、鼠标、U 盘、插线板、网线等小配件，当然如果商家连 MODEM 或电脑桌都肯赠送的话，你就要小心了，天下没有免费的午餐，便宜通常没好货。

（3）了解配置单中各部件的性能参数

了解机器的性能，重点检查配件的整体性和兼容性，发现问题及时调整配置。可多跑几家多出几份配置单，以便比较。

5.2.2.2 组装机器

配置单确定后，选择商家，备齐部件以待组装。用户如果有时间最好全程参与装机过程。

（1）检查部件

所有部件应当场拆开包装，查真伪，对型号，验外观。

（2）组装硬件

组装硬件最好由商家的技术人员来完成，用户可监督执行。

（3）安装软件

安装软件包括系统 CMOS 设置，硬盘分区、格式化，安装操作系统，安装硬件驱动程序等，应用软件只安装用户最常用的，可在网上下载的软件不要现在安装，可在系统备份后再安装。

（4）系统备份

要求商家用 Ghost 软件将系统备份到 D：盘，最好直接做成一键还原。可要求商家刻录一张有 Ghost 软件的系统启动光盘，或将 U 盘做成系统启动盘，并将系统备份文件拷贝到 U 盘中。

（5）检查配置

参考本章"查看机器配置"一节。

（6）试用机器

可试用键盘鼠标看看是否顺手；设置显示器的分辨率、刷新频率到合适的值，然后用光驱播放一部 DVD 电影，了解一下屏幕显示效果和音响效果。如果你喜欢玩游戏的话，最好安装一个正版的你熟悉的游戏，和以前在其他机器上玩的效果比较一下也就知道这台机器的大致性能了。

（7）收集资料

收集系统光盘、驱动光盘（一般有主板、显卡、声卡、网卡驱动）、相关说明书（最重要的是主板说明书）放到一起，以备以后维护、升级使用。

在上述过程中，发现问题可要求商家立即解决，如果没什么问题就可付款了。

5.2.3 购买后

DIY 的兼容机可能会存在一些不兼容问题，另外各部件也可能存在一些质量问题，一般问题要在使用一段时间后才能被发现，但也可以通过烤机快速发现这些问题。另外，购机后还需要连通网络，安装一些应用软件才能开始使用。

5.2.3.1 烤机

所谓烤机是指新组装的兼容机不关机连续全速运行一定时间来测试硬件的兼容性与稳定性的一个过程。通过这个测试可以提早发现电脑或某些特定配件存在的问题，然后可以在质保期内让问题解决，把问题消灭在萌芽之中。一般烤机都需要连续开机72小时，所以最好使用烤机软件在购买机器后来作。烤机软件可以轻松让硬件实现全负载工作，只需打开很少的程序即可对整台电脑或某个配件进行稳定性测试。

烤机时发现问题应及时与商家沟通解决。

5.2.3.2 开通网络

台式机最好使用 ADSL 上网，此业务可到电信营业厅办理。开通后一定要保存好账号和密码。

5.2.3.3 安装防火墙和杀毒软件

建议下载并安装免费的最新版的 360 防火墙和杀毒软件，使用 360 扫描系统漏洞，并升级补丁完成修复，配置好防火墙。

5.2.3.4 安装常用应用软件

电脑中可安装常用应用软件，如 Office、游戏、QQ、播放器等。之所以没有把这些东西加入 Ghost 备份，是因为这些软件很容易过期或带病毒，且这些软件再次安装也很快。

5.2.3.5 日常使用与维护

实践证明大多数设备的故障率是时间的函数，典型故障曲线形状呈两头高，中间低，有些像浴盆，所以称为"浴盆曲线"。浴盆曲线表明产品从投入到报废为止的整个寿命周期内，其可靠性的变化呈现一定的规律性。它具有明显的阶段性，失效率随使用时间变化分为三个阶段：早期失效期、偶然失效期和耗损失效期，如图 5-2 所示。

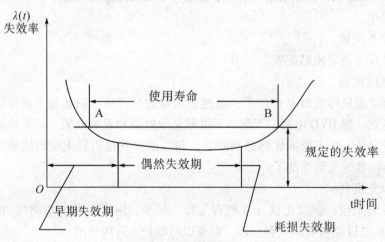

图 5-2 浴盆曲线

对于电脑而言早期失效期一般为 3 个月，失效的原因大多是由于设计、原材料和制造过程中的缺陷造成的，所以很多商家对产品都是保修 3 个月，因此，在头 3 个月一定要大量使用机器，在保修内发现问题，并更换部件。

电脑的偶然失效期有 3~4 年，偶然失效的主要原因是质量缺陷、材料弱点、环境和使用不当等因素引起。在这一阶段一定要做好平时的维护和预防工作，以延长机器的使用寿命。

使用 3~4 年后电脑就进入耗损失效期，该阶段的失效率随时间的延长而急速增加，主要由磨损、疲劳、老化和耗损等原因造成。这个阶段电脑出现问题建议就不要大动干戈地维修了，实在不能用了，换新电脑则是最好的选择。

5.3　选购品牌机

对于那些不打算在电脑的选择上花太多精力的初学者来说，选购品牌电脑不失为一个好办法，比如说可以很方便地选择已经配置好了的各种机型，配件质量有保证。当然品牌电脑也有自身的不足，从 DIY 的角度来看，缺点是配置不均衡，整体性差，性价比低，选择余地小，没个性。

5.3.1　选购品牌机的注意事项

对品牌机进行选择的一些注意事项：

5.3.1.1　对比主要部件的性能参数

就是针对价格接近的不同品牌不同型号的机器，对比其 CPU、内存、主板、电源、显卡、硬盘的性能参数。

5.3.1.2　着重了解未标出部件的情况

现在很多品牌机厂商在其电脑的配置宣传单中，往往只将一些最重要的，一般消费者最关心的配件列出来。因为很多购买品牌机的用户对电脑一知半解，只知道 CPU 要用 Pentium 的，内存、硬盘越大越好。所以，几乎所有的品牌机都是在这方面下足工夫。因此用"模糊"两字来形容品牌机的配置宣传单再贴切不过了。在电视、报刊等媒体上，我们经常看到品牌机都大吹特吹自己的 CPU 如何强劲，内存、硬盘、屏幕有多巨大，而像主板、电源、显卡这些举足轻重的东西却只字不提，很多品牌机配置的虎头蛇尾，能省就省，关键部件的强大性能很难发挥，缺乏整体性。因此，购买品牌机一定要刨根为底，把所有配置都搞清楚。

5.3.1.3　关注鼠标和键盘

鼠标和键盘的价格虽说非常低的，但却是不能忽视的，如果选购不当的话，会直接影响你的使用舒适度，严重的话还会影响到你的健康。因此，一定要试用样机的鼠标和键盘。

5.3.1.4　比较整体外观

购买品牌机有一个重要的原因是因为大多数的品牌机有一个漂亮或者说是与众不同的外观。尤其是家庭用户，如果电脑的外形和颜色能和家庭的整体环境融为一体的话，一定能让居室环境增色不少。

5.3.1.5　了解预装软件情况

品牌机一般来说都会预装一些软件，除了操作系统以外，还会有文字处理、电子邮件、防毒杀毒、娱乐游戏、电脑教育等。因此，用户在硬件条件差不多的情况下，可对比软件，看一下哪一种机型中安装的软件更适合自己。

5.3.1.6 比较品牌机的特殊功能

各大品牌机厂商都会有一些自己独特的功能赋予自己的产品，如键盘上增加了很多快捷键（一键上网、一键静音、一键搜索等）、机箱正面增加了闪存卡读写接口等，以增加卖点。用户可比较一下这些功能，看一看对自己而言是带来方便还是徒增成本。

5.3.1.7 比较售后服务情况

品牌机的最大优势就在于良好的售后服务。因此在选购品牌机时，比较各家厂商的售后服务也是非常重要的。如有些厂商对于保修期内的产品是进行免费更换的，而有一些仅仅是免费的维修；有些厂商在保修期内上门维修是免费的，超过保修期也只收部件的成本费，而有一些则还要加收上门服务费。

5.3.2 品牌机厂商

5.3.2.1 品牌电脑的分类

品牌电脑根据规模大小、知名度、国际国内市场占有率以及技术支持能力等因素可分为多种档次。

第一阵营的产品为国际级知名产品，拥有强大的技术实力。我们耳熟能详的苹果（Apple）、惠普（HP）、戴尔（DELL）等都属于国际级知名品牌。这一档次的产品由于品牌附加值高，所以同等配置下价格是最高的，但其稳定性也极高，配置比较平衡，硬件质量也严格把关，正常使用下基本不会出现硬件问题。不少被单位淘汰的外观已经相当破旧的此类品牌电脑，甚至洋垃圾中的有些东西，通电后还能正常使用，这在二手市场很容易看到。鉴于此类电脑稳定性高、平均无故障时间长但价格偏高的特点，其多为国家机关和企事业单位所选用，也有一部分为预算较多的家庭个人用户所选用。这些跨国集团凭借雄厚的技术实力，针对电脑知识一般的大众家庭用户设计了家电化的电脑产品，此类电脑将常用的扩展功能以专用功能键的方式独立出来，使用户操作尽可能的简单，同时外形也摆脱传统电脑的形式，参照时尚化的设计给人耳目一新的感觉，使用起来就像操作一台普通的家电。

第二阵营为国内著名企业生产的品牌电脑，在国内也有相当的知名度，以联想、宏碁、华硕、方正、海尔、神州、七喜等品牌为代表。它们凭借本地化的优势，售后服务工作也有很好的保证。它们电脑配置贴近国内用户的需要，部件通用性强，多采用标准接插口，方便用户日后用通用配件升级；电脑部件由定点厂家生产，并经过多道检验，出厂前成品整机经过测试和一定时间的烤机，使开箱合格率和翻修率都控制在一个比较理想的水平。此类电脑的性能和稳定性基本可以与国外品牌机媲美，但价格上要优惠不少。

第三阵营的品牌电脑主要产自当地有一定规模的企业，在特定区域范围内有一定的名气，以长城、同方、TCL 为代表。其产品主要靠组装为主，作为专业单位，对电脑的配置和硬件质量的把关较一般用户和电脑城里的装机商更有针对性，同时也具备一定的技术力量和售后服务能力。

第四阵营的品牌电脑多是一些小单位企业在申请了品牌以后自己组装的电脑，除了多了一个商标名称外，本质上与兼容机没有大的区别。这些所谓的品牌电脑多没有联销网点，只是在电脑城租一两个门面出售，售后服务能力相当有限。此类电脑一般以低价位吸引顾客，甚至价格比组装兼容机还便宜。为了增加利润，往往利用用户对电脑硬件配置的一知半解，采用高档 CPU 配廉价主板加低价位显卡、大容量低速内存和硬盘的策略，并在其他地方能省则省。

5.3.2.2　国内 PC 机十大品牌

国内 PC 机十大品牌按排名先后依次是：

（1）苹果（Apple）。Apple 公司品牌，1976 年创立于美国，世界品牌 500*强，全球 100 家最受尊重公司之一。质量外观前三，销量排名第十，售后第十。

（2）惠普（HP）。惠普公司品牌，1939 年创立于美国，电脑十大品牌，世界 500 强企业，世界品牌。质量前五，全球销量目前仍是第一，售后前八（曾经前三）。

（3）华硕（ASUS）。华硕集团品牌，1989 年创立于中国台湾，全球 500 强企业，十大品牌机，全球 IT100 强企业。质量前五，销量前六，售后前五。

（4）宏碁（Acer）。宏碁公司品牌，1976 年创立于中国台湾，十大品牌机，全球著名电脑品牌，全球著名 PC 制造商。质量前五，欧洲销量第一，全球销量第二，售后第六。

（5）联想（Lenovo - IBM thinkpad 系列）。联想 lenovo 集团品牌，1984 年创立于中国北京，中国驰名商标，中国名牌，十大 PC 品牌电脑。2004 年收购 IBM 的个人电脑和笔记本电脑业务，成为仅次于戴尔和惠普的全球第三大电脑制造商。广告力度第一，国内销量第一，质量前十，售后前三。

（6）方正（Founder）。北大方正集团，1986 年由北京大学投资创办，500 家国有大型企业集团，方正电脑为国内品牌电脑，国内销量前五，质量前三，广告第九，售后前三。

（7）神舟（Hasee）。深圳市神舟电脑股份有限公司品牌，2001 年创立于中国深圳，中国电脑产业的领导厂商之一。国内销量前五，质量第十，广告前三，售后前五。

（8）戴尔（DELL）。戴尔公司品牌，1984 年成立于美国，全球 500 强企业，十大品牌电脑之一。广告前三，销量第四，质量前六，售后第九。

（9）海尔（Haier）。海尔集团品牌，1984 年创立于中国青岛，世界 500 强企业，中国驰名商标，中国十大品牌电脑之一。

（10）七喜（HEDY）

七喜控股股份有限公司品牌，1997 年创立于中国广州，中国驰名商标，广东省百强民营企业。

5.3.3　品牌机的售后服务

国内品牌机市场发展到现在，已经不再仅仅只是价格或者配置上的优劣比较了，而更多的是围绕个性化的理念设计以及人性化、标准化的售后服务为中心进行较量，而售后服务作为品牌机中极其重要的一环，对于消费者来说，在购买计算机的时候它也同时成为了一项必不可少的参考标准，而能否提供良好的售后服务决定了消费者对计算机品牌的认同度。品牌机的售后服务主要包括以下内容：

5.3.3.1　三包条例

为了进一步规范电脑市场，国家规定在 2002 年 9 月 1 日后出售的商品，厂商必须实现"三包"，既在出现了条例规定的故障的情况下7日内免费退货，第8～15日内免费更换，1年内维修两次以上免费更换。不过要提醒大家的是，"三包"时，用户必须出具"三包"凭证和发票。有些用户往往会为了蝇头小利，贪便宜，没有要发票，而这样自然也就无法获得"三包"的售后服务，除此之外，相关的凭证还要填写规范，包括三包凭证和发票，都要正确填写才行，尤其是日期这一栏，用户在购买时一定要监督商家正确、清楚地填写，切勿出现没有些日期或字迹模糊等情况。

5.3.3.2 质保期限

微型计算机商品的三包有效期分为整机三包有效期和主要部件三包有效期。目前，我们在绝大多数的台式机厂商的售后服务条例中都可以看到"三年免费保修"的字样。但实际上各家厂商的"三年免费保修"却是不同的。可以说，基本上每个厂家对于其品牌机的质保期限都不一样，有的甚至是同一厂家不同型号的产品质保期限也不一样。有的是三年全保，有的是一年包换，三年保修，也就是说以购买日起一年内，免费负责更换，超出一年的则付费维修。也有的是主要配件一年包换，其余的配件三年内包换。不同的质保方式决定了处理不同的维修案例采取的维修方式的不同。

5.3.3.3 保修方式

说维修方式之前，我们先来说一下保修方式，因为如果保修渠道都不畅通的话，维修也就没有任何意义！电脑出了故障，大家都是非常着急的。那么保修的渠道有哪几种呢？一是通过全国800免费热线电话进行，这种方式从经济上顾及了消费者的利益也比较方便和快捷，目前是厂商最普遍使用的方式，用户打了电话后，工作人员在有充足的证据认为是硬件损坏的话，会申请备件，然后上门维修或更换；另外，就是借助网络，其中有通过电子邮件、网络论坛等，还有就是写信等，这些方式相对用得较少；还有一种想必大家也清楚了，但也是最无奈的一种，就是亲自提机去经销商处的维修部，这多数发生在不能提供上门服务的地区或者上门需要付费的时候。

5.3.3.4 维修方式

不同的厂家维修方式是不同的，有的是厂家负责维修，比如说七喜、联想等，有的是厂家设立特约维修站（维修中心），由特约维修站（维修中心）维修，一般来说就是该品牌的经销商出面进行维修，然后厂家根据维修量对这些维修站给予维修经济补贴，采取这种方式的有宏碁、方正等。由维修中心来负责的话，维修方式可能更灵活，速度更快；而由厂家来负责的话，可能维修质量更能得到保障，但时间可能会长一些，一般情况下是两个工作日。

5.3.3.5 反应速度

"时间就是金钱"的道理我想谁都明白，对于许多用户来说，电脑出现故障会直接影响到经济效益，即使普通用户电脑出了故障也是心急如焚，希望能够尽快得到解决。如果能够在反应和故障修复时间上有很好的表现无疑能够更加令人满意，品牌的形象更加深入人心。

5.3.3.6 服务质量

这里的服务质量指的是售后服务总体上是否让人满意，条例是否完善，维修时是否有章可循。然而服务是没有止境的，各个厂商只有不断提高售后服务质量，才能减少用户的后顾之忧。相信大部分用户也有过体验，在维修技术上，就算是同一个厂商的人，也是参差不齐的。有的维修人员是手到病除，而有的维修人员却是无法解决故障而由此一拖再拖。

5.4 选购兼容机

选购兼容机最困难的是确定配置。当我们准备配置一台新 PC 的时候，首先就得制定一个"配置单"——在纸上完成整机的搭配，通过"纸上谈兵"来确定该 PC 机的各个部件及其品牌、型号。

确定配置单一般都是从核心部件（CPU 或主板）开始，我们这里以从 CPU 开始为例，介绍如何制定兼容机配置单。

5.4.1 确定 CPU 的类型

在写"配置单"时，第一步要做的就是"确定 CPU 的类型"。CPU 是计算机的核心部件，在选购时主要要考虑品牌、性价比及适用范围。

5.4.1.1 品牌

目前的个人计算机市场上，主流的 CPU 品牌只有 Intel 和 AMD。

从浮点运算能力来看，Intel 的处理器一般只有两个浮点执行单元，而 AMD 的处理器一般设计了三个并行的浮点执行单元，所以在同档次的处理器当中，AMD 处理器的浮点运算能力比 Intel 的要好一些。浮点运算能力强，在游戏应用、三维处理应用方面比较有优势。另外，多媒体指令方面，Intel 开发了 SSE 指令集，到现在已经发展到 SSE3 了，而 AMD 也开发了相应的，跟 SSE 兼容的增强 3D NOW! 指令集。相比之下，Intel 的处理器比 AMD 的处理器在多媒体指令方面稍胜一筹，而且有不少软件都针对 SSE 进行了优化，因此在多媒体软件及平面处理软件中，相比同档次 AMD 处理器，Intel 的 CPU 显得更有优势。

另外，选择什么样的 CPU，价格更是比较关键的因素。在性能上，同档次的 Intel 处理器整体来说可能比 AMD 的处理器要有优势一点，不过在价格方面，AMD 的处理器绝对占优。例如：Intel 的 P4 2.4G 的价格大概是性能差不多的 AMD 的 Barton 2500 + 售价的一倍左右，相比之下，AMD 的 CPU 的性价比更高。

总的来说，AMD 的 CPU 在三维制作、游戏应用、视频处理等方面相比同档次的 Intel 的处理器有优势，而 Intel 的 CPU 则在商业应用、多媒体应用、平面设计方面有优势。

5.4.1.2 性价比

如果经济上允许，应该选择较新的 CPU，因为 CPU 的更新速度很快，随着 CPU 的不断更新，相应软件也会不断更新，软件需要 CPU 的配合，如果是落后的 CPU，就很难适应新软件的要求。如果考虑经济性，选择够用的 CPU 就可以，虽然不是最新的 CPU，但满足需要即可，一般来说，选择主流的 CPU 价格是比较高的。

5.4.1.3 主流 CPU 的型号

目前主流的 CPU 品牌只有 Intel 和 AMD，它们的质量和性能不相上下。一般来说，Intel 的 CPU 主频较高，处理数值计算的能力较强，稳定性较好；AMD 的 CPU 在处理图形图像和价格上有优势。

（1）Intel 系列主流 CPU

Intel Celeron（赛扬）系列

双核 E1 系列　　　Socket LGA 775

双核 E3 系列　　　Socket LGA 775

Intel Pentium Dual－Core（奔腾双核）系列

双核 G6、G8 系列　　　Socket LGA 1155

双核 E5、E6 系列　　　Socket LGA 1155

Intel Core 2（酷睿2）系列

双核 Core 2 Duo E7、E8 系列　　　Socket LGA 775

四核 Core 2 Quad Q8000、Q9000 系列　　　Socket LGA 775

四核 Core 2 Extreme QX9000、QX6000 系列　　　Socket LGA 775

Intel Core i 系列

双核 i3 2000 系列　　　Socket LGA 1155

四核 i5 2000、3000 系列　　　Socket LGA 1155

四核 i7 2000、3000 系列　　　Socket LGA 1155

六核 i7 3900 系列　　　Socket LGA 2011

（2）AMD 系列主流 CPU

AMD Athlon（速龙）系列

双核 AMD Athlon X2 5000 系列　　　Socket AM2＋

双核 AMD Athlon 64 X2 6000 系列　　　Socket AM2＋

AMD Phenom（羿龙）系列

三核 Phenom X3　　　Socket AM2＋

四核 Phenom X4　　　Socket AM2＋

AMD A（APU）系列

双核 A4 3400 系列　　　Socket FM1

四核 A6 3600 系列　　　Socket FM1

四核 A8 3800 系列　　　Socket FM1

AMD Athlon II（速龙 II）系列

双核 Athlon II X2 200 系列　　　Socket AM3

三核 Athlon II X3 400 系列　　　Socket AM3

四核 Athlon II X4 600 系列　　　Socket AM3

AMD Phenom II（羿龙 II）系列

双核 Phenom II X2 200、500 系列　　　Socket AM3

三核 Phenom II X3 700、600、400 系列　　　Socket AM3

四核 Phenom II X4 900、800 系列　　　Socket AM3

六核 Phenom II X6 1000 系列　　　Socket AM3

AMD FX（推土机）系列

四核心 AMD FX－4000 Socket AM3＋

六核心 AMD FX－6000 Socket AM3＋

八核心 AMD FX－8000 Socket AM3＋

5.4.1.4　CPU 档次

　　根据 CPU 的性能和价格，可以把 CPU 分为 4 个档次：入门级处理器、低端处理器、中端处理器和高端处理器。处于中端的处理器通常是性价比最高的。

　　目前市场上较流行的 CPU 及其适合人群，见图 5－3。

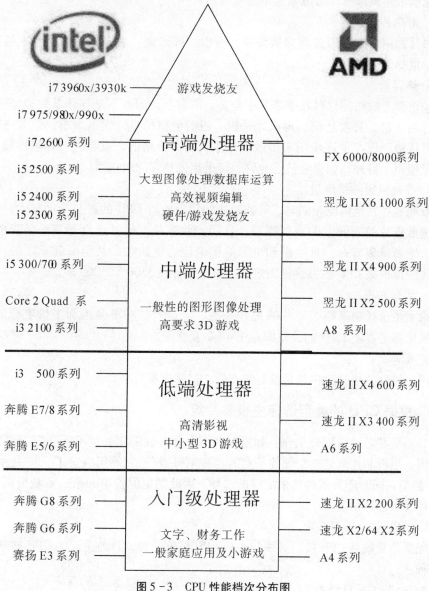

图 5－3　CPU 性能档次分布图

5.4.1.4　是否含 GPU（图形处理器）

　　AMD 的 APU 系列处理器，intel 第二代 SNB（Sandy Bridge）处理器都集成了性能足以媲美低端显卡的显示核心。购买了以下型号的 CPU，就没有必要再买低端独立显卡了。

AMD：A4、A6、A8 系列。

Intel：G620/G620T/G630T/G840；

i3 2100/2100T/2105/2120；

i5 2300/2310/2400/2400S/2500/2500T；

i7 2600/2600k/3820/3930K/3960X/。

5.4.1.6　CPU 散热器的选购

在选购散热风扇时，可以从以下方面考虑：

（1）散热片形状

散热片要用对流的形式将热散发掉，所以一般来说，表面积越大、形状越易于气流流动，散热效果越好。

（2）热容量

目前市面上散热片材料几乎都是铝合金。事实上，铝并不是导热系数最好的金属，效果最好的是银，其次是铜，再次才是铝。银的价格昂贵；铜虽笨重，但散热效果和价格上有优势，现在也逐步用来做散热片了；而铝价格低、重量轻、导热性较好，因此被大量使用。另外，如果经济上允许，可采用带热管的散热器。

（3）散热风扇的排风量

一般而言在其他情况相同时，转速越快的风扇，对 CPU 的散热帮助越大，能更有效地促进散热片的表面上的空气流动，从而加快散热。但其速度越高，噪音也越大，也将大大缩短风扇寿命，且主板和电源的供电压力也越大，甚至引起系统的不稳定。风扇转速应该根据 CPU 的发热量决定，一般每分钟在 3500 至 5200 转。

（4）风扇功率

理论上是选择功率略大一些的更好一些，但过大的功率会增加主机电源的负荷。常用的风扇都是直流 12 伏的，功率在 1.4~2 瓦之间。

（5）噪声

使用无风扇的热管散热器是没有噪音的，但其成本较高。

5.4.2　根据 CPU 的类型选择主板芯片组

CPU 需要和芯片组配合工作，如果配合不合理，性能再好的 CPU 也不能发挥其应有的作用。主板芯片组是整个硬件平台的"中枢神经"，它不仅决定了一块主板所使用的 CPU 类型，同时还关系到其他配件的选择。因此制定配置单的第二步是根据 CPU 的类型选择主板芯片组。

5.4.2.1　CPU 接口类型匹配

首先要注意的是 CPU 接口必须与主板 CPU 插座一致，目前主流的 CPU 插座类型有以下几种：

（1）Intel LGA 1155 接口

推荐用户选配使用 Intel H61、H67、Z68 芯片组的主板，也可选 Intel B75、Z77、H77、P67 主板。CPU 可选 G530、G620、G840、Intel 酷睿 i3 - 2120、Intel 酷睿 i5 - 2320、Intel 酷睿 i5 2500K、Intel 酷睿 i7 - 2600K、Intel 酷睿 i7 - 2700K 等。

（2）Intel LGA 2011 接口

主板芯片组有 Intel X79 等，CPU 可选：Intel 酷睿 i7 3820、Intel 酷睿 i7 3930K、Intel 酷睿 i7 3960X 处理器等。

（3）AMD FM1 接口

使用 AMD A55，A75 主板，APU 可选 AMD 的 A4 - 3300，A4 - 3400，A6 - 3500，A6 - 3650，A6 - 3670K，A8 - 3850，A8 - 3870K 等，除此之外可选 AMD 速龙 IIX4 - 631、速龙 IIX4 - 641、速龙 IIX4 - 651 处理器。

（4）AMD Socket AM3 + 接口

推荐使用 AMD 890 主板，也可选用 AMD A45、990、970、880、870、785 主板，CPU 可选：FX 4100、FX 4170、FX 6100、FX 6200、FX8120、FX8150。需要用户注意的是，AM3 + 新接口处理器不能使用在上一代 AM3 插座主板上，AMD 上一代 AM3 接口处理器却能用于现在的 AM3 + 新插座主板。

5.4.2.2　前端总线匹配

芯片组所支持的前端总线必须等于或高于 CPU 的前端总线。比如说如果使用 1600MHz 前端总线的 Intel 酷睿 2 QX9770 CPU，那么最好搭配支持 1600MHz 前端总线的 Intel X48、P45 系列芯片组或者其他公司的支持 1600MHz 前端总线的芯片组，而不要搭配那些只支持 1066MHz 或 1333MHz 前端总线的芯片组；如果使用 1333MHz 前端总线的 Intel 酷睿 2 Q9600，则既可以搭配支持 1333MHz 前端总线的芯片组，也可以搭配支持 1600MHz 前端总线的芯片组。

如果你选择的处理器已将北桥芯片集成，就不必考虑前端总线匹配问题了，需要考虑的是与内存的匹配问题。

5.4.2.3　主板十大品牌

目前市场上的十大品牌主板是：华硕（ASUS）、技嘉（GIGABYTE）、微星（msi）、精英（ECS）、七彩虹（Colorful）、映泰（BIOSTAR）、富士康（Foxconn）、梅捷（SOYO）、华擎（ASRock）、昂达（ONDA），如图 5 - 4 所示。

图 5 - 4　主板十大品牌

5.4.3　根据 CPU 的类型搭配内存

选择好 CPU 与芯片组之后，就得考虑内存的问题了。在考虑这个问题时，关键要注意"CPU 前端总线带宽与内存带宽的匹配问题"。

5.4.3.1　频率要同步

频率要同步即指内存的核心频率要等于或稍大于 CPU 的前端总线频率（FSB）。不要给内存加上它不能承受的高频率，否则内存将拒绝工作，电脑会出现蓝屏。

内存的核心频率大于 CPU 的前端总线频率时，内存能正常工作。但是，系统不会承认它的高频率，只承认它的核心频率等于前端总线频率。例如，你将 DDR2 - 1066 插入前端总线频率是 800MHz 的主板上时，系统将认为这个内存是 DDR2 - 800。

5.4.3.2　带宽要匹配

应该设法使内存的数据带宽跟 CPU 前端总线的带宽相等，否则，数据的传输能力将受制于带宽较低的那端。

由于 CPU 需要通过前端总线与内存进行数据通信，因此内存这个"中转仓库"的数据传输速度（也就是内存带宽）也直接关系到 CPU 的性能发挥。如果 CPU 的前端总线带宽很大，而内存的带宽又太小，同样会造成 CPU 处于"饥饿"状态（这就是我们常说的"短板"、"瓶颈"问题）。只有当内存带宽比前端总线大或者相等时，内存才不会影响 CPU 性能的发挥。

举例来说：根据"总线带宽 = 总线时钟频率×总线位宽/8"这样一个公式，目前 PC 的前端总线位宽都是 64bit，因此 FSB 为 1600MHz 的 CPU 的前端总线带宽就是：

1600MHz×64bit/8 = 12800MB/s = 12.8GB/s

目前主板所使用的内存基本上都是 DDR3 内存，该类内存的位宽都是 64 位，根据内存带宽的计算公式"内存带宽 = 工作频率×位宽/8×通道数"，可以算出频率为 1600MHz DDR3 内存的带宽：

1600MHz×64bit/8 ×1 = 12800MB/s = 12.8GB/s，刚好匹配。

5.4.3.3　内存的类型、容量

主板上的北桥芯片中包含有内存控制器，它决定了内存的类型、容量、是否支持双通道等。现在高端微处理器集成了内存控制器，所以，选择内存时还需注意与处理器匹配。

目前，内存一般都使用 DDR3，搭配多大容量的内存主要取决于用户的需要及资金实力。如今主流配置是 4GMB 内存，要求高一点的用户可以考虑搭配 8GB 或更高。

5.4.3.4　是否使用双通道

普通的单通道内存系统具有一个 64 位的内存控制器，而双通道内存系统则有 2 个 64 位的内存控制器，在双通道模式下具有 128bit 的内存位宽，从而在理论上把内存带宽提高一倍。虽然双 64 位内存体系所提供的带宽等同于一个 128 位内存体系所提供的带宽，但是二者所达到的效果却是不同的。双通道体系包含了两个独立的、具备互补性的智能内存控制器，理论上来说，两个内存控制器都能够在彼此间零延迟的情况下同时运作。当一个控制器准备进行下一次存取内存的时候，另一个控制器就在读/写内存，反之亦然。如此一来，两个内存控制器就具备了互补的"天性"，可以让有效等待时间缩减 50%，从而使 CPU 到内存之间的传输数据的能力翻倍。

如果你的主板和 CPU 都支持双通道，建议你尽可能使用双通道。注意两条内存条的工作频率要一致，容量可不同。建议买两条一模一样的内存条。

5.4.3.5　内存条十大品牌

目前十大内存条品牌有：金士顿（Kingston）、威刚（ADATA）、三星（Samsung）、海盗船（Corsair）、宇瞻（Apacer）、现代（Hynix）、金邦（GEIL）、黑金刚（King-box）、胜创（Kingmax）、金泰克（Kingtiger）。

5.4.4　显卡的搭配

在一台电脑中显卡可以说是相对独立的，它有自己的处理器——GPU，自己的内存——显存，可以脱离 CPU，独立负责图形图像的数据运算和处理。但是，虽然显卡与 CPU、内存和主板没有直接的数据传输、运算速率的关系，却避不开其间接的关系，毕竟它也是一台电脑的其中主要部件之一。例如 CPU 和内存的能力太差，即使显卡再强也不能有效发挥，或者显卡的性能过低，会拖累整机的速度和性能。显卡的显存大小和速率多少，以及 GPU 的性能如何都会影响整机性能，显卡接口传输速率与系统速率的相配也是决定因素之一。

5.4.4.1　显卡与 CPU 和内存的搭配

（1）是否需要独立显卡

时至今日，集成显卡的性能已经让人不容小视了，而免费的集成显卡，应对很多热门游戏也都已经不存在任何问题。因此，买显卡，用户还必须清楚自己的性能需求。倘若只是要玩一些较早期的游戏、网络游戏、RPG 游戏或益智娱乐游戏，那么当前的集成显卡已经基本都够用了。

如今 AMD 的 APU、intel 二代 SNB 处理器都集成了性能足以媲美低端显卡的显示核心（GPU），购买低端独立显卡不如购买含 GPU 的处理器性价比高。

但用户如果是要玩大型 3D 游戏（如：CRYSIS2、使命召唤 7、尘埃 3、极品飞车 14 等），那么一款强悍的独立显卡仍然是必需的。如果需要独立显卡，建议购买中、高端显卡，并且和中高端处理器配合使用。

如果使用集成显卡，显卡与内存就有直接的关系了，目前，绝大多数集成显卡都没有自己独立的显存，必须使用内存的一部分作为显存，内存的优劣与容量的大小，就将直接影响到显卡的性能。

（2）显卡的档次

一般来说，如果选用的 CPU 和内存都是高端产品，则也应该相应地选用高端的显卡，反之如果 CPU 和内存是低端的，就应该选用低端的显卡。配件的高、中、低端要成正比，以使配件彼此之间能够充分发挥又不浪费性能。

目前，显卡主要有 NVIDIA 系列产品和 ATI 系列产品。

看显卡型号，我们要学会看第二位数字。在 NVIDIA 产品线上，第二位数字若是 7、8、9（比如 GTX590、GTX580），则代表这款产品定位高端，如：GTX480/GTX570/GTX580/GTX680/GTX590；第二位数字是 6，则一般是定位千元级的中端主力产品，如：GTX560SE/GTX460/GTX460＋/GTX560/GTX560TI；第二位数字若是 5、4、3、2，则性能/定位继续进一步下降，如：GTS450/GTS250/GT440/GT240/GT430/GT520/GT220/GT210。

在 ATI 产品线上，第二位数字若是 9，则代表这款产品定位高端，如：HD6990/HD7970/HD7950/HD7870/HD6970；第二位数字是 8，则一般是定位千元级的中端主力产品，如：HD7850/HD6870，第二位数字若是 7、6、5、4，则性能/定位继续进一步下降，如：HD7770/HD6790/HD7750/HD6770/HD6670/HD6750/HD6670/HD6570/HD6450/HD5450。

5.4.4.2　显卡与主板的搭配

显卡与主板之间主要是接口问题，目前，显卡与主板间的接口都使用 PCI－E 16X，一般不存在以前使用 AGP 接口时的 CPU、内存与显卡之间的数据传输瓶颈问题。如果使用高端的 CPU 和内存，那么主板和显卡也应使用同档次，若经济情况有限，应降低显卡的档次，而不是主板的。

5.4.4.3　显卡与电源的搭配

显卡是整机的耗电大户，使用高端显卡起码要配个额定功率 400W 以上的电源，这样系统才会稳定，否则玩大型 3D 游戏显卡满负荷时，电脑会因为电源功率不足而出现重启、死机、直接退出游戏等问题。

5.4.4.4　显卡与显示器的搭配

目前，液晶显示器大多使用 DVI 接口，这也是大势所趋，所以显卡应具备 DVI 接口。另外，如果需要接高清电视，还需要 HDMI 或 DP 接口。

目前市场上的十大显卡品牌为：华硕、技嘉、微星、迪兰恒进、蓝宝石、影驰、双敏、索泰、七彩虹、镭风。

5.4.5　显示器的搭配

对于大多数用户而言，LCD 的物理尺寸、面板属性和市场售价是最为重要的三个要素。举个例子：先确定我要买 23 英寸 1080p 规格尺寸的 LCD，并且锁定 IPS 广视角面板，然后横向对比各个品牌符合条件的 LCD 价格，综合外观设计、品牌价值、附加功能以及售后服务，就可出手购买。

基于 IPS/PVA 广视角面板的 LCD 价格较高，相对而言 TN 面板的性价比优势明显，但近些年主流市场开始出现廉价版广视角面板，比较常见的有 E－IPS 和 C－PVA 两种面板，价格也已很接近 TN 面板。显示器是使用周期较长的配件，为了保护眼睛和优秀的视觉体验，我们建议购买 21.5 英寸到 26 英寸廉价广视角 LCD。

从经济性和分辨率方面来考虑，16：9 比 16：10 更具优势。

目前市场上的十大显示器品牌有：飞利浦、冠捷、宏碁、三星、戴尔、惠科、优派、清华同方、瀚视奇、惠普。

5.4.6　机箱电源的搭配

机箱、电源与系统的搭配是整机搭配中一个非常重要的环节，这两者的选择与所用主板的类型及系统硬件设备的多少有很大关系。

5.4.6.1　机箱选购

选购一款美观、稳固的机箱，首先考虑是坚固性、散热性和兼容性，然后是扩充性、屏蔽性和美观性。一般从以下几个方面选购机箱：

（1）品牌

品牌往往是用户选择时最先考虑的因素，目前国内十大机箱品牌是：

酷冷至尊、曜越 Tt、金河田、航嘉（Huntkey）、多彩（DeLUX）、大水牛、联力（Lianli）、先马（Sama）、技展 SP、鑫谷（SEGO）。

另外动力火车，NZXT，富士康（Foxconn），思民（Zalman），冠捷（AOC），世纪之星，长城，新美锐（CCIVO），惠科（HKC），星宇泉，爱国者（HKC）等，这些品牌也是比较著名的。各个品牌都有不同的型号，质量和价格也各不相同。

（2）机箱的类型和兼容性

购机时应根据安装的主板、显卡、散热器及扩展设备种类和数量来选择机箱。考虑到散热及将来的维护和升级，即使使用 Micro ATX 主板，我们也建议购买标准 ATX 机箱。

（3）机箱的外观、用料和工艺

机箱外观的评价标准因人而异，只要外观不影响机箱的实用性，完全可以各取所好，不过新颖的外观设计要付出价格上的代价。

机箱用料要坚固，要有良好的阻燃、抗压、防电磁辐射的性能，否则会影响各部件的稳定工作。

工艺好的机箱的钢板边缘绝不会出现毛边、毛刺等痕迹，并且所有裸露的边角都经过了卷边处理，不会划伤装机工和计算机设备。

（4）结构

机箱的结构好坏主要体现在合理性、方便性、适用性和扩展性这几个方面。对于机箱，主要要求其布局设计合理；安装和拆卸方便；防辐射屏蔽效果好；防尘、散热性好；扩展性好。

5.4.6.2　电源的选择

（1）电源的功率

目前市面上出售的电源基本上都是 ATX 电源，从 200 瓦到 500 瓦以上都有。选择电源时，原则上是功率越大越好，但另一方面，功率越大的电源搭配的电源风扇转速也越高，噪音和价格也会随之增加。因此，电源的功率最好与你的配件供电需求匹配，略有盈余，保留升级潜力即可。

如果你搞不清你需要多大功率的电源，可使用网上的鲁大师功耗计算器先计算一下。

用电脑上网打开鲁大师功耗计算器（http://www.ludashi.com/service/power-count/），将自己的配置按次序（注意产品型号、数量）选中，并点击"提交"按钮，如图 5 - 5 所示。

图 5 - 5　鲁大师功耗计算器

提交后，它计算出你的微机总功率为335瓦，那么在挑选电源时用户需要注意电源额定功耗应大于350瓦的电源，这样才能保证整机良好运行。一般入门配置如果没有独显，250～300瓦额定功率足够，如搭配独立显卡的话，一般需300～400瓦额定功率，如果是高端配置，那么电源功耗在500瓦左右。

（2）兼容性

目前很多显卡与CPU主板供电采用多个6针或8针的辅助供电接口，导致很多电源供电接口不够用。购买电源时应注意检查电源的供电接口数量、类型与所用主板、显卡的电源接口是否一致。供电接口不一致时，用户也可使用供电转接头来解决这个问题。

目前市场上的十大电源品牌为：酷冷至尊、安钛克、TT、台达、全汉、振华、多彩、鑫谷、大水牛、长城。

5.4.7 硬盘的搭配

硬盘是微机中最主要的外部存储设备，它的性能对整机性能的影响比较大。在选择硬盘时，很多时候都得根据主板的情况来进行考虑。

5.4.7.1 硬盘接口的选择

硬盘接口决定了硬盘的外部数据传输率。目前桌面硬盘的接口主要有IDE（也称并行ATA）、SATA（串行ATA）及SCSI三种，而普通用户所购买的主板绝大多数都不具备SCSI接口，同时SCSI接口的硬盘也很昂贵，所以对于普通用户而言，一般就不要考虑SCSI接口的主板和硬盘了。

SATA接口是目前最常见的硬盘接口类型，它具备传输速度快、连接简单可靠等诸多优点，现在主板基本上都具备2～8个SATA接口。IDE接口速度慢，目前已淘汰。

5.4.7.2 硬盘转速的选择

反映硬盘实际性能的是"内部数据传输率"，而影响硬盘性能的因素主要有硬盘的马达转速、单碟容量、缓存容量等。

目前桌面硬盘主要有5400RPM与7200RPM两种，相关测试表明高转速与中转数性能差距高达10%～20%，并且同容量7200RPM硬盘与5400RPM硬盘的价格相差无几，因此建议大家最好还是选择7200RPM硬盘。

关于硬盘的单碟容量，以500GB硬盘为例，市面上有双碟500GB和单碟500GB，转速都为7200转的硬盘，推荐选择单碟500G硬盘。在机械上单碟的结构比多碟要简单，故障率低，性能更强，单碟性价比更高些。

目前市场上的十大硬盘品牌为：希捷、西部数据、日立、饥饿鲨、源科、海盗船、浦科特、三星、创见、金士顿。

5.4.8 光驱的搭配

光驱产品的选择比较简单，光驱的类型、性能对整机影响不大。另外，其他硬件之间经常存在的兼容性问题对于光驱也基本不是问题。在写配置单时，只需根据自己的实际需要来选择CD－ROM、DVD－ROM或刻录机即可。不过对于那些既需要DVD－ROM，又需要刻录机的用户而言，还可以考虑使用COMBO这种性价比不错的产品。

目前市场上的十大光驱品牌为：先锋、索尼、三星、建兴、华硕、LG、惠普、优群、微星、联想。

5.4.9 声卡音箱的搭配

声卡音箱的搭配关键要注意声卡与音箱之间的配套及性能均衡，只有声卡与音箱科学地进行配对，才能完全发挥它们的最佳性能。因此在购买音箱时，首先要根据声卡的档次、声道数来大致确定买一款什么档次的音箱。比如说目前的主板基本上都集成了 5.1 声道的声卡，这种声卡的性能已经能够满足绝大部分用户需要。

5.1 声道的声卡并不一定非要搭配 5.1 声道的音箱，用户可以根据自己的经济实力及个人喜好来为声卡搭配音箱。听音乐的话 2.0 的音箱比 2.1 的强，玩游戏看电影 2.1 比较好，若环境允许可以使用 5.1 的音箱；音箱功率越大越好；低音喇叭的直径越大越好。

目前市场上的十大音箱品牌为：漫步者、麦博、惠威、飞利浦、创新、三诺、JBL、朗琴、轻骑兵、奥特蓝星。

5.4.10 键盘鼠标的搭配

键盘鼠标也是整机搭配过程中容易被人们忽视的配件。

5.4.10.1 键盘的选购

（1）键盘的触感

作为日常接触最多的输入设备，手感毫无疑问是最重要的。手感主要是由按键的力度和阻键程度来决定的。判段一款键盘的手感如何，会从按键弹力是否适中、按键受力是否均匀、键帽是否是松动或摇晃以及键程是否合适这几方面来测试。

（2）键盘的外观

键盘的外观包括键盘的颜色和形状。一款漂亮时尚的键盘会为你的桌面添色不少，而一款古板的键盘会让你的工作更加沉闷。因此，对于键盘，只要你觉得漂亮、喜欢、实用就可以了。

（3）键盘的做工

键盘的成本较低，但并不代表就可以马虎应付。好键盘的表面及棱角处理精致细腻，键帽上的字母和符号通常采用激光刻入，手摸上去有凹凸的感觉，选购的时候认真检查键位上所印字迹是刻上去的还是那种直接用油墨印上去的，因为用油墨印上去的字迹，用不了多久，就会脱落。

（4）键盘的噪音

相信所有用户都很讨厌敲击键盘所产生的噪音，尤其是那些深夜还在工作、游戏、上网的用户，因此，一款好的键盘必须保证在高速敲击时也只产生较小的噪音，不影响到别人休息。

目前市场上的十大键盘品牌为：罗技、雷蛇、樱桃、微软、摩天手、雷柏、现代、新贵、双飞燕、清华同方。

5.4.10.2 鼠标的选购

购买鼠标器应注意其塑料外壳的外观与形态，据此可大体判断出制作工艺的好坏。

外形曲线要符合手掌弧度，手持感觉要柔和舒适。按键反应灵敏，有弹性。连接导线要柔软。

在目前的市场行情下，一款几十元的光电鼠比较适合普通大众，而如果是游戏玩家或设计师的话，则可以购买中高档的光电鼠。

目前市场上的十大鼠标品牌为：罗技、雷蛇、苹果、微软、雷柏、双飞燕、联想、清华同方、多彩、惠普。

5.4.11　打印机选购

目前打印机的主要类型有：针式打印机、喷墨打印机和激光打印机。一般家用或小公司等打印量不大，并且有彩色打印需求的，可选用 A4 幅面的喷墨打印机，主要是降低购机成本。喷墨打印机要用高质量的打印纸才能达到高质量的效果。公司、单位等打印量较大，并且对打印速度、打印质量要求较高的，一般选用 A4 幅面激光打印机，主要是降低运行成本，提高打印速度。对用于一般的工程图纸输出的单位，可选用 A3 幅面激光打印机，它可以替代绘图机。对于家庭和小型公司也可选择具有打印、扫描、复印、传真等功能的一体机。

打印机最好选择 USB 接口的，因为 USB 接口具有速度快，支持热插拔，同时可接多台打印机等优点。

5.4.11.1　喷墨打印机选购

（1）打印分辨率

打印分辨率目前的主流是 4800DPI×1200DPI，这就是打印 A4 照片的精度，一般文稿不在话下。分辨率再往上就是专业级的，如果没有影像输出的需求，对于家庭用户来说就是浪费，因为更高的分辨率意味着价格更贵。

（2）打印速度

打印速度的高低是衡量喷墨打印机优劣的第二个重要指标。打印速度分为黑白、彩色两种，打印文本（黑白）比图像（彩色）要快速。很多厂商为了让数据更好看，在测试打印速度的时候都是采用草稿模式，而用户在实际应用中多用普通模式，速度要慢不少。通常打印速度越快，价格就越贵。对于家庭用户来说，用不着赶时间，速度慢就慢点，可以接受，但对于商业用户来说，效率第一，尤其打印 A4 照片。

（3）总体拥有成本

总体拥有即首次采购成本＋耗材成本＋维护成本。目前市面上低价喷墨打印机比比皆是，但耗材费用高是不争的事实，所以在购机时耗材费用是一个重要的考虑因素。耗材费用主要是墨盒费用，考虑的因素有：墨盒的绝对价格与打印张数，是分色墨盒还是多色墨盒，墨盒是否与喷头一体，是否有相应的兼容墨盒等。一般情况下，墨盒的墨水容量与打印张数是成正比的，但需要提醒用户注意的是，厂家标称的打印张数只是测试结果，不是实际使用数值，二者的差别有时很大。彩色墨盒考虑的因素比黑色的要多，照片打印偏色的情况较多，经常的情况是某一种颜色用完了，其他颜色还剩不少，使用一体墨盒只能换新，损失较大，而分体墨盒的好处是哪种颜色用完了就换哪种颜色的墨盒，避免无谓浪费。此外，目前市场上中高档喷墨打印机都是六色以上的，比起传统红、黄、蓝三色多出了黑、淡红、淡蓝等几种颜色，打印出的图像更鲜艳、更细腻。

（4）操控性

家庭用户绝大部分是非专业人士，因此对于打印机的操控性能有着更强的依赖性。需要强调的是，这里说的操控性能其实包括硬件和软件两方面。硬件方面的人机工程学和按键设计，软件方面的易用性和实用性，都是值得考察的重点。外形和按键设计可以到卖场亲身体验，选择自己最喜欢的风格，而好的应用软件则会帮你大大增加打印乐趣，提升实用价值。

5.4.11.2 激光打印机选购

（1）打印速度

对于大多数人而言，打印速度是一个非常重要的指标，单位为 ppm，指每分钟输出的页数。我们平常看到厂商资料中提到的打印速度往往是打印机的引擎速度，而实际打印速度还与首页输出时间有很大关系。打印首页时，打印机需要一段预热时间，据统计，大多数用户经常打印 1~3 页文件，所以首页输出时间成为决定输出速度的最主要因素，特别是在小批量、多次打印的场合。待机状态下的首页输出速度在 10 秒以内，冷启动状态下小于 15 秒。出于小型办公环境的工作量和打印机性价比的考虑，打印速度为 16ppm 最合适。如果是中型工作组，建议选择 20ppm 以上的打印机。

（2）打印分辨率

打印分辨率是激光打印机重要的技术指标之一，即指每英寸打印多少个点，单位是 dpi。它的数值直接关系到打印机输出图像和文字的质量好坏，一般来说，分辨率越高打印质量也会越好。对于黑白激光打印机，600dpi 就可以保证较为清晰的图文混排文件的输出，目前千元左右产品都达到这一水平，而彩色激光打印机的表现参差不齐，价差较大，需要根据对输出精度的需求来选择。

（3）打印幅面

常见的激光打印机分为 A3 和 A4 两种打印幅面，对于个人家庭用户或者规模较小公司企业来说，使用 A4 幅面的打印机已经是绰绰有余，而对于一些广告、建筑、金融行业或需要经常处理大幅面的用户来说，可以考虑去选择使用 A3 幅面的激光打印机。当然，还有一种特例，那就是偶尔要打印 A3 幅面文件，这种情况下，建议购买 A4 幅面打印机，因为 A3 和 A4 幅面激光打印机的价差通常是按倍来计算。

（4）稳定性

稳定性是最容易被忽略的。一般用户可能月打印量只有几百页，而对于企业用户来说，经常需要连续打印，月打印量可能会达到数万页。这样高负荷量的运行，对于打印机的稳定性要求很高，月打印负荷绝对不是一个虚标的数字，而是和打印机内部结构和用料有直接关系。通常低端激光打印机的月打印负荷在 5000 页左右，而中高端能够达到 20000 页甚至 30000 页。切勿用小马拉大车，很伤机器。

5.4.11.3 针式打印机选购

针式打印机分为通用针式打印机、存折针式打印机、行式针式打印机和高速针式打印机。

存折针式打印机在银行、邮电、保险等服务行业中广泛应用，行式针式打印机则满足证券、电信等行业高速批量打印业务需求。

（1）打印速度

在打印速度的标识上，针式打印机与喷墨、激光打印机不同，它是用每秒钟能够打印多少个字符来标识，而在这其中又分为中文字符的打印速度和英文字符的打印速度。普通的 24 针式打印机在中文高速情况下为 120～180 字/秒之间，性价比较高。还有一种高速针式打印机，在中文高速情况下速度能够达到 200～400 字/秒之间，适合大批量报表打印，但价格较贵。

（2）打印厚度

打印厚度是针式打印机选购中需要关注的重要技术指标，它的标识单位为 mm，一般来说如果需要用来打印存折或进行多份拷贝式打印的，打印厚度至少应该在 1mm 以上，如果能够达到 2mm 以上那就更好了。如果仅仅用来进行普通打印或者用来打印蜡纸，那么对这个指标则不必太在意。

（3）复写能力

复写能力是指针式打印机能够在复写式打印纸上最多打出"几联"内容的能力，其直接关系到产品打印多联票据、报表的能力。如：复写能力标识为 1＋3 的话，则表示打印机能够用复写式打印纸最多同时打出"4 联"。当然，复写能力主要是由打印机的打印厚度决定的。

（4）耗材成本

针式打印机使用的耗材是色带，价格较为便宜，因此对于针式打印机的使用成本影响并不大。真正影响较大的是针头的使用成本。断针是较为常见的故障，断一根针换一下就是好几十，断上几根的话换整个针头就是好几百甚至更贵。因此在选购时应该关注针头的使用寿命。针头的使用寿命一般有两种标识，一种是打印次数，目前针式打印机的打印次数一般达到 2 亿～3 亿次。另一个标识则是保修时间，这对于打印量特别大的用户来说是非常有意义的，因为即使针头因为打印次数达到、超过了使用寿命而损坏，而保修期没有到的话，厂商也是应该免费给予保修的。

5.5 查看机器配置

对于新配置的机器而言，查看机器配置的主要目的是：了解机器配置了那些部件；了解各部件的品牌、型号、性能参数；与配置单核对就可知道商家是否更换部件；了解主要部件的制造日期和使用时间，以防止商家使用二手或翻新硬件以及早期快淘汰的硬件。

查看机器配置通常用软件来完成。一是使用操作系统自带的工具软件来查看，这种方法通常只能看到主要部件的基本参数；二是使用针对某一核心部件的测试软件，如 CPU - Z（CPU 检测），GPU - Z（显卡检测），HD TURE（硬盘检测）；三是使用全面测试软件，如鲁大师。

5.5.1 使用系统自带检测工具

Windows 操作系统自带的检测工具主要有"系统属性"和"DirectX 诊断工具"，它们功能有限，无法查看详细信息。

5.5.1.1 　使用系统属性检测

　　查看电脑配置方法很多，最简单的是右键单击桌面上【我的电脑】图标，在弹出的菜单中单击【属性】，在弹出的【系统属性】对话框中【常规】选项卡下就可以看到计算机基本配置信息了，内容包括：操作系统类型及版本，CPU 的型号、主频，内存工作频率、容量等，如图 5－6 所示。

图 5－6　系统属性常规选项卡

　　如果要了解更多的硬件信息，可单击【硬件】选项卡，在其中选择【设备管理器】，如图 5－7 所示，在弹出的【设备管理器】对话框中单击硬件设备旁的"＋"就能看到设备的型号，如图 5－8 所示。

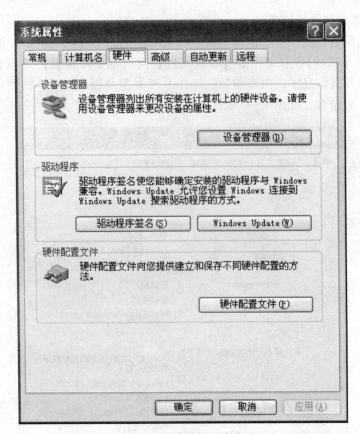

图 5 - 7 系统属性硬件选项

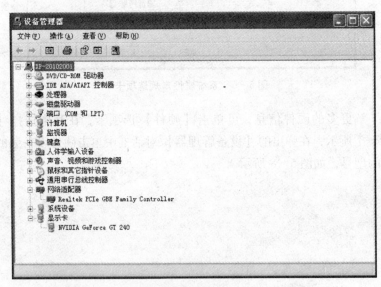

图 5 - 8 设备管理对话框

5.5.1.2 使用 DirectX 诊断工具

单击【开始】、【运行】，在【运行】对话框里输入 "dxdiag" 回车，弹出 DirectX
诊断工具窗口，如图 5 - 9 所示。

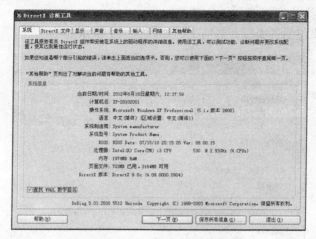

图 5-9　DirectX 诊断工具对话框

5.5.2　CPU-Z

CPU-Z 是除了 Intel 或 AMD 自己的检测软件之外最常用的检测 CPU 的软件。它支持的 CPU 种类全面，软件的启动及检测速度都很快。另外，它还能检测主板、内存和显卡的相关信息，其中就有我们常用的内存双通道检测功能。

软件使用十分简单，下载后直接点击文件，就可以看到 CPU 名称、厂商、内核进程、内部和外部时钟、局部时钟监测等参数。选购之前或者购买 CPU 后，如果我们要准确地判断其超频性能，就可以通过它来测量 CPU 实际设计的 FSB 频率和倍频。

5.5.2.1　CPU 信息

检测内容包括：CPU 名字、插槽类型、制造工艺、核心电压、指令集、核心速度、缓存（Cache）、核心数量、线程数量，如图 5-10 所示。

图 5-10　处理器选项卡

5.5.2.2 缓存信息

缓存信息主要包括各级缓存的情况，如图 5 – 11 所示。

图 5 – 11　缓存选项卡

5.5.2.3 主板信息

主板信息检测内容包括：主板芯片组信息、BIOS 信息、图形接口信息，如图 5 – 12 所示。

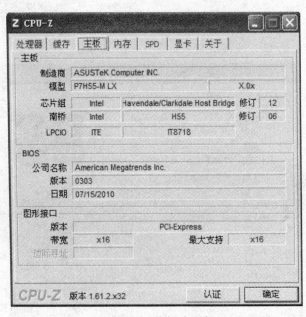

图 5 – 12　主板选项卡

5.5.2.4 内存信息

内存信息检测内容包括：内存类型、内存容量、通道数、时序信息，如图 5 - 13 所示。

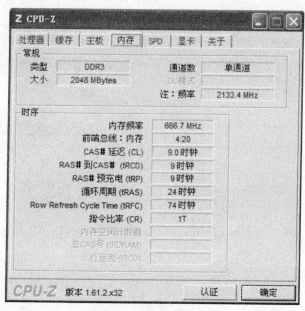

图 5 - 13　内存选项卡

5.5.2.5 SPD 信息

SPD（Serial Presence Detect）是一组关于内存模组的配置信息，如图 5 - 14 所示。

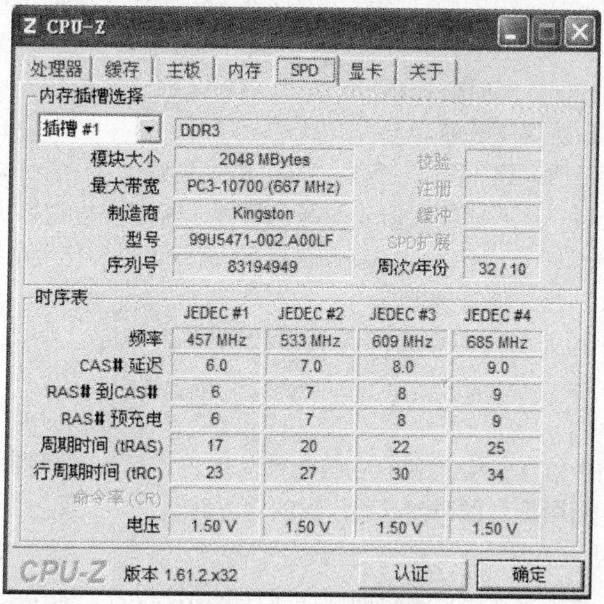

图 5 - 14　SPD 选项卡

5.5.2.6 显卡信息

显卡信息检测内容包括：图形处理器信息、时钟信息、显存信息，如图 5 - 15 所示。

图 5 - 15　显卡选项卡

5.5.3　鲁大师

鲁大师拥有专业而易用的硬件检测，不仅准确，而且向你提供中文厂商信息，让你的电脑配置一目了然，拒绝奸商蒙蔽。它适合于各种品牌台式机、笔记本电脑、DIY 兼容机，能对关键性部件实时监控预警，全面检测电脑硬件信息，快速升级补丁，安全修复漏洞，有效预防硬件故障。

鲁大师现在已经插入到 360，名称是"360 硬件大师"。鲁大师本身虽然需要安装，但由于鲁大师本身是一款不依赖注册表的绿色软件，所以直接把鲁大师所在目录（默认是 C：\ Program Files \ LuDaShi）复制或打包压缩即可得到鲁大师绿色版。你可以把鲁大师目录复制到 U 盘，随身携带。

要了解该软件的更多内容可访问鲁大师教程网站：http：//www. duote. com/tech/ludashi/。

5.5.3.1 硬件检测

检测并显示硬件信息，检测到的电脑硬件品牌，其品牌或厂商图标会显示在页面右侧，点击这些厂商图标可以访问这些厂商的官方网站。

（1）电脑概览

在电脑概览，鲁大师显示计算机的硬件配置的简洁报告，如图 5 - 16 所示。

（2）硬件健康

硬件健康详细列出电脑主要部件的制造日期和使用时间，便于大家在购买新机或者二手机的时候，进行辨识，如图 5 - 17 所示。

图 5 - 16　鲁大师硬件检测选项卡

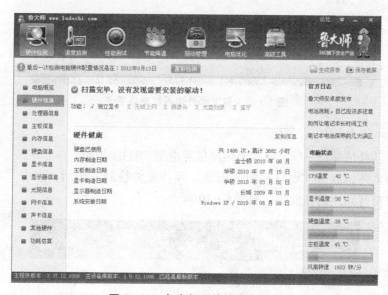

图 5 - 17　鲁大师硬件健康选项卡

（3）处理器信息

处理器信息包括：处理器型号、核心参数、插槽类型、主频及前端总线频率、一级数据缓存类型和容量、一级代码缓存类型和容量、二级缓存类型和容量及支持特性，如图 5 - 18 所示。

（4）主板信息

主板信息包括：主板型号、芯片组型号、序列号、板载设备、BIOS 版本信息和制造日期。

（5）内存信息

内存信息包括：插槽、品牌、速度、容量、制造日期以及型号和序列号。

（6）硬盘信息

硬盘信息包括：品牌、容量、转速、型号、缓存、使用时间、接口、传输率及支持技术特性。

（7）显卡信息

显卡信息包括：显卡型号、显存容量、制造商，BIOS 信息等。

（8）显示器信息

显示器信息包括：名称、品牌、制造日期、尺寸、图像比例及当前分辨率。

图 5-18　鲁大师处理器信息选项卡

（9）功耗估算

鲁大师功耗估算是一项能够方便用户估算电脑功耗的功能。

打开鲁大师，点击"硬件检测"按钮，等待硬件检测完毕后，点击"功耗估算"按钮就可以打开功耗估算页面，如图 5-19 所示。

图 5-19　鲁大师功耗估算选项卡

打开功耗估算页面后，鲁大师会根据硬件检测结果自动匹配当前电脑的主要设备的功耗信息并显示合计功耗估算值。用户也可以根据自己的需要按照设备类型自由选择其他设备来进行功耗估算。

另外，硬件检测中还可检测光驱信息、网卡信息、声卡信息以及其他硬件（如键盘、鼠标）信息。

5.5.3.2 温度检测

在温度监测内，鲁大师显示计算机各类硬件温度的变化曲线图表。温度监测包含：CPU 温度、显卡温度（GPU 温度）、主硬盘温度、主板温度。

5.5.3.3 性能测试

硬件性能测试包括：处理器性能、显卡性能、内存性能和硬盘性能测试。

硬件测试工具包括：显示器颜色质量测试器、液晶显示器坏点测试器和硬盘坏道测试器。

5.5.3.4 节能省电

节能省电功能主要应用在各种型号的台式机与笔记本上，作用为智能检测电脑当下应用环境，智能控制当下硬部件的功耗，在不影响电脑使用效率的前提下，降低电脑的不必要的功耗，从而减少电脑的电力消耗与发热量。特别是在笔记本的应用上，通过鲁大师的智能控制技术，使笔记本在无外接电源的情况下使用更长的时间。

5.5.3.5 驱动管理

（1）驱动安装

当鲁大师检测到电脑硬件有新的驱动时，"驱动安装"栏目将会显示硬件名称、设备类型、驱动大小、已安装的驱动版本、可升级的驱动版本。可以使用鲁大师默认的"升级"以及"一键修复"功能，也可以手动设置驱动的下载目录。

（2）驱动备份

"驱动备份"可以备份所选的驱动程序。可以通过"设置驱动备份目录"手动设置驱动备份的地址

（3）驱动恢复

当电脑的驱动出现问题或者想将驱动恢复至上一个版本的时候，"驱动恢复"就派上用场了，当然前提是先前已经备份了该驱动程序。

5.5.3.6 电脑优化

一键优化拥有全智能的一键优化和一键恢复功能，其中包括了对系统稳定与速度优化、用户界面稳定与速度优化、文件系统优化、网络安全与速度优化等优化功能。

第6章 设置 BIOS

BIOS（Basic Input - Output System，基本输入输出系统），它是集成在主板上的一块 ROM 芯片，在这个芯片中保存有微机最重要的基本输入/输出程序、系统信息设置、自检程序和启动自举程序。许多主板具有的新功能有时候也通过 BIOS 体现出来，可以说，BIOS 是主板的灵魂，一块主板性能的好坏，很大程度上取决于主板 BIOS 管理功能是否先进完善。

6.1 BIOS 简介

BIOS 有许多种类和版本，但其主要功能、设置项目和设置方法基本相同。BIOS 程序存放在一块 ROM 芯片中，BIOS 设置结果存放在一块 COMS（RAM）芯片中。

6.1.1 BIOS 的种类

常见的 BIOS 程序由 AMI、Award 和 Phoenix 等厂商编写，在 BIOS 芯片上能看见厂商的标记。存储 BIOS 程序的芯片由硬件厂商生产。

6.1.1.1 AMI BIOS

AMI BIOS 主要用于国外品牌的电脑中，如图 6-1 所示。

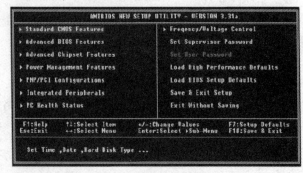

图 6-1 AMI BIOS 芯片及 AMI BIOS 设置程序界面

6.1.1.2 Phoenix BIOS

Phoenix BIOS 是 Phoenix 公司产品，多用于原装品牌机和笔记本电脑上，其画面简洁，便于操作，如图 6-2 所示。

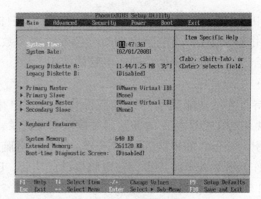

图 6 - 2 Phoenix BIOS 芯片及 Phoenix BIOS 设置程序界面

6.1.1.3 Award BIOS

通常台式电脑的主板使用的 BIOS 主要是 Award BIOS，如图 6 - 3 所示。

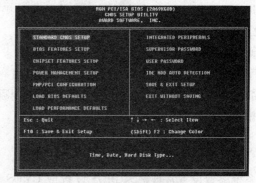

图 6 - 3 Award BIOS 芯片及 Award BIOS 设置程序界面

需要注意的是，不同的 BIOS 之间虽然界面形式上有所不同，但其功能与设置基本上都是大同小异的，所需的设置项目也差不多，不同的是项目的一些增减或改变一下名称。

6.1.2 BIOS 的主要功能

6.1.2.1 自检及初始化

其主要负责启动电脑，具体有三个部分：

（1）加电自检

加电自检（Power On Self Test，简称 POST）用于电脑刚接通电源时对硬件部分的检测，功能是检查电脑硬件是否良好。

通常完整的 POST 自检将包括对 CPU，640K 基本内存，1M 以上的扩展内存，ROM，主板，CMOS 存储器，串并口，显示卡，软硬盘子系统及键盘进行测试，一旦在自检中发现问题，系统将给出提示信息或鸣笛警告。

自检中如发现有错误，将按两种情况处理：对于严重故障（致命性故障）则停机，此时由于各种初始化操作还没完成，不能给出任何提示或信号；对于非严重故障则给出提示或声音报警信号，等待用户处理。

（2）初始化（BIOS 设置）

初始化包括创建中断向量、设置寄存器、对一些外部设备进行初始化和检测等。

初始化中很重要的一部分是 BIOS 设置，是针对硬件设置的一些参数，让电脑能识别并正确使用这些硬件，当电脑启动时会读取这些参数，并和实际硬件设置进行比较，如果不符合，会影响系统的启动或电脑的使用。

（3）引导程序

引导程序的功能是引导或加载操作系统到内存中。BIOS 先从指定的外部存储器（如硬盘、光驱或 U 盘）的开始扇区读取引导记录，如果没有找到，则会在显示器上显示没有引导设备，如果找到引导记录，就会把电脑的控制权转给引导记录，由引导记录把操作系统装入电脑内存，在电脑启动成功后，BIOS 的这部分任务就完成了。

6.1.2.2 程序服务处理

程序服务处理程序主要是为应用程序和操作系统服务，这些服务主要与输入输出设备有关，例如读磁盘、文件输出到打印机等。为了完成这些操作，BIOS 必须直接与计算机的 I/O 设备打交道，它通过端口发出命令，向各种外部设备传送数据以及从它们那儿接收数据，使程序能够脱离具体的硬件操作。

6.1.2.3 硬件中断处理

硬件中断处理则分别处理 PC 机硬件的需求，BIOS 的服务功能是通过调用中断服务程序来实现的，这些服务分为很多组，每组有一个专门的中断。每一组又根据具体功能细分为不同的服务号。应用程序需要使用哪些外设、进行什么操作只需要在程序中用相应的指令说明即可，无须直接控制。

6.1.3 BIOS 和 CMOS 的联系和区别

系统参数设置常被称为 BIOS 设置或 CMOS 设置，这是由于 CMOS 与 BIOS 都跟微机系统设置密切相关，CMOS 是系统存放参数的地方，而 BIOS 中的系统设置程序是完成参数设置的手段。因此，准确的说法是通过 BIOS 设置程序对 CMOS 参数进行设置，而我们平常所说的 CMOS 设置与 BIOS 设置是其简化说法。

6.1.3.1 BIOS 和 CMOS 的区别

（1）采用的存储材料不同

CMOS 是互补金属氧化物半导体的缩写，它是一种在低电压下可读写的 RAM，关机后需要靠主板上的电池进行不间断供电，电池没电了，其中的信息都会丢失。而 BIOS 芯片采用 ROM，不需要电源，即使将 BIOS 芯片从主板上取下，其中的数据仍然存在。

（2）存储的内容不同

CMOS 中存储着 BIOS 修改过的系统的硬件和用户对某些参数的设定值，而 BIOS 中始终固定保存电脑正常运行所必需的基本输入/输出程序、系统信息设置程序、开机加电自检程序和系统自举程序。

6.1.3.2 BIOS 和 CMOS 的联系

CMOS 是存储芯片，属于硬件，其功能是保存系统的时钟信息和硬件配置信息等。BIOS 中的系统设置程序是完成 CMOS 参数设置的手段，所以有"CMOS 设置"和"BIOS 设置"两种说法，正确的应该是"通过 BIOS 设置程序对 CMOS 参数进行设置"。

6.1.4　进入 BIOS 设置的方法

常见 BIOS 设置程序进入方法如下：

Award BIOS：按 Del 键或 Ctrl + Alt + Esc 键进入。

AMI BIOS：按 Del 键或 Esc 键进入。

Phoenix BIOS：按 F2 键或 Ctrl + Alt + S 键进入。

进入其他 BIOS 的组合键还有：Ctrl + Alt + \ 、Ctrl + Insert 等。

6.1.5　BIOS 主要设置项

BIOS 设置程序目前有许多的版本，因此其设置选项和功能也不一样，但是对于最基本和最主要的设置选项来说，还是有很多设置和功能是一样的，一般来说，主要包括下列内容：

6.1.5.1　标准 CMOS 设置（Standard CMOS Features）

标准 CMOS 设置主要包括系统时钟、显示器类型、启动时对自检错误的处理方式等。

（1）Date

该选项主要用于设置系统当前日期，其格式为：<星期><月份><日期><年份>。

（2）Time

用于设置当前时刻，以<小时><分><秒>的格式显示。

（3）IDE 设备设置

Primary Master：IDE 第一接口主设备；

Primary Slave：IDE 第一接口从设备；

Secondary Master：IDE 第二接口主设备；

Secondary Slave：IDE 第二接口从设备；

Floppy A：这个选项主要是设置软驱的型号。

6.1.5.2　高级 BIOS 设置（Advanced BIOS Features）

（1）Fast Boot（快速启动）

可选项：Enabled（开启）或 Disabled（关闭）。

（2）First Boot Device（第一个启动设备）

可选项：可选 CDROM、Hard Disk、Floopy、U 盘等。

（3）Second/Third Boot Device（第二、三个启动设备）

可选项：可选 CDROM、Hard Disk、Floopy、U 盘等。

（4）密码检测（Password Check）

此项目设置用于设置密码在何时生效。如果将 PASSWARD CHECK 设定为 System（或 Always），系统引导和进入 BIOS 设置程序前都会要求输入密码。如果设定为 Setup 则仅在进入 BIOS 设置程序前要求输入密码。

6.1.5.3　集成外围设备设置（Integrated Perigherals）

（1）Onboard Device

Onboard Device 设置的是主板其他采用 PCI 总线工作的设备状态，这里面只提供了板载的 USB 接口、声卡、网卡的开启或关闭。

（2）超级输入/输出设备（Super IO Device）

这里一般设成 Auto 就可以了。

6.1.5.4 电源管理设置（Power Management Setup）

电源管理设置设置的是关于系统的绿色环保技能设置，包括进入节能状态的等待延时时间、唤醒功能、IDE 设置断电方式、显示器断电方式等。

（1）ACPI 挂起模式（ACPI Suspend Type）

其选项有：［S1（POS）］、［S3（STR）］。选择［S3（STR）］可以支持 STR 模式，STR 就是 Suspend To Ram 的缩写，也就是我们常说的"挂起到内存"。具体地说，是把数据和系统运行状态信息保存到主机内存中，开机（指开启机箱上的电源开关）后可不通过复杂的系统检测，而从内存中读取相应数据直接使系统进入挂起前的状态，使启动时间也可以大幅度缩短。

（2）设置关机按钮的关机时间（Power Button Function）

如果选择"Instant－OFF"，那么在按下按键后，就会立刻挂机了，而如果选择"4 Sec Delay"，那么需要一直按着开机按钮四秒钟才能关机。

6.1.5.5 PC Health Status（PC 健康状态）

（1）风扇停转时报警（FAN Fail Alarm Selectable）

如果开启需要选择一个监测的风扇端口（可以是 CPU 风扇或是其他系统风扇），那么在风扇停转或出现异常后系统会警告，用于预防风扇出现的问题的情况发生。一般可以开启这个项目。

（2）CPU 风扇停转时停机（Shutdown When CPU Fan Fail）

如果开启这个项目，那么在 CPU 风扇停转以后，系统会自动关机，这样可以避免 CPU 因为过热而烧毁的现象发生。一般可以开启这个选项。

（3）CPU 停机温度（CPU Shutdown Temperature）

可以设置当 CPU 温度超过某一值后，可以自动关机，保护 CPU 因为过热而损坏。开启建议设置温度在 60 到 65 度左右为宜。

（4）CPU 报警温度（CPU Warning Temperature）

设置当 CPU 温度超过一定温度后进行报警，如果设置这个温度，那么一定要小于 CPU Shutdown Temperature"在 5 摄氏度以上，建议的报警温度在 55～60 度左右为宜。

6.1.5.6 加载优化默认设置（Load Optimized Defaults）

从主菜单中选择该选项之后，按"Enter"键将显示"Load Optimized Defaults（Y/N）？N"的提示信息，如果需要对 BIOS 的设置进行优化，又不想进行具体的设置的话，可以选择"Y"，系统就载入系统提供的最佳性能状态模式。

6.1.5.7 设置超级用户密码（Set Supervisor Password）

其用于设置管理员密码。该密码一旦设置，任何人无此密码将不能进入 BIOS 设置程序进行参数的修改。

6.1.5.8 设置用户密码（Set User Password）

该选项主要用来设置系统开机密码，用户开机系统自检后需要输入一个密码才能完成后面的引导。

注意：

如果不设置超级用户密码和用户密码，任何人都可启动计算机并能进入 BIOS 进行参数修改；如果两个密码都设置了，它们都可以用作开机密码，但用超级用户密码进入 BIOS 可以修改用户密码及其他参数，而使用用户密码进入 BIOS 却只能修改自己的用户密码，不能修改其他参数；如果只设置了其中一个密码，此密码可作开机密码，也可进入 BIOS 进行所有参数的修改。

6.1.5.9　保存后退出（Save Changes & Exit）

该选项的作用是在完成所有 BIOS 设置之后，覆盖原有的 BIOS 设置。当完成 BIOS 设置操作之后，通过这个选项使得新的 BIOS 参数设置生效并退出 BIOS 设置程序。

6.1.5.10　退出不保存（Discard Changes & Exit）

该选项的作用是在完成所有 BIOS 设置之后，不覆盖原有的 BIOS 设置。即不修改系统原有的 BIOS 设置并退出 BIOS 设置程序。

6.2　BIOS 常用设置

计算机用户平时常用到的设置主要是指禁止软驱显示设置、系统启动顺序设置、BIOS 超级用户密码设置和恢复默认设置，下面将介绍具体的设置方法。这里我们以微机上使用最多的 Award 和 Phoenix BIOS 设置程序为例。

6.2.1　进入 BIOS 设置

进入 BIOS 设置的操作步骤如下：

（1）打开显示器电源开关。

（2）打开主机电源开关，启动计算机。

（3）BIOS 开始进行 POST 自检，出现如图 6 - 4 所示的画面。从中可以看出 BIOS（Phoenix - Award）、CPU（AMD Athlon64 X2）、IDE 接口、SATA 接口等信息。

图 6 - 4　启动自检

（4）不停地按 Del 键或 Delete 键。

（5）进入 CMOS 设置主菜单，如图 6 - 5 所示。

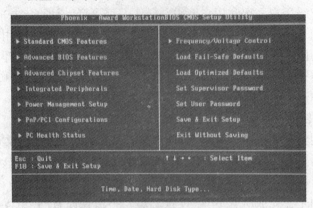

图 6 - 5　CMOS 设置主菜单

BIOS 设置的操作方法如下：

用箭头键选择所需的选项，然后按下＜ Enter ＞键即可激活该项设置功能。Award bios 设置程序的操作键定义见表 6 - 1。

表 6 - 1

操作键	功能
→ ← ↑ ↓	选择功能组窗口中的菜单项
＜ ESC ＞	主菜单：不存储改变并退出
	设置菜单：关闭当前窗口，返回主菜单
PgUp/PgDn	修改选项的设置值
F1	显示选项的帮助信息
F2	改变颜色
F5	恢复进入本屏幕时原来的设置值
F6	装入 BIOS 的缺省值
F7	装入 SETUP 缺省值
F10	在主菜单中保存设置并退出 SETUP

在选项中的设置参数如是白色的，则表示不可进行设置。

6.2.2　设置禁止软驱显示

现在的计算机都不再使用软驱，但在【我的电脑】窗口中仍然会显示软盘图标，如图 6 - 6 所示。

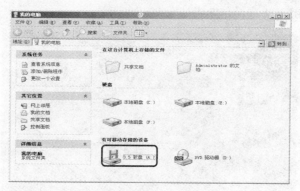

图6-6　软盘图标

禁止软驱显示的操作步骤如下：

（1）重启计算机，按 Del 键进入 CMOS 设置主菜单，用方向键移动光标到【Standard CMOS Features】选项。

（2）按 Enter 键，进入标准 CMOS 设置界面，用方向键移动光标到【Drive A】选项，如图6-7所示。

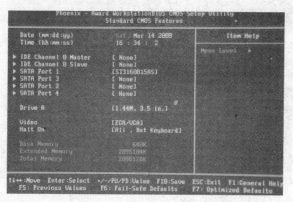

图6-7　选择【Drive A】选项

（3）按 Enter 键，弹出【Drive A】对话框，用方向键选择【None】选项，如图6-8所示。

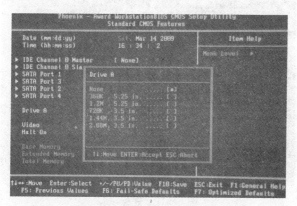

图6-8　选择【None】选项

(4）按 Enter 键确认选择，效果如图6-9所示。

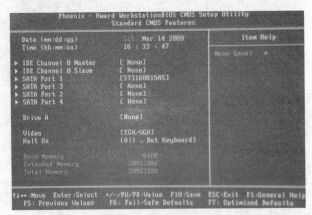

图6-9　设置后的效果

（5）按 Esc 键，回到 CMOS 设置主菜单，用方向键移动光标到【Save & Exit Set-up】选项，如图6-10所示。

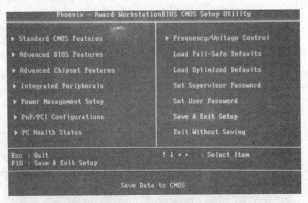

图6-10　选择【Save & Exit Setup】选项

（6）按 Enter 键，弹出图6-11所示的提示框，输入"Y"，按 Enter 键确认，从而保存设置并退出 BIOS 设置，再打开【我的电脑】窗口就看不见软盘图标了。

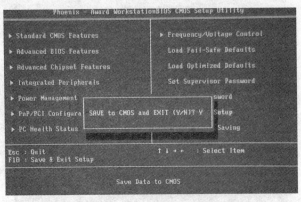

图6-11　保存设置

6.2.3 设置系统从光盘启动

设置系统从光盘启动的操作步骤如下：

（1）进入 CMOS 设置主菜单，用方向键移动光标到【Advanced BIOS Features】选项，如图 6-12 所示。

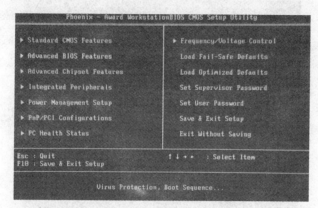

图 6-12　选择【Advanced BIOS Features】选项

（2）按 Enter 键，进入高级 BIOS 特性设置界面。

（3）用方向键移动光标到【First Boot Device】（首选启动设备）选项，如图 6-13 所示。

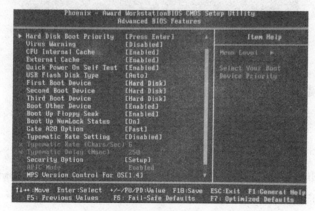

图 6-13　选择【First Boot Device】选项

（4）按 Enter 键，弹出【First Boot Device】对话框，用方向键选择【CDROM】选项，如图 6-14 所示。

图 6-14　选择【CDROM】选项

（5）按 Enter 键确定选择，回到设置界面，效果如图 6-15 所示。

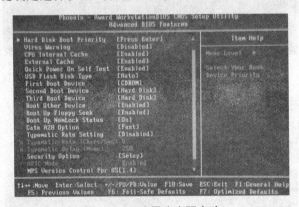

图 6-15　设置为光驱启动

（6）按 F10 键保存设置并退出。

6.2.4　设置超级用户密码

设置超级用户密码的操作步骤：

（1）进入 CMOS 设置主菜单，使用方向键移动光标到【Set Supervisor Password】选项，如图 6-16 所示。

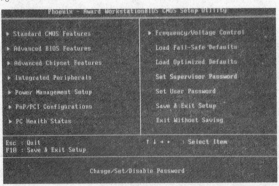

图 6-16　【Set Supervisor Password】选项

（2）按 Enter 键，在弹出的对话框中输入密码，如图 6－17 所示。输入的密码可以使用除空格键以外的任意 ASCII 字符，密码最长为 8 个字符，并且要区分大小写。

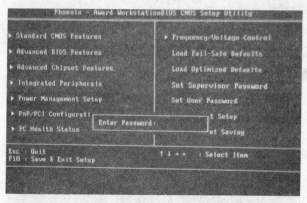

图 6－17　设置超级用户密码

（3）按 Enter 键，弹出确认密码对话框，再次输入密码，如图 6－18 所示。

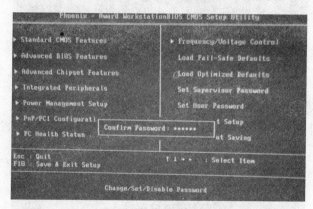

图 6－18　确认密码

（4）按 Enter 键确认。然后按 F10 键保存退出，这样在进入 BIOS 过程中就会提示用户输入密码，如图 6－19 所示。

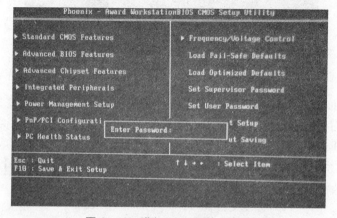

图 6－19　进入 BIOS 要输入密码

6.2.5 设置开机密码

设置开机密码的操作步骤为：

（1）进入 CMOS 设置主菜单，按方向键移动光标到【Advanced BIOS Features】选项，然后按 Enter 键，进入高级 BIOS 特性设置界面。

（2）用方向键移动光标到【Security Option】选项，然后设置该项的值为"System"，如图 6-20 所示。

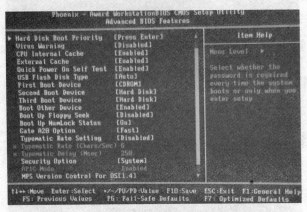

图 6-20 设置【Security Option】项的值

（3）按 F10 键保存设置并退出。

这样，在开机的过程中就会提示用户输入开机密码，如图 6-21 所示。

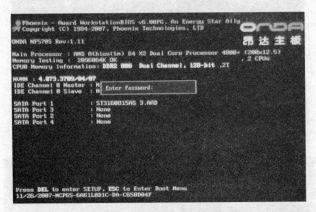

图 6-21 开机输入密码

输入密码进入 BIOS 后，选择【Set Supervisor Password】选项后按 Enter 键，弹出【Enter Password】提示框，如果需要修改密码，就输入新的密码，然后按 Enter 键，会弹出【Confirm Password】提示框，要求再输入一次新密码。如果想要取消密码，就直接按 Enter 键，系统会显示【Invalid Password Press Any Key to Continue】提示框，保存并退出就可取消密码。

6.2.6　恢复最优默认设置

当对 BIOS 的设置不正确，而使计算机无法正常工作时，需要将 BIOS 恢复到默认设置，BIOS 恢复默认设置分为恢复最原始的默认设置和恢复最优化的默认设置。操作步骤如下：

（1）进入 CMOS 设置主菜单，用方向键移动光标到【Load Optimized Defaults】选项。

（2）按 Enter 键，弹出如图 6－22 所示的提示框。

（3）在键盘上按 Y 键，然后按 Enter 键确定。

（4）按 F10 键保存设置并退出。

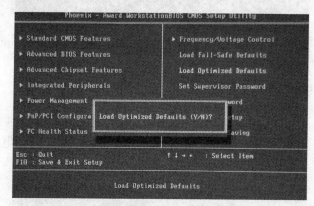

图 6－22　选择【Load Optimized Defaults】选项

6.3　清除 CMOS 密码

CMOS 密码能保护我们的计算机，但也会使操作变得复杂，如果忘记密码甚至连自己都开不了机，所以，有时我们可能需要清除 CMOS 密码，比如觉得使用密码很麻烦、忘记了密码或被别人恶意设置了开机密码。清除 CMOS 密码的方法有很多，较为常用的方法是使用跳线清除。

6.3.1　将密码设为空

如果你记得以前设置的密码，可以使用该密码进入 BIOS 设置，选择密码设置项，在输入密码的地方不要输入什么，回车就可以了，最后保存，退出，就可清除原来的密码。

6.3.2　使用跳线清除

断开计算机电源，打开机箱，在主板上找到 CMOS 清除跳线，该跳线一般标注为"CLRTC"或"CLRCMOS"，通常在主板电池边上，如图 6－23 所示，将跳线帽跳到另外两个针后保持几秒钟再跳回原位置，重新开机就可以了。

图 6 - 23　主板上的 CMOS 清除跳线

6.3.3　去除主板电池

如果找不到 CMOS 清除跳线，可取下主板上的电池，如图 6 - 24 所示，等几分钟再装上去，或取下电池后拿金属物短接电池仓正负两极一下，再将电池装回去，也可清除 CMOS 密码。

图 6 - 24　主板上的电池仓

其他还有很多方法能清除 COMS 密码，如使用万能密码、更改硬件配置、使用 DE-BUG 软件破解或用 Biospwds 软件获取密码等。

使用跳线或去除主板电池，在清除 CMOS 密码的同时，也会让 CMOS 恢复出厂设置。有时由于 BIOS 设置错误而导致不能开机时，也可让 CMOS 恢复出厂设置后再开机重新设置。

第 7 章　硬盘初始化

硬盘是计算机最重要的、容量最大的外部数据存储设备，为了管理大量的数据，必须建立一定的规则，硬盘的初始化就是对硬盘建立数据存取规格的过程。硬盘初始化的内容主要包括：低级格式化、分区、激活以及高级格式化。硬盘的初始化可以在 DOS 下使用 Fdisk、FOMAT、DM 等软件完成，也可以在 Windows XP 安装过程中完成。Windows XP 启动后也可使用其自带的"磁盘管理工具"对硬盘做分区、高级格式化等操作。

7.1　硬盘初始化

硬盘是现在计算机上最常用的存储器。我们都知道，计算机之所以神奇，是因为它具有高速分析处理数据的能力。而这些数据都被以文件的形式存储在硬盘里。不过，计算机可不像人那么聪明。在读取相应的文件时，你必须要给出它相应的规则，这就是分区。分区从实质上说就是对硬盘的一种格式化。

7.1.1　硬盘初始化过程

一个全新的硬盘，必须经过初始化才能使用。硬盘的初始化过程包括：

7.1.1.1　低级格式化

低级格式化就是将空白的磁盘划分出柱面和磁道，再将磁道划分为若干个扇区，每个扇区又划分出标识部分 ID、间隔区和数据区等。它只能够在 DOS 环境来完成。而且低级格式化只能针对一块硬盘而不能支持单独的某一个分区。每块硬盘在出厂时，已由硬盘生产商进行低级格式化，因此通常使用者无须再进行低级格式化操作。

7.1.1.2　分区

分区就是将一个物理硬盘的所有空间划分成多个能够被格式化和单独使用的逻辑单元的一种形式。分区从实质上说就是对硬盘的一种格式化。当我们创建分区时，就已经设置好了硬盘的各项物理参数，指定了硬盘主引导记录（即 MasterBootRecord，一般简称为 MBR）和引导记录备份的存放位置。分区的类型主要有：主分区、扩展分区和逻辑分区。

7.1.1.3　激活分区

激活分区就是指定操作系统从哪个分区启动。硬盘上可划分多个分区，其中主分区上可安装操作系统，有多个主分区，就可安装多个操作系统，通过"激活分区"操作，可决定计算机启动并使用那个操作系统。

7.1.1.4 高级格式化

高级格式化就是清除硬盘上的数据、生成引导区信息、初始化 FAT 表、标注逻辑坏道等。

7.1.2 硬盘分区的原因

为什么要对硬盘进行分区呢？因为一块大容量硬盘正如一个大柜子，要在这个柜子里存放各种文件，有很多种方法，但为了便于管理和使用，一般都会把大柜子分成一个一个的相对独立的"隔间"或"抽屉"，绝不会就把大柜子当做一个大抽屉来使用。硬盘的分区，正如大柜子的使用，把它们分成一个一个的逻辑分区（表现为一个个的逻辑盘符），有着不分区绝对无法比拟的好处。归纳起来主要有以下优点：

7.1.2.1 便于文件的管理

随着硬盘制造技术的不断提高，硬盘的容量越来越大，目前市场上的硬盘容量往往都在 1TB 左右，把这么大的硬盘作为一个分区使用，对计算机性能的发挥是相当不利的，文件管理也会变得相当困难。将不同类型、不同用途的文件，分别存放在硬盘分区后形成的逻辑盘中，有利于文件分类管理，互不干扰，还可避免用户误操作（误执行格式化命令、删除命令等）造成整个硬盘数据全部丢失。

7.1.2.2 有利于病毒的防治和数据的安全

硬盘的多分区多逻辑盘结构，更有利于对病毒的预防和清除。在计算机使用过程中，系统盘（通常是 C 盘）因各种硬件故障或感染病毒而导致系统瘫痪的现象是常有的，这时往往要对 C 盘做格式化操作。如果 C 盘上只装有系统文件，而所有的用户数据文件（文本文件、表格和源程序清单等）都放在其他分区和逻辑盘上，这样即使格式化 C 盘也不会造成太大损失，最多是重新安装系统，数据文件却得到了完全地保护。

7.1.2.3 硬盘分区可有效地利用磁盘空间

磁盘以簇为单位为文件分配存储空间，而簇的大小与分区大小密切相关。划分不同大小的分区和逻辑盘，可减少磁盘空间的浪费。

7.1.2.4 提高系统运行效率。

系统管理硬盘时，如果对应的是一个单一的大容量硬盘，无论是查找数据还是运行程序，其运行效率都没有分区后的效率高。

7.1.3 分区的基本知识

7.1.3.1 硬盘的分区结构

一个硬盘的主分区也就是包含操作系统启动所必需的文件和数据的硬盘分区，要在硬盘上安装操作系统，则该硬盘必须得有一个主分区。

扩展分区也就是除主分区外的分区，但它不能直接使用，必须要再将它划分为若干个逻辑分区才行。逻辑分区（也称逻辑驱动器）就是我们平常在操作系统中所看到的 D:、E:、F: 等盘。主分区、扩展分区及逻辑分区的关系如图 7-1 所示。

（1）主分区

一个硬盘应该有一个主分区，最多只能划分为 4 个主分区。

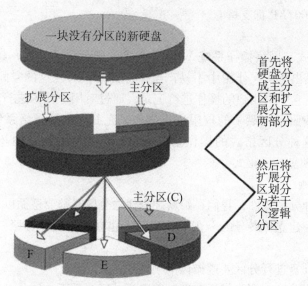

图 7-1　主分区、扩展分区及逻辑分区的关系

建立主分区的最大用途便是安装操作系统，另外如果你有多个主分区，那么只有一个可以设置为活动分区（Active），操作系统就是从这个分区启动的。当然了，只允许有一个活动分区，所谓的"激活分区"就是将某个主分区设置为活动分区。

（2）扩展分区

因为主分区有先天的限制（最多只能有 4 个），扩展分区就是为了解决这种限制应运而生的，但需要记住的是：它不能直接用来保存资料，扩展分区的主要功能就是让你在其中建立逻辑分区，而且事实上只能建立 20 多个逻辑分区。

（3）逻辑分区

它是建立在扩展分区中的二级分区，而且在 DOS/Windows 下，这样的一个逻辑分区对应于一个逻辑驱动器（Logical Driver），我们平时说的 D：、E：、F：等一般指的就是这种逻辑驱动器。

7.1.3.2　分区格式

"格式化就相当于在白纸上打上格子"，而这分区格式就如同这"格子"的样式，不同的操作系统打"格子"的方式是不一样的，目前 Windows 所用的分区格式主要有 FAT16、FAT32、NTFS。

（1）FAT16

它采用 16 位的文件分配表，能支持的最大分区为 2G，是获得操作系统支持最多的一种磁盘分区格式，几乎所有的操作系统都支持这一种格式。但采用 FAT16 分区格式的硬盘实际利用效率低，因此如今该分区格式已经很少用了。

（2）FAT32

FAT32 采用 32 位的文件分配表，突破了 FAT16 对每一个分区的容量只有 2G 的限制，使其对磁盘的管理能力大大增强。FAT32 还有一个优点是：在一个不超过 8G 的分区中，FAT32 分区格式的每个簇容量都固定为 4KB，与 FAT16（32 KB/簇）相比，可以大大地减少硬盘空间的浪费，提高了硬盘利用效率。它是目前使用得最多的分区格式，Win98/Me/2000/XP 都支持它。

（3）NTFS

NTFS 分区格式是网络操作系统 Windows NT 的硬盘分区格式，其显著的优点是安全性和稳定性极其出色，在使用中不易产生文件碎片，对硬盘的空间利用及软件的运行速度都有好处。它能对用户的操作进行记录，通过对用户权限进行非常严格的限制，使每个用户只能按照系统赋予的权限进行操作，充分保护了网络系统与数据的安全。但是，目前支持这种分区格式的操作系统不多，除了 Windows NT 外，Win 2000/xp/2003 也支持这种硬盘分区格式。

7.1.3.3 分区原则

不管使用哪种分区软件，我们在给新硬盘建立分区时都要遵循以下的顺序：

建立主分区→建立扩展分区→在扩展分区中建立多个逻辑分区→激活主分区→格式化所有分区。

对已分区的硬盘进行分区要遵循以下顺序：

删除所有逻辑分区→删除扩展分区→删除主分区→重新分区。

7.2　硬盘分区及格式化操作

硬盘分区和格式化有多种方法，如：使用专门的分区工具分区（常见工具有 Fdisk、DM、PQ 等）；使用 XP 的安装程序分区；使用 XP 自带的磁盘管理工具分区。

7.2.1　使用 Fdisk 进行硬盘分区

Fdisk 是一个在 DOS 环境下运行的程序，主要针对还未安装操作系统的新机器。

7.2.1.1　运行 Fdisk 程序

（1）把 Windows 启动盘放进光驱，重新启动计算机。

（2）进入 BOIS 设置程序，将"第一引导设备"设为 CDROM。

（3）保存并退出 BOIS 设置，此时可以利用光盘来启动计算机。

（4）启动计算机后，在 DOS 提示符下，输入 Fdisk 命令，然后按 Enter 键，即可运行该程序。

程序启动后询问"是否需要支持大硬盘？"，如图 7－2 所示，按"Y"，回车，进入【Fdisk Options】界面，如图 7－3 所示。

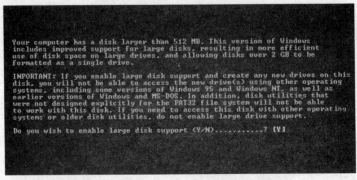

图 7－2　Fdisk 启动界面

微机组装与维护

210

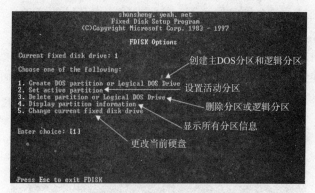

图 7 - 3　【Fdisk Options】界面

　　如果计算机安装了两块以上的物理硬盘，在 Fdisk 主界面上会有 5 行菜单，如果是对不同的物理硬盘进行建立或删除分区操作时，可在该界面中，输入"5"来选择不同的物理硬盘进行操作。

7.2.1.2　创建主 DOS 分区

　　(1) 选择创建主分区命令

　　在 Fdisk Options 界面中，键入"1"，按 Enter 键，屏幕变成如图 7 - 4 所示的【Create DOS partition or Logic DOS Drive】界面。

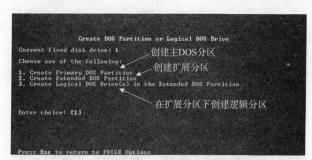

图 7 - 4　【创建 Create DOS partition or Logic DOS Drive】界面

　　(2) 设置主分区容量

　　选 1 并回车，Fdisk 开始检测硬盘，硬盘检测完毕后，Fdisk 提示你是否把整个硬盘都作为主分区并使之成为活动分区，如图 7 - 5 所示，选 N 并回车。

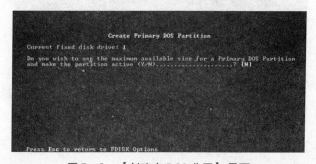

图 7 - 5　【创建主 DOS 分区】界面

回车后，系统显示整个硬盘的容量，并要求输入主分区的容量。在如图7-6所示的界面中，根据你对硬盘容量的分配计划，输入主分区的容量数值，也可以输入主分区占整个硬盘容量的百分比数值，图中我们设置主分区容量为整个硬盘容量的20%，回车，主分区就建立了，分配盘符为C，按Esc键退回Fdisk的主界面。最好在分区之前先算好各个分区的容量大小，决定分配的具体数值。

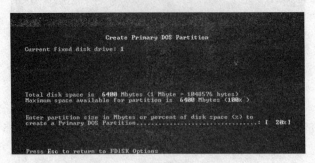

图7-6　确定主分区容量

7.2.1.3　创建扩展DOS分区

按Esc键回到【Fdisk Options】界面。因为我们在分主DOS分区时，还剩余80%的硬盘容量，所以此时Fdisk会自动提示我们要把它们分到扩展分区中去，如图7-7所示。

图7-7　创建扩展DOS分区

可以直接按Enter键，这样扩展分区也建立了，如图7-8所示。

图7-8　主分区及扩展分区信息

7.2.1.4　在扩展分区中创建逻辑驱动器

完成扩展分区创建后，按Esc键或在【Create DOS partition or Logic DOS Drive】界

面中，键入 "3"（在扩展分区中创建逻辑分区）。按 Enter 键确认后屏幕变成如图 7-9 所示，输入第一个逻辑分区的容量数值或百分比，图中我们设置第一个逻辑分区的容量占整个逻辑分区容量的 40%。

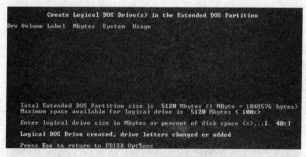

图 7-9　在扩展分区中创建逻辑分区

回车后，可看到第一个逻辑分区已经创建成功，如图 7-10 所示，分配盘符为 D。

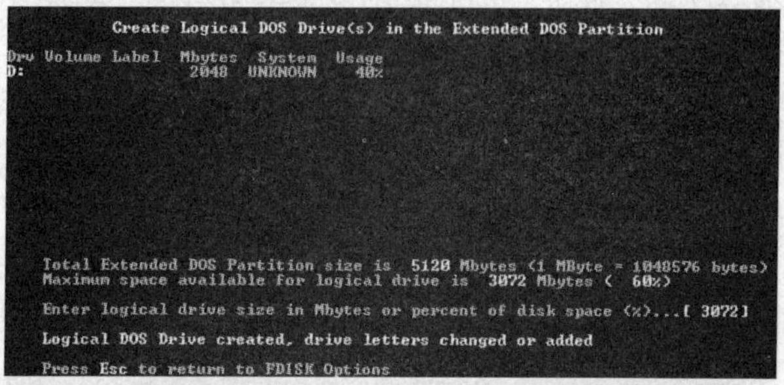

图 7-10　逻辑分区经创建成功

按上述方法创建第二个逻辑分区。

第二个逻辑分区创建成功，分配盘符为 E。可按 Esc 键返回 Fdisk 主界面。

7.2.1.5　设置活动分区

在【Fdisk Options】界面中，键入 "2"（设置活动分区），按 Enter 键确认后进入如图 7-11 所示的【设置活动分区】界面。

图 7-11　【设置活动分区】界面

在 DOS 分区里面，只有主 DOS 分区才能被设置为活动分区，其余的分区不能被设置为活动分区。所以也只有键入 1 后，按 Enter 键，即可激活主 DOS 分区。然后再回到【Fdisk Options】界面中。

激活了活动分区后，该盘符中的 Status 项表明有"A"，表示该分区是活动分区。

7.2.1.6　查看硬盘分区情况

在 Fdisk Options 界面中，键入"4"，（显示分区信息），按 Enter 键确认后进入如图 7-12 所示的【显示分区信息】界面，可以查看硬盘的分区信息。

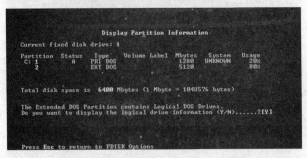

图 7-12　【显示分区信息】界面

如果硬盘是多个分区的，此处会询问是否显示逻辑分区，输入"Y"键后，可以查看该硬盘的逻辑分区的信息，如图 7-13 所示。

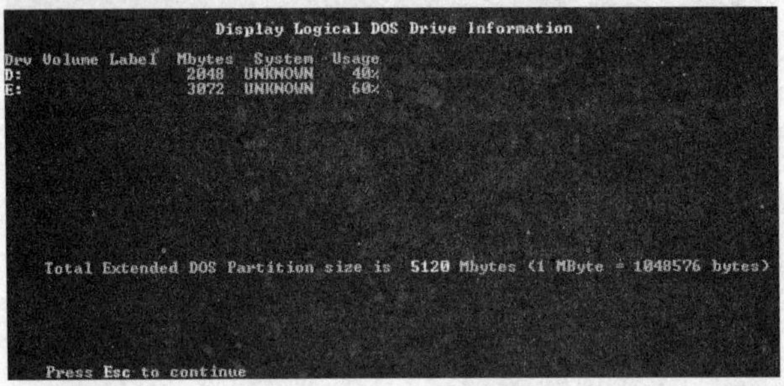

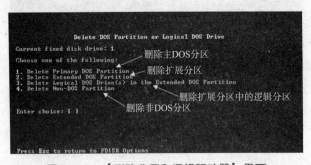

图 7-13　【显示逻辑 DOS 驱动器信息】界面

7.2.1.7　删除分区和逻辑分区

（1）进入【删除主分区和逻辑分区】界面

在 Fdisk Options 界面中，键入"3"（删除主分区和逻辑分区），按 Enter 键确认后屏幕变成如图 7-14 所示。

图 7-14　【删除分区和逻辑驱动器】界面

该屏幕显示以下的信息：

1. Delete Primary DOS Partition：删除主分区。

2. Delete Extended DOS Partition：删除扩展 DOS 分区。

3. Delete Logical DOS Drive（s）in the Extended DOS Partition：删除扩展 DOS 分区中的逻辑分区。

4. Delete Non－DOS Partition：删除非 DOS 分区。

（2）删除逻辑驱动器

删除分区的正确顺序应该是：非 DOS 分区→逻辑分区→扩展分区→主分区。一般而言，电脑系统都是安装的 Windows 98、Windows 2000 或 Windows XP 操作系统，不会产生非 DOS 分区，所以可以略过删除非 DOS 分区的这一步，而直接从删除逻辑分区开始进行操作。

选 3 并回车。

输入要删除的逻辑分区盘符并回车。

输入该逻辑分区的卷标名，如果没有，则直接回车。

选"Y"并回车删除该逻辑分区，如图 7－15 所示。

注意：分区被删除后，其上数据将全部丢失。

图 7－15　删除逻辑驱动器界面

（3）删除扩展分区

在删除分区和逻辑驱动器界面中，重复上述步骤，选取"2"删除 DOS 的扩展分区。

（4）删除主分区

在删除分区和逻辑驱动器界面中，重复上述步骤，选取"3"删除主 DOS 分区。

7.2.1.8　重启计算机使操作生效

按 Esc 键退出 Fdisk，提示需要重新启动电脑，只有重启后才能使之前所作的创建分区、删除分区、激活活动分区等 Fdisk 操作生效。

7.2.2　格式化分区

硬盘分区后，还要对各分区进行格式化，然后才能往硬盘上安装操作系统和应用程序。格式化分区的方法主要有两种，一种方法是在纯 DOS 下格式化，另一种方法是在 Windows 下格式化。

7.2.2.1　在 DOS 下格式化

在 DOS 下格式化的操作步骤如下：

（1）在硬盘分区完成后，使用启动盘再次启动计算机。

（2）在系统出现 A：\ 提示符后，输入 format c：/s，如图 7-16 所示，对 C 驱动器进行格式化。

加/S 是指把 C 盘格式化后，创建成系统启动盘。系统提示：驱动器 C 上的所有数据都将丢失，是否要格式化？

（3）输入"Y"，开始格式化 C 盘。

（4）输入 format 盘符：回车，可格式化其他分区，如输入 format F：回车，则格式化 F 盘。

（5）重复这个操作，格式化所有驱动器。

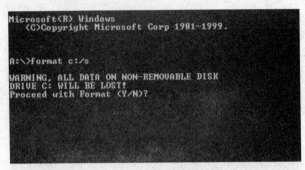

图 7-16 格式化分区

7.2.2.2 在 Windows 下格式化

Windows 下格式化的操作步骤如下：

（1）打开【我的计算机】或【资源管理器】窗口。

（2）右击需要格式化的驱动器，如 F 盘。

（3）在弹出的快捷菜单中选择【格式化】命令，打开【格式化】对话框，如图 7-17 所示。

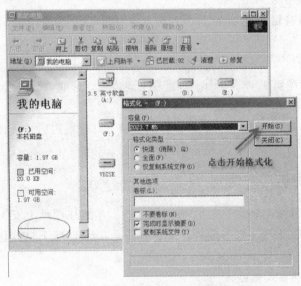

图 7-17 在 Windows 下格式化驱动器

（4）选择一种"格式化类型"，单击"开始"按钮。

（5）重复以上操作，格式化所有驱动器。

7.2.3　使用 XP 的安装程序分区

Windows XP 操作系统的安装程序自带硬盘分区格式化功能，使用 Windows XP 操作系统的安装程序对硬盘分区及格式化操作步骤如下：

7.2.3.1　启动安装程序

（1）启动计算机进入 BIOS，将第一引导设备设置为 CDROM。

（2）将 Windows XP 操作系统安装光盘放入光驱，保存 BIOS 设置并重启计算机，计算机将自动从光盘启动，进入系统安装状态，如图 7 - 18 所示。

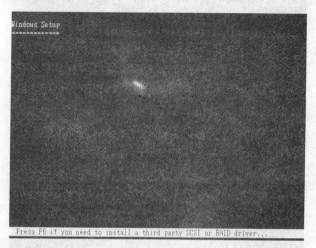

图 7 - 18　光盘启动界面

（3）启动完成后进入【Windows XP 操作安装程序选择】界面，如图 7 - 19 所示，因为在硬盘分区和格式化操作后将进行 Windows XP 操作系统的安装，所以这里按 Enter 键。

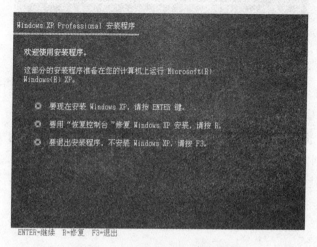

图 7 - 19　XP 安装程序选择界面

（4）进入如图 7 - 20 所示的【许可协议】界面，按 F8 键表示继续安装，按 Esc 键表示退出安装程序。如果在安装之前要查看协议，按 Page Down 键翻页，这里按 F8 键表示同意许可协议，然后继续安装程序。

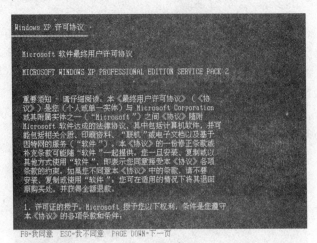

图 7 - 20　XP 安装程序许可协议界面

7.2.3.2　对硬盘分区

（1）随即进入【磁盘分区界面】，如图 7 - 21 所示，由于是全新配置的计算机，所以这里就要对硬盘进行分区和分区格式化操作。

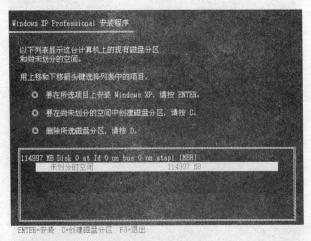

图 7 - 21　磁盘分区界面（1）

（2）使用方向键移动光标到【未划分的空间】，按键盘上的 C 键后，进入如图 7 - 22 所示的创建分区界面。在【创建磁盘分区大小】文本框中输入所需的大小，如果不做修改，就是未划分空间的总大小。这里输入"10 000"，然后按 Enter 键。

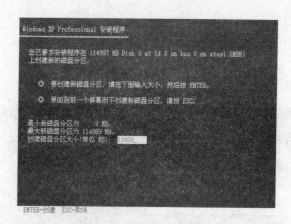

图 7-22　创建分区界面

（3）这时【磁盘分区界面】如图 7-23 所示,界面出现了刚刚划分出的 C 盘(分区 1)。

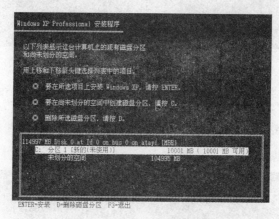

图 7-23　磁盘分区界面（2）

（4）使用同样方法创建 D 盘（30 004MB）、E 盘（30 004MB）、F 盘（44 979MB），最后得到如图 7-24 所示的界面。至此，硬盘的分区已经完成，接下来是对分区进行格式化操作。

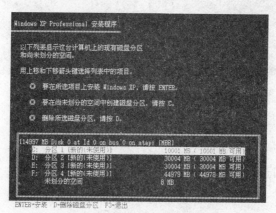

图 7-24　磁盘分区界面（3）

7.2.3.3　格式化分区

（1）使用键盘上的方向键将光标移动到 C 盘（分区 1）的位置，如图 7－25 所示，按 Enter 键，表示在 C 盘安装 Windows XP 操作系统，随后弹出安装程序的【格式化】界面，如图 7－25 所示。

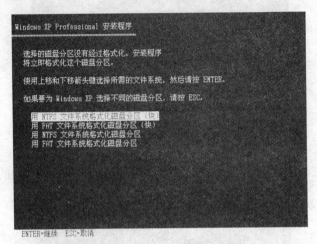

图 7－25　选择分区格式化种类

（2）根据个人需要选择格式化方式，这里选择 "NTFS" 分区方式，将光标移动到【用 NTFS 文件系统格式化磁盘分区（快）】选项，然后按 Enter 键。开始格式化分区，如图 7－26 所示。

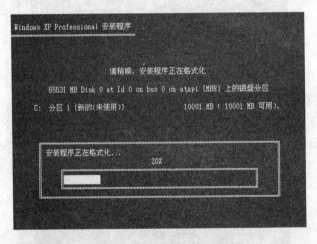

图 7－26　分区格式化过程

格式化操作完成后，即可开始安装操作系统。

7.2.4　使用 XP 的 "磁盘管理" 工具分区

7.2.4.1　功能

磁盘管理工具可以对计算机上的所有磁盘进行综合管理，可以对磁盘进行打开、管理磁盘资源、新建、删除、格式化磁盘分区、更改驱动器名和路径以及设置磁盘属性等操作。

7.2.4.2 使用方法

右键单击【我的电脑】图标，在快捷菜单中选择【管理】命令，或单击"开始→
控制面板→管理工具→计算机管理"，打开【计算机管理】窗口。在窗口左边的树状结
构中单击"磁盘管理"，会出现当前机器上硬盘的分区结构，如图 7-27 所示。

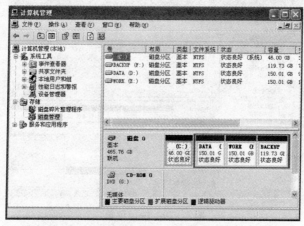

图 7-27　计算机管理中的【磁盘管理】界面

在右边窗口的上方列出所有磁盘的基本信息，包括类型、文件系统、容量、状态
等。在窗口的下方按照磁盘的物理位置给出了简略的示意图，并以不同的颜色表示不
同类型的磁盘。

右键单击需要进行操作的磁盘，便可以打开相应的快捷菜单，选择其中的命令便
可以对磁盘进行各种管理操作。

7.2.4.3 对已有分区进行重新划分

这里以如下任务为例：如图 7-28 所示，硬盘已有两个分区 C 和 D；C 为系统分区
即主分区，整个扩展分区被划分为逻辑驱动器 D：，现在要把扩展分区分为两个驱动器
D：和 F：。

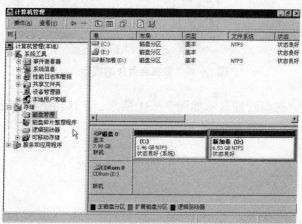

图 7-28　原有分区情况

其具体操作如下：

（1）删除原有逻辑驱动器

首先要把 D 区删除。右键点击 D 区，在弹出的快捷菜单中选择【删除逻辑驱动器】，如图 7 – 29 所示。

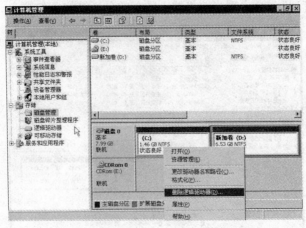

图 7 – 29　快捷菜单

这时系统会弹出数据会丢失的提示，如果确认没有重要的文档了，可以点击"是"按钮，如图 7 – 30 所示。

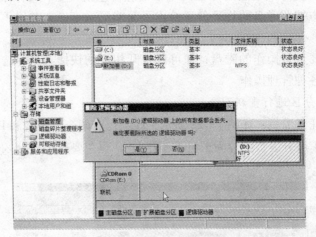

图 7 – 30　数据会丢失的提示

删除完 D 区后，磁盘管理显示如图 7 – 31 所示，D 区没有了，多了一个绿色的可用空间。

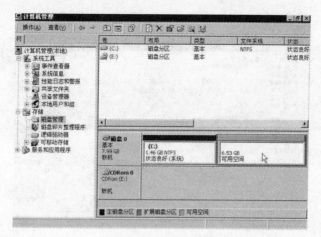

图 7-31　删除完成

（2）创建新分区

选择新分区类型：右键点击绿色的"可用空间"，在弹出的快捷菜单中选择【创建逻辑驱动器】，会出现如图 7-32 所示的【选择分区类型】对话框，在对话框中选择"逻辑驱动器"，再单击"下一步"按钮。

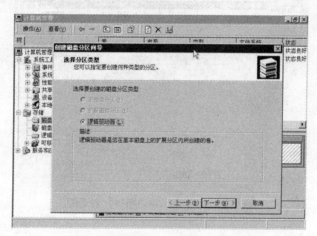

图 7-32　【选择分区类型】对话框

指定分区大小：在【指定分区大小】对话框（如图 7-33 所示）中输入要创建的分区容量，然后单击"下一步"按钮。

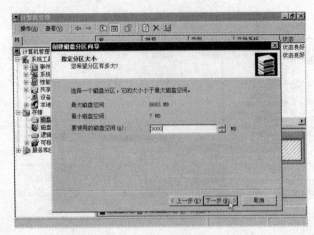

图 7-33　【指定分区大小】对话框

指定驱动器号：在【指派驱动器号】对话框（如图 7-34 所示）中选择驱动器号，然后单击"下一步"按钮。

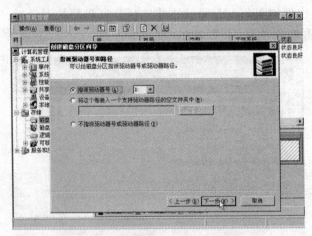

图 7-34　【指派驱动器号】对话框

（3）格式化分区

右键点击要格式化的分区，在弹出的快捷菜单中选择"格式化分区"，会弹出【格式化分区】对话框，如图 7-35 所示。

选择分区的文件系统格式（NTFS 或 FAT32），单击"下一步"按钮开始格式化分区。

创建了 D 区后，磁盘的状态如图 7-36 所示。

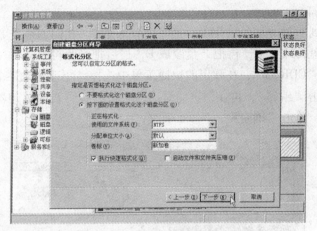

图 7 - 35 【格式化分区】对话框

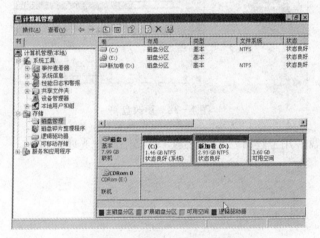

图 7 - 36 完成创建新的驱动器 D

（4）重复上述步骤，创建第二个分区

重复（2）、（3）创建新的驱动器 F：，完成后如图 7 - 37 所示。

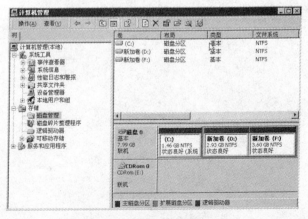

图 7 - 37 完成创建新的驱动器 F

（5）更改盘符

这里我们看到 E 被光驱给占用了，第三个分区是 F。我们如果要更改盘符，本例中可以先把光驱的盘符改成 G，再把 F 盘改成 E，最后把光驱再改成 F。

先右键单击"CDROM"，在弹出的快捷菜单中选择"更改驱动器名和路径"，在弹出的对话框中单击"编辑"，再在弹出的对话框中指派一个新的驱动器号，如图 7 - 38 所示，指定为 G，单击"确定"。

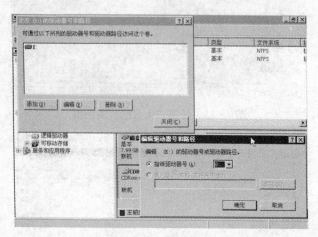

图 7 - 38　更改盘符

右键单击 F 盘，用上述方法将其改成 E，最后再把光驱改成 F。

第8章 操作系统安装

操作系统是方便用户管理和控制计算机软硬件资源的系统软件（或程序集合）。它在计算机系统中的作用，大致可分为两个方面：对内，操作系统管理计算机系统的各种资源，扩充硬件的功能；对外，操作系统提供良好的人机界面，方便用户使用计算机。它在整个计算机系统中具有承上启下的地位。

8.1 微机中的常见操作系统

微机中常用的操作系统主要有 DOS、Windows 98、Windows 2000、Windows NT 和 Windows XP。微型计算机还可安装使用 UNIX 和 Linux 等操作系统。

8.1.1 DOS 操作系统

磁盘操作系统（Disk Operation System，DOS）曾是微机上广泛使用的操作系统。DOS 是一种单用户、单任务的操作系统。常见的有 PC - DOS 和 MS - DOS 两种。二者之间没有本质的区别。现在，DOS 已被 Windows 完全替代。但在某些应用场合，DOS 仍然有一定的作用。在 Windows 环境中可模拟 DOS 环境，以便运行大多数基于 DOS 的应用程序。

8.1.2 UNIX 操作系统

UNIX 是一个支持多任务、多用户的操作系统。它是在 1969 年由 AT&T 贝尔试验室的研究人员开发的。随着多年的开发和应用，目前有许多不同的版本，可以应用于商业管理和图像处理等工作，并已成为工作站和服务器上标准的操作系统。

UNIX 提供了功能强大的命令程序编程语言 Shell，具有良好的用户界面。UNIX 还提供了多种通信机制以及丰富的语言、数据库管理系统等可供选用。UNIX 的文件系统是分级结构树形，有良好的安全性和可维护性，因此 UNIX 能历尽沧桑而经久不衰。其中 IBM 公司的 UNIX - AIX 是一个重要的产品。此外，广泛使用的 UNIX 系统还有 Sun 公司的 Solaris、HP 公司的 HP - Ux 和 SCO 公司的 Open Server。

8.1.3 Linux 操作系统

Linux 是一种可以运行在微机上的操作系统。它是由芬兰赫尔辛基大学的学生 Linus Torvalds 在 1991 年开发出来的。Linus Torvalds 把 Linux 的源程序在 Internet 上公开，世界各地的编程爱好者自发组织起来对 Linux 进行改进并为它编写各种应用程序。目前，Linux 已发展成一个功能强大的操作系统，正在全球各地迅速普及推广，各大软件商如 Oracle、Sybase、Novell、IBM 等均发布了 Linux 版的产品，许多硬件厂商也推出了预装 Linux 操作系统的服务器产品。另外，还有不少公司或组织有计划地收集有关 Linux 的软件，组合成一套完整的 Linux 发行版本上市，比较著名的有 RedHat（红帽子）、Slackware 等公司。国内常用的 Linux 有 Redhat 和红旗 Linux，如图 8-1 所示。

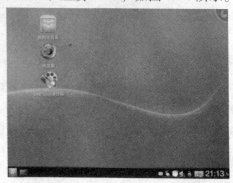

图 8-1　RedHat 和红旗 Linux

8.1.4　OS/2 系统

1987 年 IBM 公司在激烈的市场竞争中推出了 PS/2（Personal System/2）个人计算机。PS/2 系列计算机大幅度突破了当时微机的体系，采用了与其他总线互不兼容的微通道总线 MCA。OS/2 系统正是为 PS/2 系列机开发的一个新型多任务操作系统，它克服了 DOS 系统 640KB 主存的限制，具有多任务功能。OS/2 也采用图形界面，它本身是一个 32 位系统，不仅可以处理 32 位 OS/2 系统的应用软件，也可以运行 16 位 DOS 和 Windows 软件。

8.1.5　Windows 操作系统

进入 20 世纪 90 年代中期，美国 Microsoft 公司推出了 Windows 95 操作系统，它的运行不需要其他操作系统的支持。Windows 95 是一个单用户多任务操作系统。继推出 Windows 95 操作系统之后，Microsoft 公司又相继推出了个人版的 Windows 98、Windows ME、Windows 2000、Windows XP、Windows Vista 操作系统，以及服务器版的 Windows NT 和 Windows Server 2003。Windows 8 是目前微软最新的操作系统，2012 年 10 月正式发售。常见的 Windows 操作系统如图 8-2 所示。

图 8-2　常见的 Windows 操作系统

8.1.6　Mac OS

Mac OS 操作系统是一套运行于苹果 Macintosh 系列计算机上的操作系统。Mac OS 操作系统是首个在商用领域成功的图形用户界面，主要针对个人消费者，以简单易用和稳定可靠著称。它还有苹果 iPhone 手机使用的版本。苹果的 iMAC 计算机及其 Mac OS 操作系统界面如图 8-3 所示。

图 8-3　iMAC 计算机及其操作系统界面

8.2　安装 XP 操作系统

操作系统软件不是拷贝到计算机上就能使用，必须有一个安装过程，这是因为：不同的计算机需要安装不同的操作系统；操作系统的不同部分需要安装在不同的位置；不同的硬件需要不同的驱动程序；相同的软硬件可以有不同的配置。

8.2.1　安装准备工作

安装操作系统前需要做以下准备工作：

准备好 Windows XP Professional 简体中文版安装光盘。

用纸张记录安装文件的产品密匙（安装序列号）。

可能的情况下，在运行安装程序前用磁盘扫描程序扫描所有硬盘，检查硬盘错误并进行修复，否则安装程序运行时如检查到有硬盘错误会很麻烦。

记下主板、网卡、显卡等主要硬件的型号及生产厂家，准备好驱动程序光盘或预先下载驱动程序备用。如果是重新安装操作系统，可用驱动程序备份工具（如：驱动精灵）将原 Windows XP 下的所有驱动程序备份到硬盘的非系统分区上（如 F：盘）。

如果你要在安装过程中格式化 C 盘（建议安装过程中格式化 C 盘），请备份 C 盘上有用的数据。

8.2.2　安装步骤

8.2.2.1　复制安装文件

硬盘分区和格式化完成后，安装程序开始复制安装文件，如图 8-4 所示。

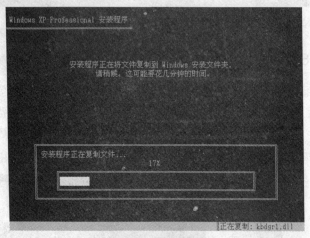

图 8-4　开始复制文件

安装程序复制文件完成后，系统将重启计算机，如图 8-5 所示。

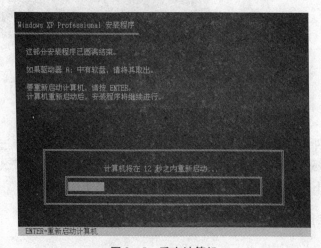

图 8-5　重启计算机

8.2.2.2　输入相关信息

重启计算机后，在开始界面上选择从硬盘启动计算机，然后进入【系统安装】界面。

安装过程中，安装程序将提示用户填写系统相关信息和用户相关信息等，如安装序列号、用户名、密码、时区及日期、网络连接情况等，如图 8-6、图 8-7、图 8-8 和图 8-9 所示。输入相应内容，单击"下一步"按钮。

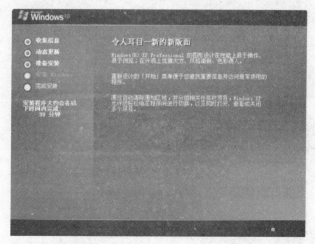

图 8-6 安装 Windows XP 操作系统

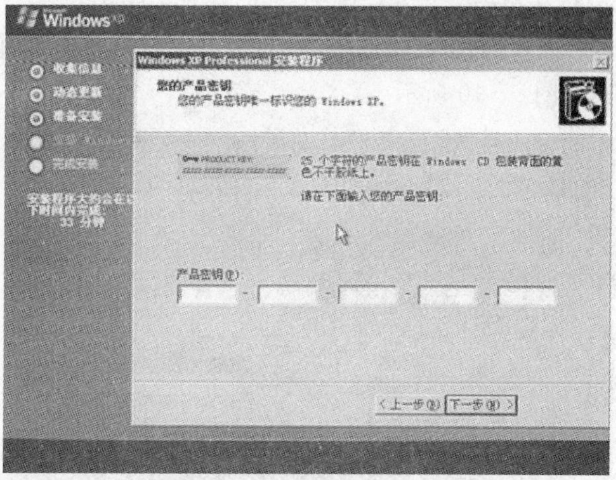

图 8-7 输入安装序列号

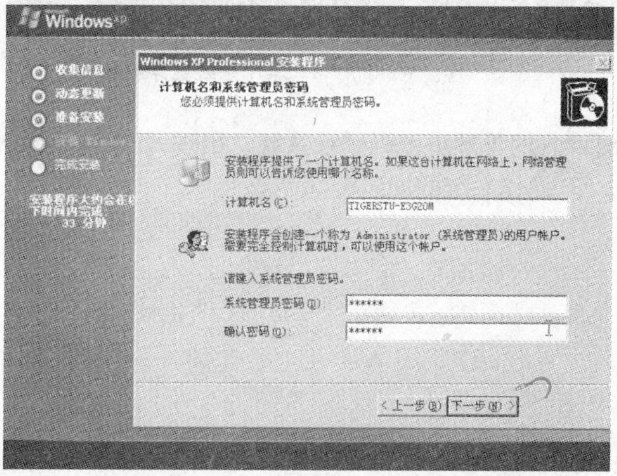

图 8-8 设置计算机名和管理员密码

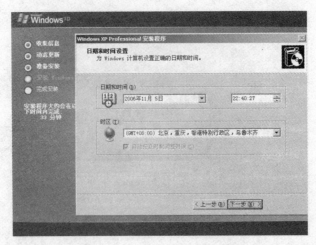

图 8 - 9 设置日期/时间和时区

8.2.2.3 重启计算机

设置完成后,重启计算机,再次选择从硬盘启动,随后将出现【Windows XP 操作系统的登录】界面,如图 8 - 10 所示。

图 8 - 10 Windows XP 操作系统登录界面

输入安装系统时设置的管理员密码登录系统,出现【XP 桌面】,如图 8 - 11 所示。至此,Windows XP 操作系统的安装全部完成。

图 8 - 11　Windows XP 操作系统安装完成界面

8.2.2.4　找回常见的图标

此时桌面上只有"回收站"一个图标，想找回常见的图标请右击桌面，在弹出的快捷菜单中选【属性】命令，弹出【显示属性】对话框，选【桌面】选项卡，在其中单击【自定义桌面】按钮，弹出【桌面选项】对话框，如图 8 - 12 所示，在【常规】选项卡下，将"我的文档"、"我的电脑"、"网上邻居"三个项目前面打上打钩，然后单击"确定"按钮，返回上级对话框，再单击"确定"，你将会看到桌面上多了你想要的图标。

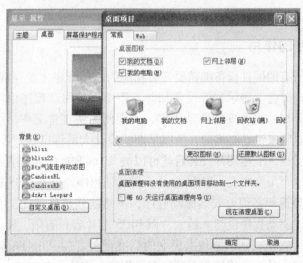

图 8 - 12　【桌面选项】对话框

第 9 章　安装驱动程序与应用程序

　　一般来说，在 XP 系统安装完成之后紧接着要安装的就是驱动程序了。驱动程序实际上是一段能让操作系统与各种硬件设备通话的程序代码，通过它，操作系统才能控制电脑上的硬件设备。如果一台电脑只有操作系统而没有驱动程序，那么它的硬件就不能发挥其特有的功效。换言之，驱动程序是硬件和操作系统之间的一座桥梁，由它把硬件本身的功能告诉给系统，同时也将标准的操作系统指令转化成特殊的命令，从而保证硬件设备的正常工作。

9.1　驱动程序概述

　　驱动程序是直接工作在各种硬件设备上的软件，其"驱动"这个名称也十分形象地指明了它的功能。正是通过驱动程序，各种硬件设备才能正常运行，达到既定的工作效果。

9.1.1　驱动程序的作用

　　从理论上讲，所有的硬件设备都需要安装相应的驱动程序才能正常工作。但像 CPU、内存、主板、软驱、键盘、显示器等设备却并不需要安装驱动程序也可以正常工作，而显卡、声卡、网卡等却一定要安装驱动程序，否则便无法正常工作。这主要是由于这些硬件对于一台个人电脑来说是必需的，所以早期的设计人员将这些硬件列为 BIOS 能直接支持的硬件。换句话说，上述硬件安装后就可以被 BIOS 和操作系统直接支持，不再需要安装驱动程序。从这个角度来说，BIOS 也是一种驱动程序。但是对于其他的硬件，例如：网卡，声卡，显卡等等却必须要安装驱动程序，不然这些硬件就无法正常工作。随着硬件复杂程度的提高，驱动程序也越来越大，而 BIOS 芯片容量有限，所以，现在绝大多数键盘、鼠标、硬盘、软驱、显示器和主板上的标准设备都用 Windows 自带的标准驱动程序来驱动，主板和显卡的驱动程序由于品种多、程序大需从光盘安装。

9.1.2　安装前的准备工作

　　虽然 Windows 支持即插即用，能够为用户减少不少工作量，但由于 PC 机的设备有非常多的品牌和型号，加上各种新产品不断问世，Windows 不可能自动识别出所有设备，因此在安装很多设备时都需要人工干预。为了提高安装工作的效率和成功率，在安装前需要做好一些准备工作。

微机组装与维护

234

9.1.2.1 检查包装了解硬件型号

拿到一种新硬件时，首先应查看包装盒，了解产品型号、盒内部件、产品对系统的最低要求等信息。需要注意的是，一些兼容板卡生产商为了节省成本，往往用同一种包装盒来包装不同种类的产品，这种包装盒上通常会贴有标识盒内设备型号的小标签。

9.1.2.2 记录产品信息

安装时应记录硬件产品上印刷的各种信息以及板卡所使用的主要芯片的型号。在包装盒、说明书和驱动盘均已丢失的情况下，这些信息就是确定产品型号及生产厂商的重要依据，只有知道产品型号后，才能在 Internet 上查找合适的驱动程序。

9.1.2.3 阅读说明书

打开包装盒后，取出硬件产品、说明书和驱动盘（一般为光盘），仔细阅读说明书或驱动盘上的 Readme 文件，因为说明书上一般写有安装硬件和驱动程序的方法和步骤，以及安装注意事项。

9.1.2.4 驱动程序的选择

（1）不同操作系统的区别

在安装驱动时，我们必须根据自己使用的操作系统来选择相应版本的驱动，例如 Win98 下就只能安装 "For Windows9X" 版本的驱动，而 WinXP 下则只能选择 "For Windows XP" 的驱动。

（2）开发版本的区别

与普通软件一样，驱动也根据开发需要分为 Beta 版（测试版）、正式版及 WHQL 版三种类型。Beta 版也就是测试版，标明是 Beta 版的驱动表示它还只是厂商用来测试的驱动，厂商不保证它的安全性；正式版也就是通过测试之后，证明已经非常成熟的版本；WHQL 版也就是微软认证版，该版本的驱动能绝对保证具有与 Windows 操作系统的兼容性。建议安装正式版或 WHQL 版的驱动。

9.1.2.5 获取驱动程序

获取驱动程序途径主要有以下几种：

（1）使用操作系统提供的驱动程序

Windows XP 系统中已经附带了大量的通用驱动程序，这样在安装系统后，无须单独安装驱动程序就能使这些硬件设备正常运行。

不过 XP 系统附带的驱动程序总是有限的，所以在很多时候系统附带的驱动程序并不合用，这时就需要手动来安装驱动程序了。

（2）使用硬件自身附带的驱动程序

一般来说，各种硬件设备的生产厂商都会针对自己硬件设备的特点开发专门的驱动程序，并采用光盘的形式在销售硬件设备的同时一并免费提供给用户。这些由设备厂商直接开发的驱动程序都有较强的针对性，它们的性能无疑比 Windows 附带的驱动程序要高一些。

（3）通过网络下载

除了购买硬件时附带的驱动程序盘之外，许多硬件厂商还会将相关驱动程序放到网上供用户下载。由于这些驱动程序大多是硬件厂商最新推出的升级版本，它们的性能及稳定性无疑比用户驱动程序盘中的驱动程序更好，有上网条件的用户应经常下载这些最新的硬件驱动程序，以便对系统进行升级。

9.1.3 驱动程序的安装顺序

正式安装驱动之前，要先确定好安装顺序，否则不仅会导致驱动安装失败，还可能导致操作系统性能不佳或不稳定。各种驱动程序安装的顺序比较普遍的是：

9.1.3.1 主板
这里所谓的主板在很多时候指的就是芯片组的驱动程序。

9.1.3.2 显卡
在安装完主板驱动之后，接着要安装的就是显卡驱动程序。

9.1.3.3 其他板卡
其他板卡包括声卡，网卡之类。

9.1.3.4 各种外设
在进行完上面的两步工作之后，接下来要安装的就是各种外设的驱动程序了。例如：打印机、扫描仪、摄像头、MODEM 等。

9.1.4 驱动程序的安装方法

安装驱动程序的方法有很多，这里只介绍最简单和常用的安装方法。

9.1.4.1 让 Windows 自动搜索驱动程序
让 Windows 自动搜索驱动程序是我们在安装驱动程序中最常用的一种方法。现在的硬件设备基本上都支持即插即用功能。在安装新设备进入 Windows 操作系统时，若用户安装的硬件设备支持即插即用功能，则在计算机启动的过程中，系统会自动进行检测新设备，当 Windows 检测到新的硬件设备时，会弹出添加新硬件向导对话框，并可让你按照向导的提示来进行安装。

9.1.4.2 双击 Setup 文件安装
有很多硬件厂商的驱动程序都带有一个 setup.exe 文件，这种情况下，只要双击该文件就可以完成驱动的安装。甚至还有些硬件厂商提供的驱动程序光盘中加入了 Auto-run 自启动文件，只要将光盘放入到电脑的光驱中，光盘便会自动启动，随后在启动界面中单击相应的驱动程序命令即可完成硬件的安装，非常方便。

9.2 主要驱动程序的安装

目前，微机需要安装驱动程序的设备主要有：主板、显卡、声卡、网卡、打印机、MODEM 等。安装时需要注意安装顺序，安装方法基本相同。

9.2.1 主板驱动程序安装

一般情况下，安装完 Windows 系统以后，首先要安装主板的驱动程序，用来驱动主板上的芯片组。在购买主板时，都会附送主板的使用手册和驱动光盘，在安装软件之前，最好先阅读一下使用手册和相关的文件，比如 Readme.txt、Install.txt。这些文件可能包含一些手册中没有介绍的重要的安装信息。

下面以安装映泰（BIOSTAR）P4TPT 主板的驱动程序为例讲解安装过程。

（1）将主板驱动程序光盘插入光驱，会出现如图 9-1 所示界面。

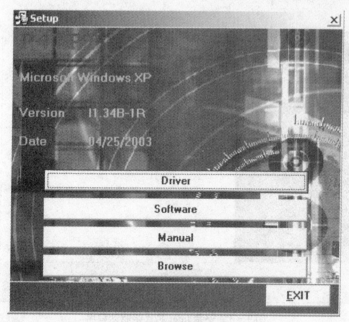

图 9-1　映泰主板驱动安装界面

（2）单击【Drivers】按钮，程序会自动扫描设备，完成以后，出现如图 9-2 所示界面。

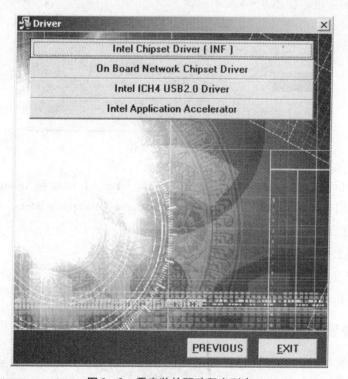

图 9-2　需安装的驱动程序列表

（3）安装 Intel 芯片组驱动程序

单击【Intel Chipset Driver（INF）】按钮，出现图 9-3 所示界面。单击【Next】
继续。

图 9-3　安装 Intel 芯片组驱动程序

出现一些版权信息，仔细阅读后，单击【Yes】继续。

显示 Readme. txt 的内容，单击【Next】继续。

显示安装的进度，如图 9-4 所示。

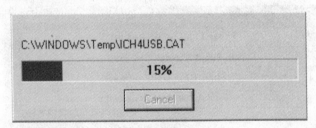

图 9-4　复制文件

安装完毕以后，提示重新启动。可以选择"Yes, I want to restart my computer
now."立即重启，也可以选择"No, I want to restart my computer later."稍后重启。单
击【Finish】完成安装，如图 9-5 所示。

（4）安装主板其他芯片组驱动程序

在图 9-2 上，选择要安装的驱动，按照提示，单击【Next】按钮就可以完成。整
个过程与安装 Intel 芯片组类似。

9.2.2　安装显卡驱动程序

显卡对计算机显示的效果起着决定性的作用，如果没有正确安装显卡驱动程序，
不仅会使硬件本身的性能无法发挥，而且在使用计算机时对用户的眼睛也有伤害，所

图 9-5　安装完成

以安装匹配的显卡驱动程序是很有必要的。

9.2.2.1　安装驱动程序

（1）将显卡驱动光盘放入光驱中。

（2）用鼠标右键单击【我的电脑】图标，在弹出的快捷菜单中选择【属性】／【硬件】／【设备管理器】命令，打开【设备管理器】窗口，展开【显示卡】选项，可见视频控制器前面有黄色问号，表示其驱动程序没有安装，如图 9-6 所示。

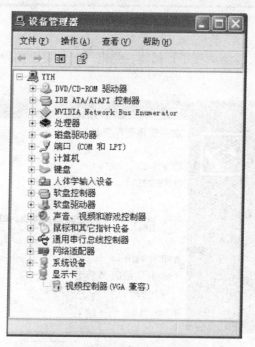

图 9-6　【设备管理器】窗口

（3）双击【视频控制器（VGA 兼容）】选项，弹出【视频控制器（VGA 兼容）属性】对话框，如图 9-7 所示。

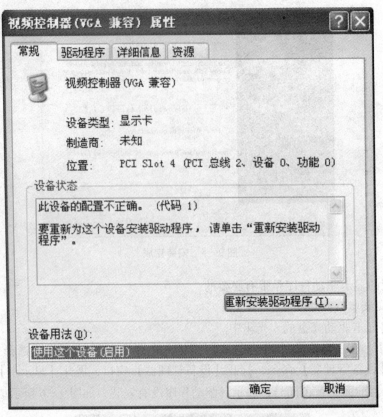

图9-7 【视频控制器属性】对话框

（4）单击【重新安装驱动程序】按钮，弹出【硬件更新向导】对话框，如图9-8所示。

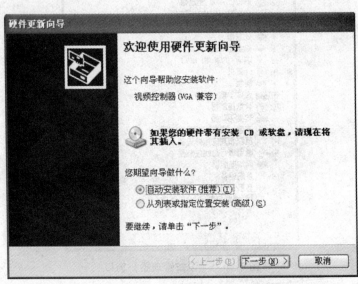

图9-8 【硬件更新向导】对话框

（5）选择【从列表或指定位置安装（高级）】单选按钮，然后单击【下一步】按钮，进入【请选择您的搜索和安装选项】向导页，如图9-9所示。

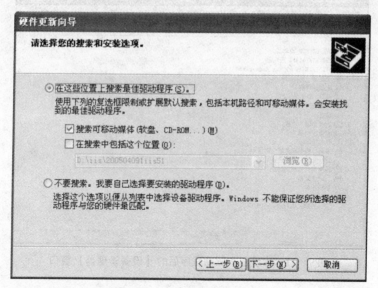

图9-9 选择驱动程序的位置

（6）单击【下一步】按钮，向导将会在指定的位置搜索驱动程序，如果找到驱动程序，会自动进行安装，最终效果如图9-10所示。

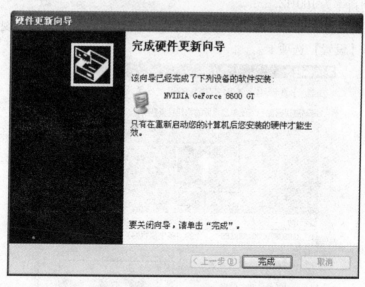

图9-10 完成安装

（7）单击【完成】按钮，再次打开【设备管理器】窗口，查看显卡驱动程序是否安装成功，如图9-11所示【显示卡】选项显示正常，说明本次驱动程序安装成功。
安装其他板卡及外设的驱动程序的方法与安装主板及显卡类似。

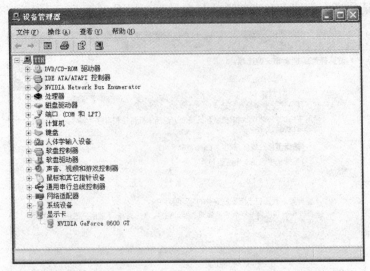

图 9-11　安装显卡驱动程序后的【设备管理器】窗口

9.2.2.2　调整显示设备属性

安装好显卡和显示器的驱动程序以后，必须对显示模式进行调整才可以充分发挥显卡和显示器的性能。下面简单介绍一下，如何将显示模式调整为：分辨率为 1024×768/32 色，刷新率为 100HZ。

在桌面空白处单击鼠标右键，执行快捷菜单中的【属性】命令，出现图 9-12 所示界面。选择【设置】选项卡。

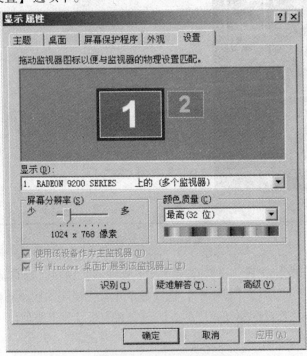

图 9-12　显示属性对话框

在这里，拖动"屏幕分辨率"的拉杆，设置为 1024×768 像素，在【颜色质量】中选择"最高（32 位）"。单击【应用】按钮，屏幕会根据设置进行变化，这时候屏幕会出现图 9-13 所示的确认对话框，如果对显示模式满意的话，单击【是】按钮确认。

![监视器设置对话框]
监视器设置

❓ 您的桌面已经重新配置。是否保留这些设置？

12 秒内恢复　　　　　　　　是(Y)　　否(N)

图 9-13　监视器设置提示保存设置

如果设置好以后，发现屏幕有轻微抖动现象，说明显示器的刷新率可能太低了。单击【高级】按钮，出现图 9-14 所示界面，选择【监视器】选项卡。

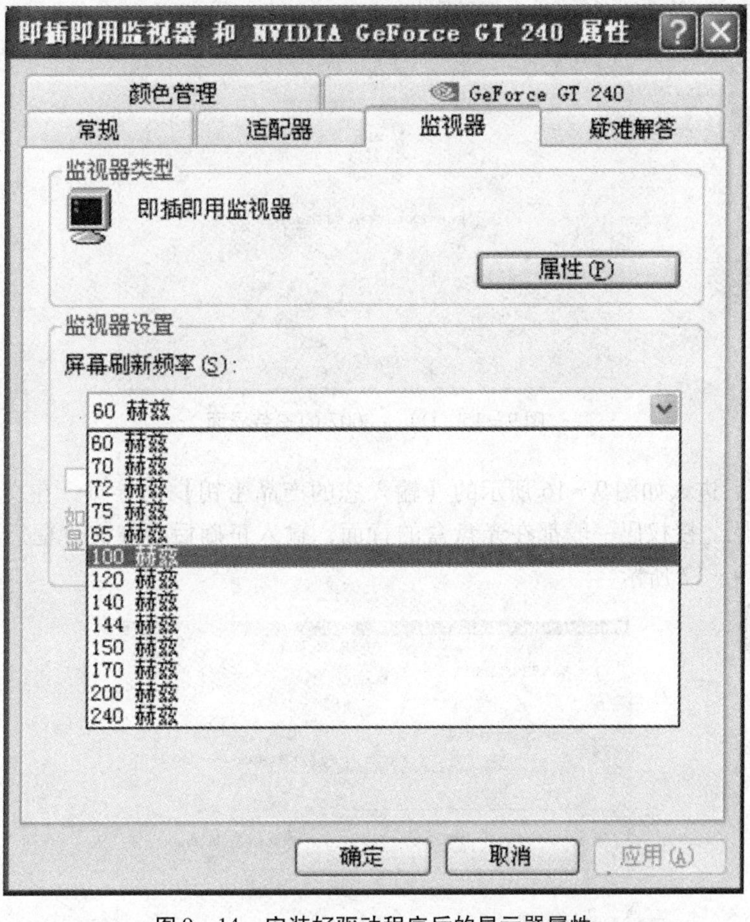

图 9-14　安装好驱动程序后的显示器属性

选择屏幕刷新率为 100 赫兹，单击【应用】按钮即可。一般来说，这个值应该在 75 赫兹以上，如果选择了显示器不支持的刷新率，可能出现黑屏的现象。这时可重新启动机器，按 F8 进入系统启动选项，选择"安全模式"启动，然后将分辨率和刷新率设置成显示器支持的值，重新启动就可以了。如果还解决不了问题，还是选择上面的启动项进去，然后找到设备管理器，删除显卡设备后再重新启动机器。等机器重新启动后，系统一定会提示找到新硬件，重新安装驱动程序就行了。

9.2.3　安装与卸载应用软件

操作系统和驱动程序安装完成后，还需要为系统安装必要的应用软件，如工具软件、办公软件以及通信软件等，软件的安装与卸载原理大致相同，只要掌握一种软件的安装与卸载方法，便可触类旁通了。这里我们以安装和卸载 Office 2007 为例。

9.2.3.1　安装 Office 软件

（1）将 Office 2007 的安装光盘放入光驱中，单击【Office 2007】安装图标，系统自动进入如图 9 - 15 所示的安装界面。

图 9 - 15　Office 2007 的安装界面

（2）随后进入如图 9 - 16 所示的【输入您的产品密钥】向导页，在文本框中输入正确的授权码。授权码一般都在光盘盒的背面，输入正确后会在文件框后面显示一个符号，如图 9 - 17 所示。

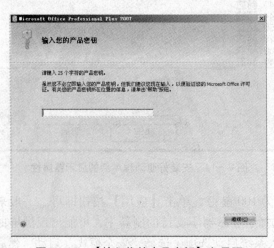

图 9 - 16　【输入您的产品密钥】向导页

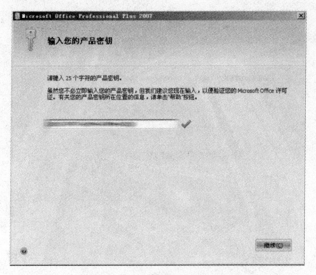

图 9-17　输入正确的产品密钥

（3）单击【继续】按钮，将进入【阅读 Microsoft 软件许可证条款】向导页，勾选
【我接受此协议的条款】复选框，如图 9-18 所示。

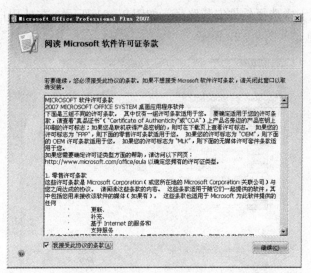

图 9-18　【软件许可证条款】向导页

（4）单击【继续】按钮，将进入【选择所需的安装】向导页，Office 2007 为用户
提供了默认安装和自定义安装两种安装模式，如图 9-19 所示。单击【立即安装】按
钮，Office 2007 将被默认安装至计算机 "C：\ Program Files \ Microsoft Office" 目录下。
这里采用【自定义】安装模式。

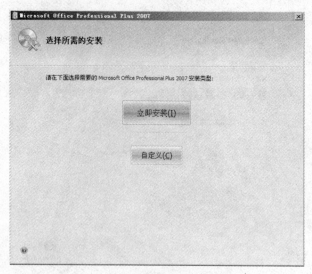

图 9 - 19　【选择所需的安装】向导页

　　（5）单击【自定义】按钮，进入【自定义设置】向导页，如图 9 - 20 所示。这里包括 3 个选项卡，在【安装选项】选项卡中用户可以选择需要安装的软件组件；在【文件位置】选项卡中选择软件安装路径，如图 9 - 21 所示；在【用户信息】选项卡中可以输入用户信息，如图 9 - 22 所示。

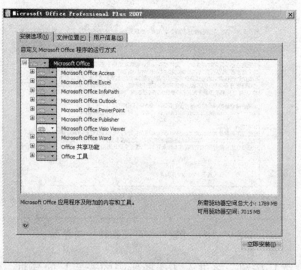

图 9 - 20　【自定义设置】向导页

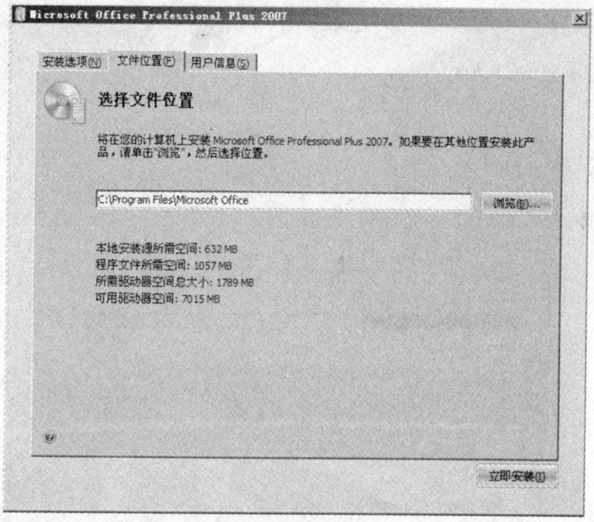

图 9-21　【文件位置】选项卡

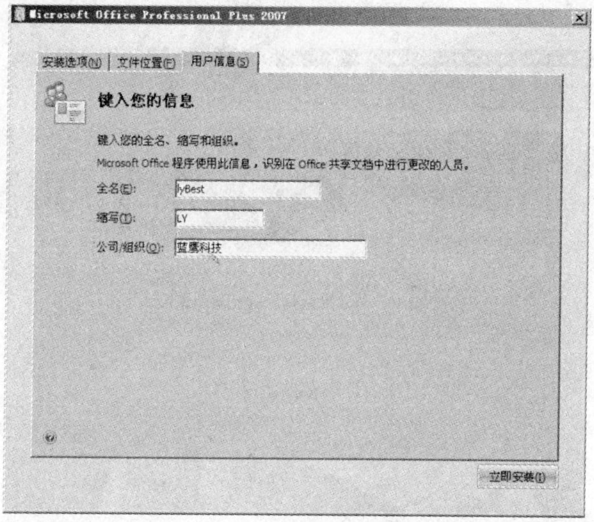

图 9-22　【用户信息】选项卡

（6）选择并填写完成后，单击【立即安装】按钮，将开始安装软件并显示软件安装进度，如图 9-23 所示。

（7）安装完成后显示安装成功界面，如图 9-24 所示。

（8）单击【关闭】按钮，完成 Office 2007 软件的安装。

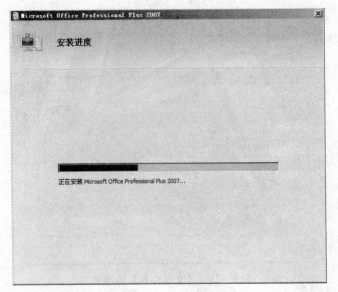

图 9 - 23　安装进度

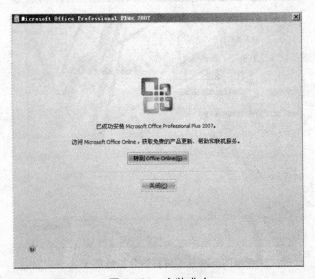

图 9 - 24　安装成功

9.2.3.2　卸载 Office 软件

卸载不等于普通的删除，卸载是安装的逆过程。一个成功的卸载就是把整个计算机系统恢复到安装该软件以前的状态，从而释放其占用的系统资源。卸载软件时可使用专业的卸载软件进行卸载，也可在系统自带的【添加或删除程序】窗口中进行卸载。

（1）选择【开始】/【控制面板】命令，弹出【控制面板】窗口，如图 9 - 25 所示。

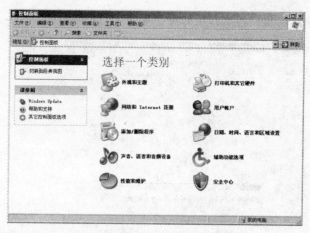

图 9 - 25　【控制面板】窗口

（2）双击【添加/删除程序】图标，打开【添加或删除程序】窗口，单击要卸载
的程序选项【Microsoft Office Professional Plus 2007】，该程序项将变为蓝色，并出现
【更改】和【删除】两个按钮，如图 9 - 26 所示。

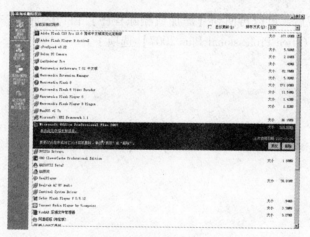

图 9 - 26　【添加或删除程序】窗口

（3）单击【删除】按钮，弹出如图 9 - 27 所示的卸载确认对话框。

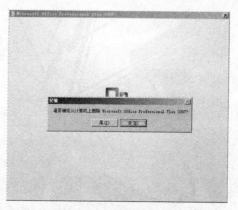

图 9 - 27　卸载确认对话框

（4）单击【是】按钮，程序开始卸载，如图9-28所示。

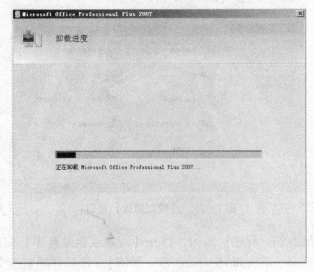

图9-28　卸载进度

（5）卸载完成后，可以再回到【添加或删除程序】窗口，此时，其程序列表中已经没有【Microsoft Office Professional Plus 2007】选项了。

第10章 系统的备份与恢复

由于错误操作或病毒入侵造成操作系统损坏时，大多数人都采取重新安装系统的办法来解决问题，这样又费时又费力，因为所有的驱动程序和应用软件都得重新安装一次，而且如果你在系统盘上保留有自己的文件以及 IE 的收藏夹等，情况就更糟糕，因为它们全都会因重装系统而灰飞烟灭。为避免重装系统的费时费力，在系统稳定时将系统盘（一般是 C 盘）所有数据拷贝成一个文件，存储于其他的盘，当系统出现问题时就可利用这个文件恢复系统。完成这个工作的软件就是系统备份与恢复软件。

10.1 DOS 下使用 Ghost 备份与恢复系统

在 Windows 系列操作系统中只有 Windows Me/XP 这两个操作系统具有系统还原功能，并且如果系统不能正常启动，系统还原功能也无法使用。因此对于系统备份应该选择一款可以广泛应用于各个版本的 Windows 操作系统的软件，而且采用更加安全的备份方法，Ghost 就是备份软件中的佼佼者。

10.1.1 使用 Ghost 备份系统

准备一张含有 Ghost 11.02 版本的启动光盘（可以到软件经销商处购买）。

10.1.1.1 启动 Ghost

（1）进入 BIOS 设置程序，设置系统从光驱启动。将 Ghost 光盘放入光驱中，按 F10 键保存并退出 BIOS 设置程序，重启计算机。

（2）从启动光盘上运行 Ghost 程序，弹出【Ghost 的系统信息】对话框，如图 10 -1所示。

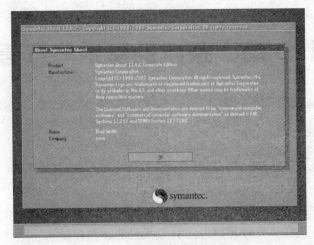

图 10 - 1 系统信息对话框

（3）单击【OK】按钮，进入【Ghost 主界面】，如图 10 - 2 所示。

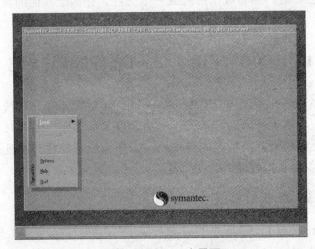

图 10 - 2 Ghost 主界面

10.1.1.2 选择要备份的分区

（1）选择【Local】/【Partition】/【To Image】命令，如图 10 - 3 所示。

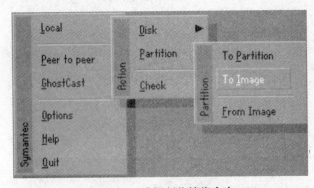

图 10 - 3 选择制作镜像命令

在主界面左下角有一个菜单。单击【Local】（本地）菜单，展开有三个菜单项，【Disk】（磁盘）表示备份整个硬盘（即是克隆），【Partition】（分区）表示备份硬盘的单个分区，【Check】（检查）表示检查硬盘备份的文件有无损坏。这里选择【Partition】进行分区复制。这时，有三个下拉菜单项可选。

To Partition：将一个分区的数据复制到另一个分区。

To Image：将一个分区的数据复制到一个磁盘文件。

From Image：将一个 Image 文件的数据恢复到一个分区上。

（2）选择【To Image】命令后，将弹出【选择硬盘】对话框，如图 10 - 4 所示。该计算机只有一个硬盘，所以默认选择"1"。

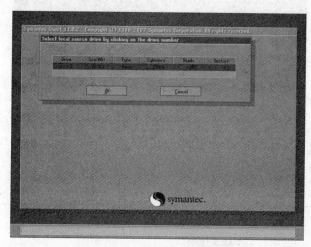

图 10 - 4　选择硬盘对话框

（3）单击【OK】按钮，弹出源分区选择对话框，选择 1 分区（即 C 盘），如图 10 - 5 所示。

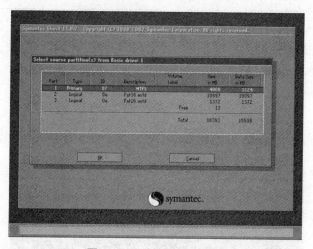

图 10 - 5　分区选择对话框

10.1.1.3　指定备份文件的名称及存放位置

（1）单击【OK】按钮，弹出【存放镜像输出文件】对话框，在【Look in】下拉列表中选择【1.2：［］NTFS drive】选项，将镜像文件存放在 E 盘中，在【File name】的输入框中为镜像文件命名为："XiTongBeiFen"，如图 10 - 6 所示。

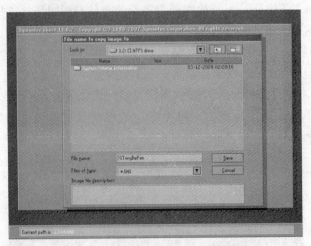

图 10 - 6 设置镜像文件的存放位置和名称

（2）单击【Open】按钮，弹出【压缩方式选择】对话框，如图 10 - 7 所示。各个按钮所对应的压缩方式如表 10 - 1 所示。

表 10 - 1   各个按钮所对应的压缩方式

按钮名称	压缩方式
NO	表示只采用基本压缩
Fast	表示快速压缩，制作和恢复镜像使用的时间较短，但是生成的镜像文件将占用较多的磁盘空间
High	表示高度压缩，制作和恢复镜像使用的时间较长，但是生成的镜像文件将占用较小的磁盘空间

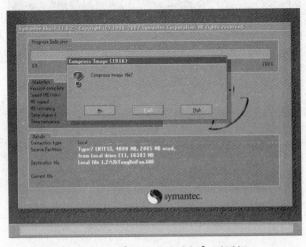

图 10 - 7 【压缩方式选择】对话框

（3）单击【FAST】按钮，将弹出一个【确认】对话框，如图10-8所示

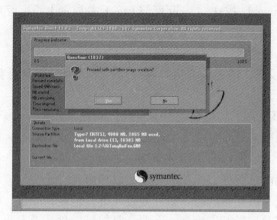

图10-8 【确认】对话框图

（4）单击【YES】按钮，Ghost开始制作镜像，如图10-9所示。

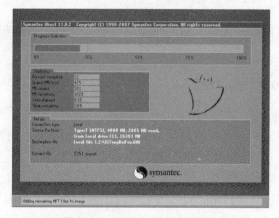

图10-9 Ghost开始制作镜像

（5）当镜像制作完成后，将弹出【完成信息】对话框，提示系统备份已经完成，如图10-10所示。

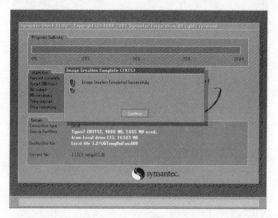

图10-10 备份完成

10.1.1.4　退出 Ghost

（1）单击【Continue】按钮，将返回【Ghost 主界面】，然后单击【Quit】按钮，可退出 Ghost。

（2）从光驱中取出光盘，重启计算机。

（3）进入 BIOS 设置，设置系统从 C 盘启动。然后可在 E 盘上看到生成的镜像文件"XiTongBeiFen. GHO"。

Ghost 使用注意事项：

（1）在备份系统前，最好将一些无用的文件删除以减少 Ghost 文件的体积。

（2）单个的备份文件最好不要超过 2GB。

（3）在备份系统前，整理目标盘和源盘，以加快备份速度。

（4）在备份系统及恢复系统前，最好检查一下目标盘和源盘，纠正磁盘错误。

（5）在恢复系统时，最好先检查一下要恢复的目标盘是否有重要的文件还未转移，否则等硬盘信息被覆盖就后悔莫及。

（6）选择压缩率时，建议不要选择最高压缩率，因为最高压缩率非常耗时，而压缩率又没有明显的提高。

（7）新安装了软件和硬件后，最好重新制作备份文件，否则很可能在恢复后出现一些莫名其妙的错误。

10.1.2　利用 Ghost 还原系统

10.1.2.1　启动 Ghost

（1）设置系统启动顺序为光驱启动。放入有 Ghost 程序的启动光盘，重启计算机。

（2）启动光盘，运行 Ghost 程序，进入【Ghost 主界面】。

10.1.2.2　选择用于恢复系统的文件

（1）选择【Local】／【Partition】／【From Image】命令，如图 10 - 11 所示，弹出选择要使用的备份文件对话框，选择上面制作的镜像文件"XiTongBeiFen. GHO"，如图 10 -12所示。

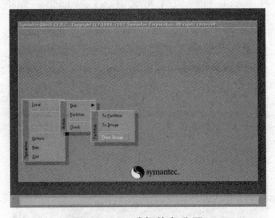

图 10 - 11　选择恢复分区

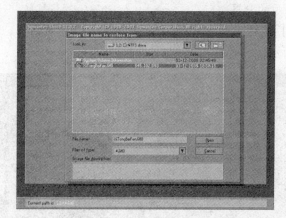

图 10 - 12　选择备份文件

（2）单击【Open】按钮，弹出【选择源分区】对话框，选择分区 1，如图 10 - 13 所示。

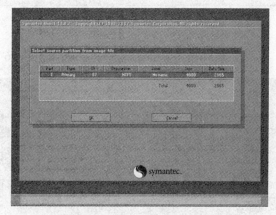

图 10 - 13　选择源分区

（3）单击【OK】按钮，弹出【选择目标硬盘】对话框，选择硬盘 1，如图 10 - 14 所示。

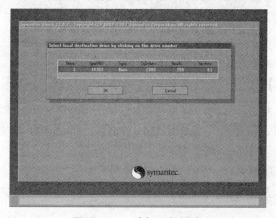

图 10 - 14　选择目标硬盘

10.1.2.3 指定要还原的分区

（1）单击【OK】按钮，弹出要还原的【分区选择】对话框，选择分区 1 （即 C 盘），如图 10 - 15 所示。

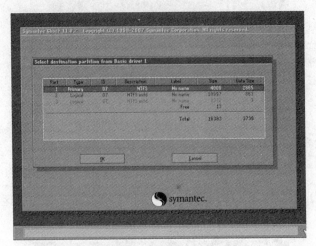

图 10 - 15 选择要被还原的分区

（2）单击【OK】按钮，将弹出【确认】对话框，如图 10 - 16 所示。

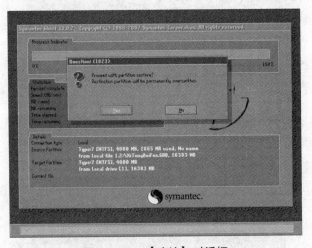

图 10 - 16 【确认】对话框

10.1.2.4 还原系统并重启计算机

（1）单击【YES】按钮，系统开始用备份文件进行系统还原，将会覆盖 C 盘上所有的数据，如图 10 - 17 所示。

（2）还原完毕后，将弹出【完成信息】对话框，如图 10 - 18 所示，提示系统还原已经完成。单击【Reset Computer】按钮，重启计算机。

此方法不仅可以还原系统，还可以对其他分区中的内容进行备份与还原。其方法与备份还原系统盘的方法类似。

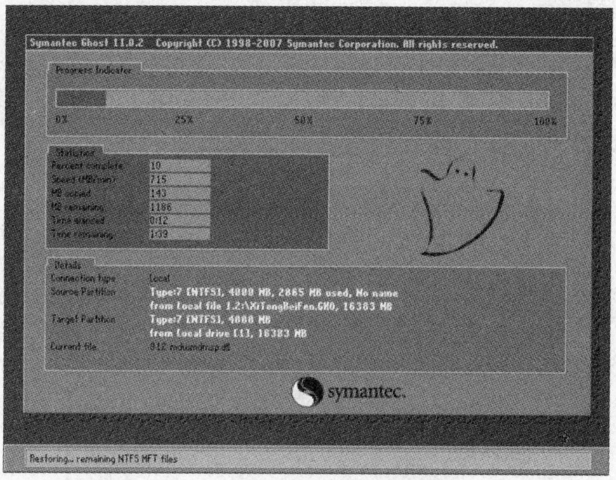

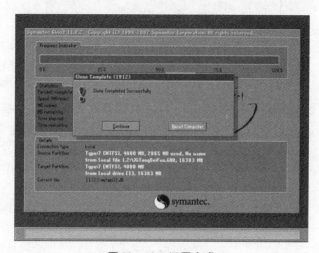

图 10 - 17　系统还原正在进行

图 10 - 18　还原完成

10. 2　Windows 下一键 Ghost 备份还原

在 DOS 下备份与恢复系统较为复杂，"一键 Ghost"软件可在 Windows 下运行，操作更加简单。

10. 2. 1　使用一键 Ghost 备份系统

10. 2. 1. 1　下载并安装一键 Ghost

（1）到 DOS 之家（http：//doshome. com/down_ 1KG. htm）下载"一键 Ghost"软件。

（2）下载完成后，双击安装文件，它会自动完成安装过程，桌面上会出现快捷图标。

10.2.1.2　重启系统

（1）双击桌面快捷图标，会出现如图 10-19 所示的【一键备份系统】窗口。

（2）在【一键备份系统】窗口中单击【备份】按钮，出现提示【设置 doshome.com 为主页】对话框，建议点击【取消】按钮。

图 10-19　【一键备份系统】窗口

（3）接着出现如图 10-20 所示的提示【重启开始备份】对话框，单击【确定】按钮。

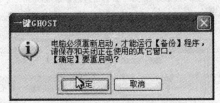

图 10-20　重启开始备份

（4）重启以后，出现如图 10-21 所示的界面，在其中选择【一键 Ghost】，回车。

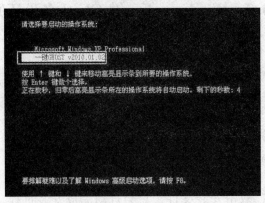

图 10-21　启动界面

10.2.1.3 备份系统

（1）选择【一键 Ghost】回车后出现如图 10－22 所示的【一键 Ghost 主菜单】，用光标移动键选择【1. 一键备份系统】，回车。

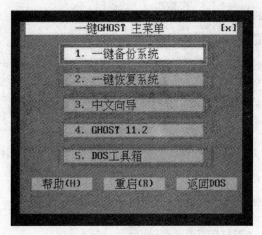

图 10－22 一键 Ghost 主菜单

（2）出现如图 10－23 所示的警告，选择【备份】回车，进入系统备份过程。

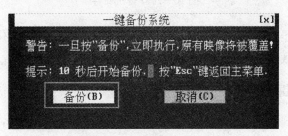

图 10－23 警告对话框

（3）进入如图 10－24 所示的界面，开始 Ghost 备份过程，等待到 100% 就好，计算机会重启，备份完成。

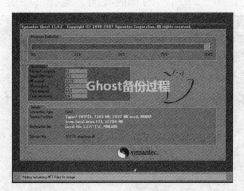

图 10－24 Ghost 备份过程

10.2.1.4 查看备份文件

一键 Ghost 默认是把备份文件保存在硬盘最后一个分区，而且是隐藏文件。这里的最后一个分区是 D 盘。打开【资源管理器】，在【工具】／【文件夹选项】中设置"显示隐藏文件"，就可以看到【~1】文件夹，如图 10 - 25 所示，这就是备份文件所在的文件夹。

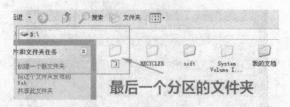

图 10 - 25　备份文件的保存位置

双击【~1】文件夹，显示有两个文件，其中"C_ PAN. GHO"就是系统备份文件，如图 10 - 26 所示，另一个是说明文件。

图 10 - 26　备份文件

注意：一定不能删除这个一键 Ghost 软件和备份文件，否则就不能还原。建议把备份的文件夹设置隐藏，防止误删！

10.2.2　使用一键 Ghost 还原系统

一般而言，不到非不得已不要老是还原，因为还原之后，你备份之后安装的某些软件可能要重新安装后才能正常使用。

注意：如果你有些重要的个人文件，比如我的文档、收藏夹、桌面文件等是保存在 C 盘的，还原之前，请把他们复制一份到其他分区，以免还原的时候丢失。

（1）开机进入到如图 10 - 27 所示的开机界面，选择【一键 Ghost】，回车。

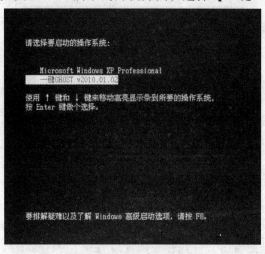

图 10 - 27　系统启动界面

（2）进入如图 10-28 所示的主菜单，选择【一键恢复系统】，回车。

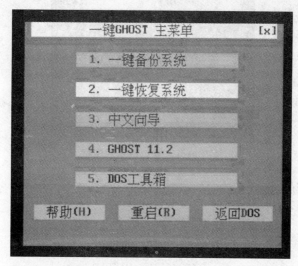

图 10-28　一键 Ghost 主菜单

（3）在弹出的如图 10-29 所示的警告对话框中选择【恢复】，回车。

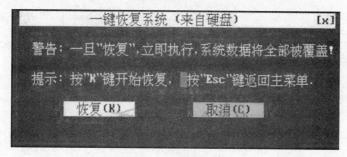

图 10-29　警告对话框

（4）进入到如图 10-30 所示的 Ghost 恢复过程，等待完成即可。

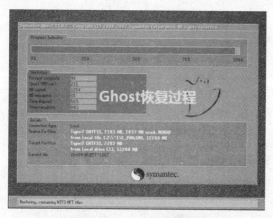

图 10-30　Ghost 恢复过程

（5）恢复完成后，出现如图 10-31 所示的重启提示对话框，选择【重启】，回车。

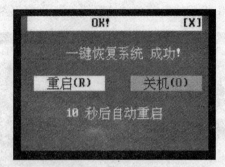

图 10 - 31　重启提示对话框

重启之后，系统恢复到备份时的状态。

第 11 章 微机的日常维护

按照微机技术发展规律，一台微机的正常使用寿命为 3 ~ 5 年。微机淘汰的主要原因是不能满足软件发展的需要。微机使用 5 年后，即便微机硬件没有故障，仍可正常开机，但受硬件条件的限制，在运行新的操作系统和新的应用软件时速度会非常慢，甚至不能使用。另外，旧的微机往往不支持许多新的外部设备，容易造成兼容性故障，这都会导致微机的淘汰。

微机在使用寿命期限内，难免会出现各种故障，经常维修电脑不仅耗时、耗力，而且浪费金钱。减少维修最有效的方法是加强预防性的日常维护工作。

11.1 微机硬件的日常维护

微机硬件的日常维护主要包括：保持微机良好的运行环境、养成正确的操作习惯、做好各部件的常规维护。微机硬件日常维护做得越好，微机故障就越少，使用寿命就越长，维护成本就越低。

11.1.1 微机使用的环境要求

一般情况下，计算机的工作环境有如下一些要求。

（1）计算机运行的环境温度要求

计算机通常在室温 15℃ ~ 35℃ 的环境下都能正常工作。若低于 10℃，则含有轴承的部件（风扇、硬盘、光驱等）的工作可能会受到影响；高于 35℃，如果计算机主机的散热不好，就会影响计算机内部各部件的正常工作。在有条件的情况下，最好将计算机放置在有空调的房间内，而且不宜靠墙放置，特别不能在显示器上放置物品或遮住主机的电源部分，这样会严重影响散热。

（2）计算机运行的环境湿度要求

在放置计算机的房间内，其相对湿度最高不能超过 80%，否则会使计算机内的元器件受潮，甚至会发生短路而损坏计算机；相对湿度也不要低于 20%，否则容易因为过分干燥而产生静电作用，损坏计算机。

（3）计算机运行的洁净度要求

放置计算机的房间不能有过多的灰尘，否则灰尘附落在电路板或光驱的激光头上，不仅会造成稳定性和性能下降，而且也会缩短计算机的使用寿命。因此，在房间内应保持洁净，尽量避免灰尘进入主机，在房间内最好有除尘设备或采用抑制灰尘的措施。

（4）计算机对外部电源的交流供电要求

计算机对外部电源的交流供电有两个基本要求：一是电压要稳定，波动幅度一般应该小于5%；二是在计算机工作时供电不能间断。在电压不稳定的地区，为了获得稳定的电压，最好使用交流稳压电源。为了防止突然断电对计算机的影响，可以装备UPS（不间断电源）。

（5）计算机对放置环境的要求

计算机主机应该放在不易震动、翻倒的工作台上，以免主机震动对硬盘产生损害。另外，计算机的电源也应该放在不易绊倒的地方，而且最好使用单独的电源插座。计算机周围不应该有电炉、电视等强电或强磁设备，以免其开关时产生的电压和磁场变化对计算机产生损害。

11.1.2 微机使用的注意事项

微机使用时应注意以下几点：

（1）养成良好的使用习惯

误操作是导致计算机故障的主要原因之一，要减少或避免误操作，就必须养成良好的操作习惯。

正确开关机，不要在驱动器灯亮时强行关机，也不要频繁地开关机，开关机之间的时间间隔应不小于30秒。频繁开关机对各种配件的冲击很大，尤其是对硬盘。在主机通电的情况下，打开或关闭外设，对主机部件的冲击较大。机器正在读写数据时突然关机，很可能会损坏硬盘。另外，关机时必须先关闭所有的程序，再按正常的顺序退出，否则有可能损坏程序。

在增、减计算机的硬件设备时（USB设备除外），必须在断掉主机与电源的连接后，并确认身体不带静电时，才可进行操作。

计算机在加电之后，不应随意地移动和震动，以免由于震动造成硬盘表面划伤或其他意外情况，造成不应有的损失。

（2）要正确进行外部连接，绝对不要带电连接外设或插拔机箱内板卡。

（3）触摸计算机内部部件或电路前一定要先释放人体的高压静电，只需触摸一下水管等接地设备即可。接触电路板时，不应用手直接触摸电路板上的铜线及集成电路的引脚，以免人体所带的静电损坏这些器件。

（4）使用来路不明的U盘或光盘前，一定要先查毒，安装或使用后还要再查一遍，因为有一些杀毒软件不能查杀压缩文件里的病毒。

（5）系统非正常退出或意外断电后，应尽快进行硬盘扫描，及时修复错误。因为在这种情况下，硬盘的某些簇链接会丢失，给系统造成潜在的危险，如不及时修复，会导致某些程序紊乱，甚至危及系统的稳定运行。

（6）保护重要数据

准备一张干净的系统引导盘，在这张盘上除了要有启动时必需的文件外，还应包括如Fdisk、Format、Ghost等常用程序。一旦硬盘不能启动，可以用这张引导盘来启动计算机。

为防止硬盘损坏、误操作等意外发生，应经常进行重要数据资料的备份，例如将重要数据刻录成光盘保存，以便发生严重意外后，不至于有重大的损失。

不要乱用格式化、分区等危险命令，防止硬盘被意外格式化。

11.1.3 微机部件的常规维护

（1）CPU 的维护

目前主流的 CPU 发热普遍巨大，因此预防 CPU 被烧毁是必须要注意的问题。

首先应选用质量上乘的散热风扇。另外要注意对 CPU 温度的监控。最后不要对高频率 CPU 超频，因为原本发热量已经很大的高频率 CPU 一旦超频无异于火上浇油，不仅难以保证系统稳定运行，CPU 被烧毁的可能性也将大大增加。

（2）硬盘驱动器的维护

硬盘驱动器是集精密机械、微电子电路、电磁转换为一体的比较贵重的部件。一般说来，使用中应注意以下一些问题：

装卸时，要轻拿轻放；硬盘工作时，不要搬移机器。

拆下存储或搬运时，要装入抗静电的塑料袋之中包装好。

注意使用环境的温度和清洁条件，每隔一定的时间要对重要的数据做一次备份。

硬盘在工作时不能突然关电，以免损坏硬盘和数据。

利用防毒杀毒软件对硬盘进行定期的病毒检测和清除。

（3）光驱和光盘的维护

光驱的维护：

控制光驱的工作温度和湿度。

定时除尘。其方法是关闭计算机电源，用照相机镜头刷轻轻刷去激光头上的灰尘，然后用橡皮球吹去剩下的尘埃，千万不要用镜头水、清洁剂之类的化学溶剂擦洗。

在除尘时，一定要切断电源，切记不可在通电情况下用眼睛去察看激光头，因激光头发出的是不可见红外线，具有较强的能量，直视会对眼睛造成永久性伤害。

光盘的维护：

不要用手触摸光盘的存储数据的部分，取拿时用手指抠拿光盘中心定位孔和光盘边缘，更不要将两张光盘裸露重叠地放置，那样会将录有数据的凸凹处磨损。

光盘用完后应从光驱中取出放入保护盒内垂直存放，不可长时间重叠存放或倾斜放置；不要用坚硬锐利的物品碰撞、刻划；也不要在光盘上面粘贴标记或用钢笔、圆珠笔作记号；更不要将其他重物压在上面，以免变形报废。

切勿将光盘放置于阳光直射处或潮湿高温的地方，也不要靠近甲醛黏合剂等挥发性化学物品旁边，以防老化。

若遇光盘被污染，切勿使用化学清洁剂清洗，正确的方法是用电吹风的微风挡吹去灰尘。对污垢用干燥、清洁柔软的丝绸轻轻擦拭：只有在万不得已的情况下（如光盘掉入泥水中）才用纯净水冲洗，然后用丝绸或不起毛的软布、从光盘中心向边沿辐射状擦拭，切不可沿轴线一圈一圈擦拭，擦拭动作要轻，最后用同样质料擦干，放置数小时后再使用。

（4）键盘的维护

键盘是使用最频繁的输入设备也是最容易出故障的外部设备之一，使用时一般应注意以下事项：

键盘要防潮、防尘、防拉拽。键盘受潮易腐蚀；沾染灰尘会使键盘触点接触不良，操作不灵；拖拽易使键盘线断裂，造成键盘失灵。

操作键盘时，按下键的时间不宜过长，正确的动作应是"敲键"。

从键盘上输入信息时，敲键的动作要适当，不可用力过大，以防键的机械部件受损而失效。

应注意保持键盘的清洁。键盘上的油污和脏痕应该用干净柔软的湿布擦拭，切忌不可直接用水或酒精清洗键盘。

拆卸或更换键盘之前，必须关主机电源，再拔下与主机相连的电缆插头。不用时，可用罩子罩住，以防尘、防水等。

（5）鼠标的维护

鼠标要在光滑平整和清洁的硬质平面上使用。使用过程中应注意以下几点：

防尘：灰尘导致鼠标故障的现象屡见不鲜了，一旦有过多的灰尘遮挡住了"光头"那么鼠标的移动精度就大幅度下降。

防拉拽：拉拽会使鼠标线断裂，使鼠标失灵。

鼠标垫：使用适合光电鼠标用的鼠标垫（尽量采用同一颜色），并经常进行清洗。鼠标垫不能太轻或与桌面之间的摩擦系数太小，这会使鼠标垫随着鼠标器的移动而移动，导致定位不准。

桌面光滑：有许多人喜欢不用鼠标垫，但是有不少电脑桌的反光程度和平滑度不符合要求。如果电脑桌的反光程度过大，那么鼠标就非常不容易移动；如果平滑度不够，那么鼠标移动起来也会很麻烦。

鼠标"滑垫"（鼠标的底部一般有 2~4 个耐磨滑动垫）因长时间的使用，磨损或被人为破坏，使鼠标高度偏离正常位置，也会导致定位不准。

（6）显示器的维护

避免频繁开关显示器：这样会影响其使用寿命。

使用屏幕保护程序：机器开着不用时，应使用屏幕保护程序。

亮度、对比度要调整适当：在显示器工作时，显示器上面不要搭盖任何东西，并应有 20cm 的通风散热空间；在关闭显示器之后，不要马上用防尘罩罩住显示器，应先等显示器的工作温度散去之后，再罩上防尘罩。

避免进水：千万不要让任何带有水分的东西进入液晶显示器。当然，一旦发生这种情况也不要惊慌失措，如果在开机前发现只是屏幕表面有雾气，用软布轻轻擦掉就可以了，如果水分已经进入液晶显示器，那就把液晶显示器放在较温暖的地方，比如说台灯下，将里面的水分逐渐蒸发掉，如果发现屏幕"泛潮"的情况较严重时，普通用户还是打电话请服务商帮助为好，因为较严重的潮气会损害液晶显示器的元器件，会导致液晶电极腐蚀，造成永久性的损害。另外，平时也要尽量避免在潮湿的环境中使用 LCD 显示器。

避免长时间工作：液晶显示器的像素是由许许多多的液晶体构成的，过长时间的连续使用，会使晶体老化或烧坏，损害一旦发生，就是永久性的、不可修复的。一般来说，不要使液晶显示器长时间处于开机状态（连续 72 小时以上），如果在不用的时候，关掉显示器，或者运行屏幕保护程序。

避免"硬碰伤"：LCD 显示器比较脆弱，平时使用时应当注意不要被其他器件"碰伤"。在使用清洁剂的时候也要注意，不要把清洁剂直接喷到屏幕上，它有可能流到屏幕里造成短路，正确的做法是用软布蘸上清洁剂轻轻地擦拭屏幕，记住，液晶显示器抗"撞击"的能力是很小的，许多晶体和灵敏的电器元件在遭受撞击时会被损坏。

（7）主板、内存条、扩展卡的维护

这些部件尽管有机箱的保护，但由于在一般的办公室条件下长期运行，仍然会沾染许多灰尘，如果不及时进行清洁，会影响芯片的散热，引起接插件部分接触不良，还会严重影响电脑的工作速度。因此，需要定期清洁主板上的各种扩展槽、接口及内存插槽，可先用毛刷对各板卡表面上的灰尘轻轻地刷一下，然后再用吸尘器或电吹风将灰尘处理干净。

主板还要注意防静电和形变。静电可能会损坏 BIOS 芯片和数据、损坏各种接口电路；板卡变形后会导致线路板断裂、元件脱焊等严重故障。内存条要注意防静电，超频时也要小心，过度超频极易引起黑屏，甚至使内存发热损坏。内存条和扩展卡金手指上的氧化层可用橡皮擦除。

11.2　微机系统维护

微机系统维护主要针对操作系统软件和微机上的数据，一般通过软件来完成。系统维护的主要内容包括：系统备份、系统漏洞修补及磁盘维护等。

11.2.1　系统漏洞修补

所谓系统漏洞是指操作系统软件在编写时，由于疏漏而导致的一些系统程序或组件存在后门或错误，木马或者病毒程序可利用它们绕过防火墙等防护软件，攻击和控制用户个人电脑。

针对某一个具体的系统漏洞或安全问题而发布的专门解决该漏洞或安全问题的小程序，通常称为修补程序，也叫系统补丁或漏洞补丁，所以，修补漏洞通常也称为打补丁。漏洞补丁不仅限于 Windows 系统，大家熟悉的 Office 产品同样会有漏洞，也需要打补丁。而且，微软公司为提高其软件的市场占有率，会及时把修补程序放在网上供用户免费下载安装。

在互联网日益普及的今天，越来越多的计算机连接到互联网，甚至某些计算机保持"始终在线"的连接，这样的连接使他们暴露在病毒感染、黑客入侵、拒绝服务攻击以及其他可能的风险面前。操作系统是一个基础的特殊软件，它是硬件、网络与用户的一个接口。不管用户在上面使用什么应用程序或享受怎样的服务，操作系统一定是必用的软件。因此它的漏洞如果不补，就像我们的门不上锁一样地危险！等待我们的轻则资源耗尽、重则感染病毒、被插木马、隐私尽泄甚至会产生经济上的损失！

修补系统漏洞可使用 Windows 自身的 Windows Update 程序或第三方工具，例如 360 安全卫士（鲁大师）、金山卫士、瑞星、QQ 医生、Windows 优化大师、迅雷等来完成。

11.2.1.1　使用 Windows Update 修复漏洞

Windows Update 是微软提供的一种自动更新工具，通常提供漏洞修补、驱动程序及软件的升级。通过它可更新我们的系统，能够扩展系统的功能，让系统支持更多的软、硬件，解决各种兼容性问题，使系统更安全、更稳定。其操作方法如下：

（1）右击桌面【我的电脑】图标，从快捷菜单中选【属性】，从弹出的【系统属性】窗口中选择【自动】，如图 11-1 所示。

（2）选择更新时间，单击【确定】按钮。

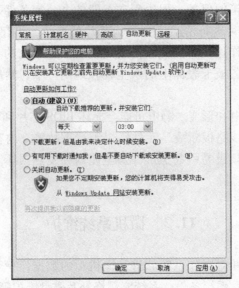

图 11-1　系统属性对话框

11.2.1.2　使用 360 安全卫士修复漏洞

（1）启动 360 安全卫士，单击 360 界面上的修复漏洞按钮，软件会自动检测系统中存在的漏洞，并提示其安全级别，如图 11-2 所示。

（2）选择需要修补的漏洞，单击【立即修复】按钮。

（3）360 会自动下载这些漏洞补丁并安装到电脑上，修复完成之后会提示重启电脑。

（4）重启计算机使补丁生效。

图 11-2　360 安全卫士【漏洞修复】界面

11.2.2 磁盘维护

磁盘是用来存储计算机各种文件的主要存储设备，也是微机运行过程中使用最频繁的介质。磁盘维护主要包括：磁盘清理、磁盘扫描和磁盘碎片整理。通过磁盘维护能修复文件系统错误、保障微机的正常运行并提高磁盘的读写速度。

11.2.2.1 磁盘清理

通过磁盘清理能删除磁盘中的垃圾文件，增大磁盘可用存储空间。磁盘清理程序的具体操作方法如下：

（1）双击【我的电脑】图标，右键单击要进行清理的磁盘，并从其弹出的快捷菜单中选择【属性】命令。

（2）在弹出的对话框中切换到【常规】选项卡，如图11-3所示。

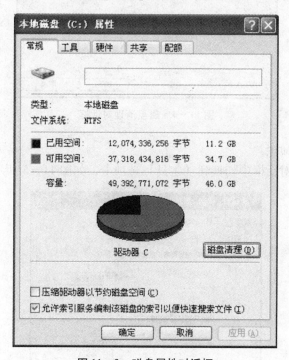

图11-3　磁盘属性对话框

（3）单击【磁盘清理】按钮，弹出【磁盘清理】对话框，如图11-4所示。

（4）选择需要清理的文件，这里可以全选，因为这里删除的文件不会对系统产生任何影响。单击【查看文件】按钮可查看在"要删除的文件"列表框中选定的文件夹的具体信息。

（5）单击【确定】按钮，系统开始执行删除命令。在弹出的【您确信要执行这些操作吗】对话框中选择【是】按钮。确认执行删除命令并完成磁盘的清理。

11.2.2.2 磁盘扫描

每隔两三个月扫描一下硬盘，文件出错、丢失的几率会大大降低。磁盘扫描操作步骤如下：

（1）双击【我的电脑】图标，右键单击要进行扫描的磁盘，并从其弹出的快捷菜

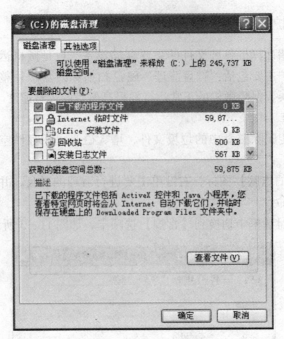

图 11 - 4　磁盘清理对话框

单中选择【属性】命令。

　　（2）在弹出的对话框中切换到【工具】选项卡，如图 11 - 5 所示。

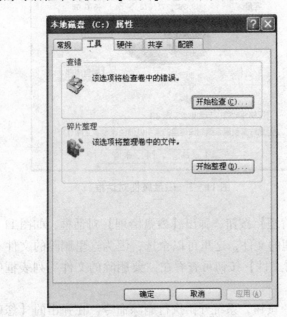

图 11 - 5　磁盘属性【工具】选项卡

　　（3）单击【开始检查】按钮

　　在弹出的对话框中选中【自动修复文件系统错误】和【扫描并试图恢复坏扇区】
两项，如图 11 - 6 所示。

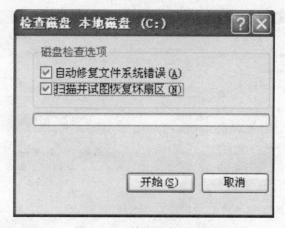

图 11-6　检查磁盘对话框

（4）单击【开始】按钮。

（5）扫描完成后，单击【确定】按钮，完成磁盘检查工作。

11.2.2.3　碎片整理

磁盘碎片是指由于经常对磁盘进行写入、删除等操作，使一个完整的文件被分成不连续的几块，存储在磁盘中，这种分散的文件块即称为"碎片"。由于文件碎片是不连续排列的，不利于磁盘读写，而且过多的无用碎片，还会占用磁盘的有限空间，使磁盘的存储空间过少或系统的运行效率降低。这样就影响了读取数据的速度。磁盘碎片整理程序可以优化程序加载和运行速度，以提高磁盘的读写速度，延长磁盘的使用寿命。

以下是使用 WindowsXP 的"磁盘碎片整理"程序整理磁盘碎片的操作方法：

（1）双击【我的电脑】图标，右键单击要进行碎片整理的磁盘，并从其弹出的快捷菜单中选择【属性】命令。

（2）在弹出的对话框中使其切换到【工具】选项卡，单击【开始整理】按钮。

"磁盘碎片整理程序"首先会检测磁盘驱动器有无错误，如果有错误，将要求用户先运行"磁盘扫描程序"修正错误；如果没有错误，程序会读取磁盘驱动器的信息，然后开始整理文件系统。

（3）在弹出的如图 11-7 所示的【磁盘碎片整理程序】对话框中选择需要整理的磁盘驱动器，再单击【分析】按钮。

第 11 章　微机的日常维护

273

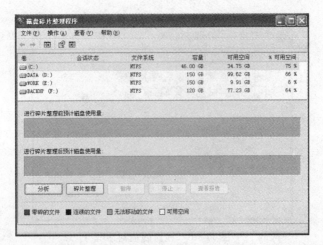

图 11 - 7　磁盘碎片整理程序窗口

（4）分析完成后，在弹出的如图 11 - 8 所示的对话框中单击【碎片整理】按钮。

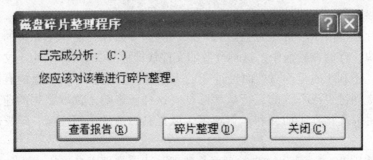

图 11 - 8　磁盘碎片整理程序对话框

（5）开始磁盘碎片整理，如图 11 - 9 所示。

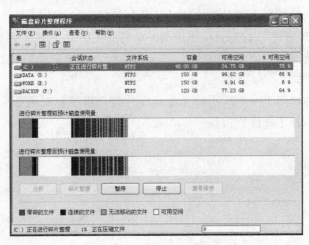

图 11 - 9　正在进行碎片整理

（6）在碎片整理完成后，单击【关闭】按钮，结束磁盘碎片整理工作。

要确保磁盘碎片整理能顺利进行，还要注意以下几点：

整理磁盘碎片的时候，要关闭其他运行的应用程序（包括屏幕保护程序），最好将虚拟内存的大小设置为固定值。不要对磁盘进行读写操作，一旦磁盘碎片整理程序发现磁盘的文件有改变，它将重新开始整理。

整理磁盘碎片的频率要控制合适，过于频繁的整理也会缩短磁盘的寿命，对经常读写的磁盘分区可以设定三个月整理一次。

整理磁盘碎片的时间要注意选择，整理碎片是一个很漫长的过程，应尽量选择在较长时间不用计算机的情况下进行操作。

11.3　微机故障处理

微机的故障通常由硬件或软件引起。在无法判断故障原因时，可先用备份的数据恢复系统所有软件，若故障依旧存在，则可能是硬件问题，此时只需遵照一定的原则、步骤和方法找出故障部件并将其更换即可。

11.3.1　微机故障的分类

微机是一个硬件与软件相结合的系统，其故障涉及硬件、软件、使用环境等复杂因素，因此按故障产生的原因可将其分为硬件故障和软件故障两大类。

11.3.1.1　硬件故障

（1）硬件故障的一般表现

系统上电后无任何反应；打开主机电源后，机器不工作，面板显示全无；复位开关 RESET 不起作用；机器加电以后，显示器有故障或无显示；显示器字迹模糊，字符跳动扭曲严重；键盘不能输入。

（2）硬件故障产生的原因

电器故障，包括元器件损坏和接触不良；机械故障；存储介质故障；人为故障。

（3）硬件故障的处理方法

如硬件出现故障，先检查供电是否正常，再检查是否有连接错误和接触不良，对重点怀疑的部件或接口可重新进行安装或连接，排除供电和接触不良问题后，一般就怀疑是部件有问题了。

由于微机的板卡、部件集成度越来越高，但成本却越来越低，所以目前大多数硬件故障的处理方法都是通过检测找出故障部件，然后直接将其更换。

11.3.1.2　软件故障

（1）软件故障的一般表现

经常出现死机现象；程序运行过程中，程序无法中断，只能重新启动；开机之后，操作系统引导不起来；开机之后系统不认光驱、硬盘；软件安装不上，或虽能安装，但无法运行；操作系统中一些命令或功能模块丢失；程序执行速度或硬盘读/写速度明显变慢。

（2）软件故障产生的原因

文件丢失（文件被删除或重命名）或文件版本不匹配；操作系统存在的垃圾文件过多，造成资源耗尽系统瘫痪；系统中软硬件不兼容；BIOS 参数设置不当；系统设备的驱动程序安装不正确，造成设备无法使用；计算机病毒的破坏；系统中有关系统资源等参数设置不当。

（3）软件故障的处理方法

如果一运行某个程序系统就出故障，只需将这个程序卸载后重新安装即可；如果还是出问题，就要怀疑是不是操作系统损坏，可重新安装操作系统来解决；若还不行，就用以前备份的数据（如使用 Ghost 备份的系统）直接恢复系统和所有应用程序；系统恢复后如果还有问题，那就可能是 BIOS 设置或硬件问题了。

需要注意的是，微机的硬件故障和软件故障没有很明确的界限，很多硬件故障都是由于软件使用不当引起的，而很多软件故障也多由硬件不能正常工作引起的。所以，微机有故障时一定要全面分析，不能被其表象所迷惑。

11.3.2　微机故障处理

在处理微机故障时，一定要注意维修的原则、步骤，使用正确的操作和检测方法，防止人员伤害和故障扩大。

11.3.2.1　维修时的注意事项

（1）搞清电源标准及零火线。

（2）最好不带电操作，注意显示器内高压。

（3）严禁带电拔插各种信号线，电源线，部件，板卡及拆装螺钉。

（4）使用各种工具时要注意清除静电。不要用手触摸元件的导电部分。

（5）不得频繁开机关机。

（6）开电源前应仔细检查各板卡、插头是否连接正确、到位、牢固，保证接触良好。

11.3.2.2　维修原则

相对于其他电器产品来说，计算机是一个容易出这样那样故障的设备。计算机出现故障后，在维修时应注意"八先八后"维修法则。

（1）先调查，后熟悉

无论是对自己的还是别人的微机进行维修，首先要弄清故障发生时微机的使用状况及以前的维修状况，才能对症下药。此外，在对其进行维修前还应了解清楚其微机的软硬件配置及已使用年限等，做到有的放矢。

（2）先机外，后机内

仔细观察错误提示、现象，先查电源线、信号线等易发生问题的地方，再开机箱检查维修。

对于出现主机或显示器不亮等故障，应先检查机箱及显示等部件，特别是机外的一些开关、旋钮是否调整，外部的引线、插座有无脱落、短路现象等，不要认为这些是不关紧要的小处，实践证明许多用户的微机故障都是由设置不当和接触不良引起的。当确认机外部件正常时，再打开机箱进行检查。

（3）先软件，后硬件

先操作系统、磁盘数据结构、系统设置、应用软件，再硬件。

先排除软件故障再排除硬件问题，这是微机维修中的重要原则。例如 Windows 系统软件被损坏或丢失可能造成死机故障，因为系统启动是连续的复杂过程，哪一个环节都不能出现错误，如果存在损坏的可执行文件或驱动程序，系统就会僵死在这里。但微机各部件的本身问题，插接件的接口接触不良问题，硬件设备的设置问题，驱动程序的是否完善，与系统的兼容性，硬件供电设备的稳定性，以及各部件间的兼容性、抗外界干扰性等也有可能引发微机硬件死机故障的产生。我们在维修时应先从软件方面着手再考虑硬件方面。

（4）先机械，后电气

对于光驱及打印机等外设而言，先检查其有无机械故障再检查其有无电气故障。例如光驱不读盘，应当先分清是机械原因引起的（或光头的问题），还是由电气故障造成的。只有当确定各部位转动机构及光头无故障时，再进行电气方面的检查。

（5）先清洁，后检修

在检查机箱内部配件时，应先着重看看机内是否清洁，如果发现机内各元件、引线、走线及金手指之间有尘土、污物、蛛网或多余焊锡、焊油等，应先加以清除，再进行检修，这样既可减少自然故障，又可取得事半功倍的效果。实践表明，许多故障都是由于脏污引起的，清洁后故障往往会自动消失。

（6）先电源，后机器

电源是机器及配件的心脏，如果电源不正常，就不可能保证其他部分的正常工作，也就无从检查别的故障。根据经验，电源部分的故障率在机中占的比例最高，许多故障往往就是由电源引起的，所以先检修电源常能收到事半功倍的效果。

（7）先通病，后特殊

根据微机故障的共同特点，先排除带有普遍性和规律性的常见故障，然后再去检查特殊的故障，以便逐步缩小故障范围，由面到点，缩短修理时间。

（8）先外围，后内部

在检查微机或配件的重要元器件时，不要先急于更换或对其内部或重要配件动手，而应检查其外围电路，在确认外围电路正常时，再考虑更换配件或重要元器件。若不问青红皂白，一味更换配件或重要元器件了事，只能造成不必要的损失。从维修实践可知，配件或重要元器件外围电路或机械的故障远高于其内部电路。

11.3.2.3　维修步骤

（1）切断电源。保障自身安全，防止故障范围扩大。

（2）搞清故障现象。收集有用信息，为故障分析做准备。

（3）进行基本检查。检查插座是否有电，各插头是否接好，排除接触不良故障。

（4）进行故障分析。查资料、动脑分析故障可能范围和原因。

（5）进行故障检测。使用各种检测方法确定故障原因。

（6）进行修复。

（7）检查后测试。

（8）记录总结。

11.3.2.4　微机故障的检测方法

（1）清洁法

对于机房使用环境较差，或使用较长时间的机器，应首先进行清洁。可用毛刷轻轻刷去主板、外设上的灰尘，如果灰尘已清扫掉或无灰尘，就进行下一步的检查。另外，由于板卡上一些插卡或芯片采用插脚形式，震动、灰尘等常会造成引脚氧化，接触不良。可用橡皮擦擦去表面氧化层，重新插接好后开机检查故障是否排除。

（2）直接观察法

看：观察系统板卡的插头、插座是否歪斜，电阻、电容引脚是否相碰，表面是否烧焦，芯片表面是否开裂，主板上的铜箔是否烧断。还要查看是否有异物掉进主板的元器件之间（造成短路），也可以看看板上是否有烧焦变色的地方，印刷电路板上的走线（铜箔）是否断裂等。用放大镜看有无断线、短路、虚焊、杂物，器件表面字迹有无变色、烧焦、龟裂。

听：监听电源风扇、硬盘电机或寻道机构、显示器变压器等设备的工作声音是否正常。另外，系统发生短路故障时常常伴随着异常声响。监听可以及时发现一些事故隐患和帮助在事故发生时即时采取措施。

闻：闻主机、板卡中是否有烧焦的气味，便于发现故障和确定短路所在地。

摸：用手按压有座的活动芯片，看芯片是否松动或接触不良。另外，在系统运行时用手触摸或靠近 CPU、显示器、硬盘等设备的外壳根据其温度可以判断设备运行是否正常；用手触摸一些芯片的表面，芯片一般温度不超过 50 度，若烫手或手在芯片上放不住，则芯片过热，可能存在问题。

（3）拔插法

微机系统产生故障的原因很多，拔插是缩小故障范围、确定故障所在位置的最简捷方法。

采用该方法就是关机将部件逐一去除，每去除一个部件就重新开机观察机器运行状态，一旦去除某部件后系统就运行正常或故障消失，那么故障原因就是该部件及其对应的接口电路故障。若拔出所有插件板后系统启动仍不正常，则故障很可能就在主板上。

拔插法还可解决接触不良问题。一些芯片、板卡与插槽接触不良，将这些芯片、板卡拔出后再重新正确插入可以解决因安装接触不当引起的微机部件故障。

用拔插法进行检查和维修的操作步骤如下：

首先切断电源；

将主机与所有的外设连线拔出，再接通电源；

将主板上的所有扩展卡拔出，再接通电源。若故障现象消失，则故障出现在拔出的某个扩展卡上；

对从主板上拔下来的每一块扩展卡进行常规检测，若无异常发现，则依次插入主板。

注意无论是对计算机的任何部件，每次插拔都一定要关掉电源后再进行。

（4）交换法

交换法是指将同型号部件，或总线方式一致、功能相同的板卡相互交换，根据故障现象的变化情况判断故障所在。此法多用于易拔插的维修环境，例如内存自检出错，可交换相同的内存条来判断故障部位，若交换后故障现象变化，则说明交换的内存条中有一条是坏的。如果能找到相同型号的微机部件或外设，使用交换法可以快速判定是否是元件本身的质量问题。

交换法也可以用于以下情况：没有相同型号的微机部件或外设，但有相同类型的微机主机，则可以把微机部件或外设插接到同型号的主机上判断其是否正常。

操作时注意要先关机，再用好的卡或部件替换可疑的卡或部件。

（5）比较法

用好的相同机型正确的特征与有故障的机器比较，分析确定故障点。运行两台或多台相同或相类似的微机，根据正常微机与故障微机在执行相同操作时的不同表现可以初步判断故障产生的部位。

（6）振动敲击法

在机器运行状态下，用手指轻轻敲击机箱外壳或部件，有可能解决因接触不良或虚焊造成的故障问题。然后可进一步检查故障点的位置并排除它。

（7）升温降温法

人为升高或降低微机运行环境的温度，如果部件在环境温度升高后即出故障，或降温后故障出现率大为减少，说明故障出在不耐高温的部件中，此举可以帮助缩小故障诊断范围。事实上，升温降温法是采用的是故障促发原理，以制造故障出现的条件来促使故障频繁出现以观察和判断故障所在的位置。

操作时可用电吹风加热部件或用酒精或乙醚对部件降温。此操作为带电操作，要小心短路及触电，另外对部件升温时，温度不可过高。

（8）使用微机故障诊断卡

微机故障诊断卡（如图 11-10 所示）其工作原理是利用主板中 BIOS 内部自检程序的检测结果，通过代码一一显示出来，结合说明书上的代码含义速查表就能很快地知道电脑故障所在。尤其在微机不能启动、黑屏、喇叭不叫时，使用这种方法更加便利。BIOS 在每次开机时，对系统的电路、存储器、键盘、视频部分、硬盘等各个组件进行严格测试，并分析系统配置，对已配置的基本 I/O 设置进行初始化，一切正常后，再引导操作系统。BIOS 自检的显著特点是以是否出现光标为分界线。先对关键性部件进行测试，若关键性部件发生故障，则强制机器转入停机，显示器不显示光标，屏幕无任何反应。然后，对非关键性部件进行测试，如有故障机器能继续运行，同时显示器显示出错信息。当机器出现故障，尤其是出现关键性故障，屏幕上无显示时，将诊断卡插入扩展槽内，根据卡上显示的代码，就可清楚地知道故障的原因和部位所在。注意不要带电操作，插卡前要先断电。

图 11-10　微机故障诊断卡

11.3.3 死机故障处理

死机是微机最常见的故障。死机时的表现多为"蓝屏",无法启动系统,画面"定格",鼠标、键盘无法输入,软件运行非正常中断等。尽管造成死机的原因是多方面的,但是万变不离其宗,即其原因也脱离不了硬件与软件两方面,所以微机的死机可分为硬件死机和软件死机,软件死机又可分为应用软件死机和操作系统死机。

11.3.3.1 应用程序死机

安装 Windows XP 的微机死机后,如果同时按下 ALT + CTRL + DEL 三个键系统能弹出"Windows 任务管理器",则死机属于应用程序死机。

应用程序死机的处理方法如下:

(1) 按【Ctrl + Alt + Del】键,打开【任务管理器】。

(2) 单击【应用程序】选项卡。

(3) 选中未响应程序,如图 11 - 11 所示。

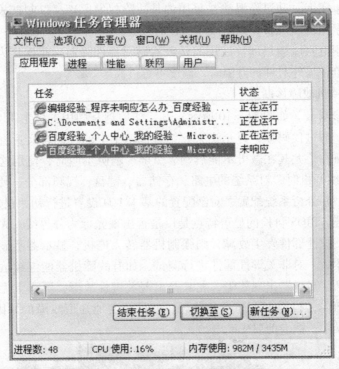

图 11 - 11 Windows 任务管理器对话框

(4) 单击【结束任务】按钮。

(5) 如果某个应用程序一运行就死机,最好卸载这个应用程序后重新安装。

11.3.3.2 操作系统死机

安装 Windows XP 的微机死机后,如果同时按下 ALT + CTRL + DEL 三个键系统无响应,则可能是操作系统死机。这时可按下机箱上的复位按钮,重启计算机;如果按复位按钮无效,可长按电源按钮强制关机,一两分钟后再重新开机;若按电源按钮也无效,则只有将主机断电,稍后再重启。重启后故障依旧或微机在开机和关机的过程中死机，大多都属于操作系统死机。解决方法是：

（1）重启计算机。

（2）进入 BIOS 设置。

（3）设置系统从光盘启动。

（4）重装操作系统或使用 Ghost 恢复系统。

11.3.3.3　硬件死机

排除软件死机后，如果微机出现开机后黑屏、蓝屏、机器定格、无法关机等显现，则可能是硬件死机。

硬件死机的可能原因有：散热不良；部件、板卡接触不良；灰尘；CPU 或内存条超频使用；部件损坏等。

（1）如果能进入 BIOS，就先到 BIOS 设置中检查一下是否有设置不当的项目，如：CPU 或内存被超频使用等。

（2）使用 BIOS 中的"优化"或"缺省"设置重启计算机。

（3）关机后，检查是否有硬件接触不良。

最好是把各个扩展卡、内存条和 CPU 再重新安装一遍。如果有空闲插槽，可以把扩展卡或内存条换一个插槽。检查一下各个卡的插脚是否有氧化迹象，若有要及时处理。如果这些都不能解决问题，那么就要怀疑是否是硬件损坏了。

（4）使用微机故障检测方法查找出故障的设备。

（5）替换有故障的设备。

11.4　微机病毒处理

计算机病毒是危害微机安全的一个重要因素，微机被病毒感染后，可能会导致微机不能使用，重要数据丢失，甚至财产损失。到目前为止还没有什么方法能绝对防范病毒，对付病毒只能采用预防管理为主，查杀为辅的防治策略。

11.4.1　病毒概述

11.4.1.1　定义

1994 年 2 月 18 日，我国正式颁布实施了《中华人民共和国计算机信息系统安全保护条例》，其中第二十八条中明确指出："计算机病毒，是指编制或者在计算机程序中插入的破坏计算机功能或者毁坏数据，影响计算机使用，并能自我复制的一组计算机指令或者程序代码"。

随着 Internet 技术的发展，计算机病毒的定义正在逐步发生着变化，与计算机病毒的特征和危害有类似之处的"特洛伊木马"和"蠕虫"从广义的角度而言也可归为计算机病毒。

11.4.1.2　本质

从病毒的定义中我们看到，所谓计算机病毒，事实上它也是一段程序或者指令代码，与我们平时所使用的各种软件程序从本质上看并没有什么区别，它也是人们通过一定的语言编写出来的，只不过正常的程序或软件是用来帮助人们解决某些问题的，而病毒程序是专门用来搞破坏的。认清了计算机病毒的本质，就可以从理论上建立起病毒不可怕的坚实思想基础，简单来说，病毒既然是程序或代码，那么我们可以不让它运行或将其从存储器上删除。

11.4.1.3　病毒的特点

计算机病毒的名称来源于生物病毒，所以它也具备生物病毒的许多特点。

（1）传染性

病毒通过自身复制来感染正常文件，达到破坏电脑正常运行的目的，但是它的感染是有条件的，也就是病毒程序必须被执行之后它才具有传染性，才能感染其他文件。

（2）破坏性

任何病毒侵入计算机后，都会或大或小地对计算机的正常使用造成一定的影响，轻者降低计算机的性能，占用系统资源，重者破坏数据导致系统崩溃，甚至会导致硬件不能使用。

（3）隐蔽性

计算机病毒具有很强的隐蔽性。病毒程序一般都设计得非常小巧，当它附带在文件中或隐藏在磁盘上时，不易被人觉察，有些更是以隐藏文件的形式出现，不经过仔细地查看，一般用户是不会发现的。有的可以通过病毒软件检查出来，有的根本就查不出来，有的时隐时现、变化无常，这使病毒处理起来很困难。

（4）潜伏性

一般病毒在感染文件后并不是立即发作，而是隐藏在系统中，在满足条件时才激活。例如"黑色星期五"就是在每逢13号的星期五才会发作。

（5）可触发性

病毒如果没有被激活，它就像其他没执行的程序一样，安静地待在系统中，没传染性也不具有杀伤力，但是一旦遇到某个特定的条件，它就会被触发，具有传染性和破坏力，对系统产生破坏作用。这些特定的触发条件一般都是病毒制造者设定的，它可能是时间、日期、文件类型或某些特定数据等。

（6）不可预见性

病毒种类多种多样，病毒代码千差万别，而且新的病毒制作技术也不断涌现，因此，我们对于已知病毒可以检测、查杀，而对于新的病毒却没有未卜先知的能力，尽管这些新式病毒有某些病毒的共性，但是它采用的技术将更加复杂，更不可预见。

（7）寄生性

病毒嵌入到载体中，依靠载体而生存，当载体被执行时，病毒程序也就被激活，然后进行复制和传播。

（8）针对性

某些病毒只传染某种机型或操作系统，只感染某些类型的文件。

（9）进化变异性

病毒有新的变种，能像生物病毒适应抗生素一样对付新的杀毒方法和杀毒软件。

11.4.1.4　病毒的分类

随着计算机工业的发展，病毒程序层出不穷，到了今天它的种类已经达到千万种。虽然病毒的类型有很多，但就病毒存在的媒体而言，病毒可以划分为网络病毒、文件病毒和引导型病毒三类。网络病毒通过计算机网络传播并感染网络中的计算机，文件病毒感染计算机中的文件（如：COM，EXE，DOC 等），引导型病毒感染 BIOS 和硬盘的引导区，还有这三种情况的混合型，例如：多型病毒（文件和引导型）感染文件和引导扇区两种目标，这样的病毒通常都具有复杂的算法，它们使用非常规的办法侵入系统，同时使用了加密和变形算法。

11.4.2 病毒的传播途径

计算机病毒主要是通过复制文件、传送文件、运行程序等操作传播。在日常的使用中，有以下几种传播途径：

11.4.2.1 硬盘

硬盘的存储容量巨大，在利用它传输文件或引导系统时，很容易传播病毒。

11.4.2.2 光盘

光盘储量大，携带方便，对传输文件非常有利。然而盗版光盘的泛滥却为病毒传播带来了方便。盗版光盘上的软件未经过严格的病毒检测，难免不带有病毒，即使发现病毒用户也无法清除。

11.4.2.3 网络

随着 Internet 的普及，人们通过网络来传递文件越来越方便，对于网上众多的软件，谁也不能保证其中不含有病毒，由于网络覆盖面广、速度快，更为病毒的快速传播创造了条件，近来出现的许多新式病毒都是通过网络进行传播的，破坏性很大。在网络中病毒传播的主要途径有：

（1）隐身于下载文件中

有人说，上网就是下载。虽然有的人对外来 U 盘或光盘的警惕性很高，但在下载文件时，就忽略了这一点，特别是当病毒隐身于 ZIP、RAR、ISO 格式的压缩文件中时。其实中这类招的，多是想下载什么所谓的破解软件、注册版本或者是到私人站点下载，病毒就爱在那些地方待着，专等这类人。

（2）隐藏在电子邮件的附件中

有时，病毒会乔装成邮件中的附件，并且还会重新换一个很吸引人的名字，例如"送你注册码"、"你中奖了"什么的，当你打开文件时，病毒进入你的系统了，而且落地生根，几乎没有什么延迟，你要是遇到个狠角色，还能就地将你的硬盘格式化了。如果坚决不执行邮件附件中的文件，病毒就没办法了。

（3）内嵌在网页中

病毒中有一个最高级的家伙，已经进化到很高的文明阶层，它们可以内嵌在网页中而丝毫不露声色，当大家去点击浏览时，它们就在不知不觉中侵入系统，更改注册表、快速格式化硬盘，反正是为所欲为啦。其实只要不随便浏览陌生的网页，特别是不上那些所谓的成人站点就没事了。

11.4.2.4 可移动磁盘

随着存储技术的发展，更大容量，更小巧的便携式存储器不断涌现，如以 FLASH RAM 为基础的 USB 接口的闪存盘（U 盘），USB 接口或 eSATA 接口的大容量移动硬盘等，使计算机间传递数据更方便快捷，同时也使病毒以更多的途径，更快的速度蔓延。

11.4.3 病毒的预防

计算机感染病毒后会给我们带来很多不必要的麻烦，因此如何预防病毒是一项刻不容缓的工作。预防病毒的主要措施有以下三方面：

11.4.3.1 隔离传染源

发现机器被传染病毒，立即将其与网络或其他机器的连接断开，使用杀毒软件彻底清除存储设备（如磁盘、U 盘）上的病毒，若无法清除则格式化或重新分区。若为光盘带毒，则永不再用或将数据拷贝到硬盘上杀毒后再用。

11.4.3.2 切断传播途径

病毒的传染途径有两大类：一是网络，二是数据存储设备，如 U 盘、硬盘与光盘。如今由于网络的盛行，通过互联网传递的病毒要远远高于后者。为此，我们要特别注意在网上的行为。

（1）不要轻易下载小网站的软件与程序。

（2）不要光顾那些很诱惑人的小网站，因为这些网站很有可能就是网络陷阱。

（3）不要随便打开某些来路不明的 E - mail 与附件程序。

（4）安装正版杀毒软件公司提供的防火墙，并注意时时打开着。

（5）不要在线启动、阅读某些文件，否则您很有可能成为网络病毒的传播者。

对于 U 盘、光盘传染的病毒，预防的方法就是不要随便打开程序或安装软件。可以先复制到硬盘上，接着用杀毒软件检查一遍，再执行安装或打开命令。

11.4.3.3 保护易感机器

（1）安装实时监测病毒的软件，及时更新病毒库。

（2）安装防火墙软件。

（3）随时进行数据备份。

系统安装完成第一次使用前一定要用 Ghost 备份系统。

重要的文件资料一定要随时用 U 盘或光盘备份，软件可以重装，系统可以恢复，但自己辛苦积累的资料可能再也无法找回，它们也许是你几年的文学创作或多年的客户资料。

11.4.4 病毒的检测和清除

病毒的检测和清除通常使用杀毒软件来完成。目前常用杀毒软件有：金山毒霸、瑞星杀毒软件、江民杀毒软件、卡巴斯基反病毒软件、ESET NOD32 防病毒软件、诺顿防病毒软件、360 杀毒、360 安全卫士、小红伞（Avira AntiVir Premium）等。各种杀毒软件的安装和使用方法基本相同，而且大多数都是免费的，可在网上直接下载后安装，下面以 360 为例介绍病毒的检测和清除方法。

11.4.4.1 使用"360 杀毒"查杀病毒

（1）从 360 官方网站上下载免费的"360 杀毒"及"360 安全卫士"软件，安装后重启计算机，桌面右下角会出现如图 11 - 12 所示的图标。

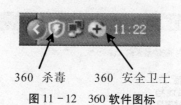

360 杀毒　　360 安全卫士

图 11 - 12　360 软件图标

（2）单击桌面右下角任务栏中【360 杀毒】图标。

（3）出现 360 杀毒主界面，如图 11 - 13 所示。

图 11 - 13　360 杀毒主界面

（4）指定病毒扫描区域。可以单击【快速扫描】或【全盘扫描】或【自定义扫描】，"快速扫描"只扫描电脑的关键位置，"全盘扫描"扫描整个硬盘。"自定义扫描"可以自由指定扫描哪个分区或文件夹，图 11 - 14 为单击"快速扫描"的窗口，图 11 - 15 为【自定义扫描】窗口。

图 11 - 14　【快速扫描】窗口

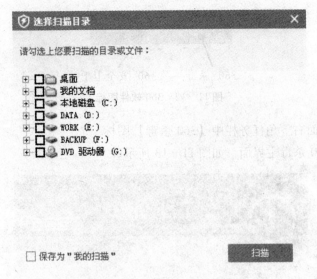

图 11 - 15 【自定义扫描】窗口

(5) 扫描病毒。选择【全盘扫描】或【快速扫描】软件会自动开始扫描病毒,选择【自定义扫描】时,确定要扫描的区域后,要单击【确定】按钮才开始扫描病毒。

(6) 图 11 - 16 为发现病毒时的窗口,勾选病毒,然后单击【开始处理】。

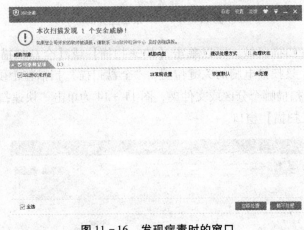

图 11 - 16 发现病毒时的窗口

(7) 处理完成后,单击【确认】按钮,返回到 360 杀毒主界面。

11.4.4.2 使用 360 安全卫士查杀木马

(1) 单击桌面右下角任务栏中 "360 安全卫士" 图标。

(2) 出现 360 安全卫士主界面。

(3) 单击【木马查杀】按钮,如图 11 - 17 所示。

图 11 - 17   360 安全卫士【木马查杀】窗口

（4）选择查杀木马的区域后，开始扫描，如图 11 - 18 所示。

图 11 - 18   360 安全卫士【木马扫描】窗口

（5）若发现木马，在列表中选中要处理的木马，单击【立即处理】按钮。

（6）处理完成后，单击【确认】按钮，返回到 360 安全卫士主界面。

附录　微机组装与维护实验

实验1　认识计算机外设及其接口

1.1　实验目的

（1）认识计算机的各外部设备（输入设备、输出设备及存储设备）。

（2）了解主机箱外部的各设备（输入、输出设备：键盘、鼠标、显示器、音箱、网线等）的拆装方法。

（3）了解主机箱内的外部存储设备（硬盘、光驱）的拆装方法。

1.2　实验准备

（1）每小组一台完整的多媒体计算机，需要包含计算机的主要部件及其连接线。计算机各部件可使用已损坏但外观完整的部件。主要部件包括：主板、CPU、内存条、电源、显卡、声卡、网卡、硬盘、光驱、键盘、鼠标、显示器、音箱等。

（2）每小组一套工具：带磁性的中号十字螺丝刀和尖嘴钳。

1.3　实验时间安排

（1）建议本次实验安排在第1章学习之后进行。

（2）实验时长为2学时。

1.4　实验注意事项

（1）不得带电操作。

（2）注意防静电，操作前，先用双手接触机箱，拿部件时，不要用手接触其上元件及印刷电路板上的导电部分。

（3）拆卸和安装部件时，一定要先仔细察看，再动手拆卸。拆卸线缆时，要用手捏住插头，不可直接扯线，防止损坏线缆。拆装时，不可过度用力，以防损坏部件。

（4）不会拆卸和安装的部件请求实验指导教师的帮助。

1.5　实验步骤

1.5.1　认识计算机外部设备

（1）认识主机箱、键盘、鼠标、显示器、音箱、打印机等设备。

（2）观察主机箱正面结构（按钮、指示灯、接口）。

（3）观察各设备的连接线（信号线、电源线）及接口。

1.5.2　拆卸主机箱外部连接，观察机箱外部接口

（1）拆卸主机电源连接线。

（2）拆卸键盘、鼠标。

（3）拆卸显卡到显示器的信号连接线。

（4）拆卸声卡到音箱的音频信号连接线

（5）拆卸网卡到网络设备的连接线（网线）。

（6）观察主机箱背面各接口的位置、形状、颜色，思考其安装方法。

1.5.3　拆开主机箱，观察机箱内部部件

（1）打开主机箱，观察主机箱的内部结构。

（2）找到硬盘、光驱的安装位置，并仔细观察它们的连接方式。

1.5.4　拆卸硬盘

（1）仔细观察硬盘在主机箱内的安装方式。

（2）拔掉电源与硬盘相连的电源线。

（3）拔掉安在硬盘上的数据线，并将数据线的另一端从主板拔出。

（4）卸掉紧固硬盘的螺丝钉，取出硬盘。

1.5.5　拆卸光驱

（1）仔细观察光驱在主机箱内的安装方式。

（2）拔掉电源与光驱相连的电源线。

（3）拔掉安在光驱上的数据线，并将数据线的另一端从主板拔出。

（4）拔掉光驱音频线，并将音频线的另一端从声卡（或主板上的集成声卡）拔出。

（5）卸掉紧固光驱的螺丝钉，取出光驱。

1.6　实验报告

实验结束后，完成《实验报告 1》：绘制主机箱正面、背面平面图，标注按钮、指示灯、各接口的名称，注意它们的位置、形状、颜色及防呆设计。

实验 2　认识计算机主机各部件及其接口

2.1　实验目的

（1）认识计算机的主机所包含的部件。

（2）了解主机各部件的组成结构。

（3）重点掌握主板的结构及主板上各接口的功能、连接方法。

（4）掌握主机各部件的拆装方法。

2.2　实验准备

（1）每小组准备一台完整的多媒体计算机，需要包含计算机的主要部件及其连接线。计算机各部件可使用已损坏但外观完整的部件。主要部件包括：主板、CPU、内存

条、电源、显卡、声卡、网卡、硬盘、光驱、键盘、鼠标、显示器、音箱等。

（2）每小组一套工具：带磁性的中号十字螺丝刀和尖嘴钳。

2.3　实验时间安排

（1）建议本次实验安排在第2章学习之后进行。

（2）实验时长为2学时。

2.4　实验注意事项

（1）不得带电操作。

（2）注意防静电，操作前，先用双手接触机箱，拿部件时，不要用手接触其上元件及印刷电路板上的导电部分。

（3）拆卸和安装部件时，一定要先仔细察看，再动手拆卸。拆卸线缆时，要用手捏住插头，不可直接扯线，防止损坏线缆。拆装时，不可过度用力以防损坏部件。

（4）不会拆卸和安装的部件请求实验指导教师的帮助。

2.5　实验步骤

2.5.1　拆开主机箱，观察机箱内部部件

（1）打开主机箱，观察主机箱的结构。

（2）找到下列部件的安装位置，并仔细观察它们的连接方式：

主板、CPU、CPU散热器、内存条、电源、显卡、声卡、网卡。

2.5.2　拆卸扩展卡（包括显卡、声卡、网卡等）

（1）用工具卸掉紧固扩展卡的螺丝钉。

（2）用双手将扩展卡从主板上拔出。

2.5.3　拆卸CPU及其散热器

（1）仔细观察CPU风扇及散热器的安装方式。

（2）在实验教师的指导下拆卸CPU散热器。

（3）仔细观察CPU的安装方式。

（4）在实验教师的示范下拆卸CPU。

2.5.4　拆卸内存条

（1）用双手掰开内存条插槽两边的卡扣。

（2）取出内存条。

2.5.5　拆卸电源

（1）观察电源与主机箱的紧固方式。

（2）拆卸机箱内所有电源连接（主板电源、CPU及显卡辅助电源、驱动器电源）。

（3）拆卸紧固电源的螺丝钉，取出电源。

2.5.6　拆卸主板

（1）观察主板与主机箱的紧固方式。

（2）观察主板上信号线与机箱正面的按钮、指示灯、前置USB接口、前置音频接口的连接方法。

（3）拔掉安在主板上的信号线和电源线。

（4）拆卸紧固主板的螺丝钉，取出主板。

（5）用尖嘴钳卸下主板与机箱间的铜螺柱。

2.6 实验报告

实验结束后，完成《实验报告2》：绘制主板俯视平面图，标注各主要元件（重要芯片、插座、插槽、跳线、接口等）的名称，注意它们的位置、形状和防呆设计。

实验3 组装计算机硬件

3.1 实验目的

（1）准确识别计算机各主要部件。

（2）掌握各部件的接口及其拆装方法。

（3）能熟练、有序地拆装计算机。

3.2 实验准备

（1）每小组一台完整的多媒体计算机，需要包含计算机的主要部件及其连接线。计算机各部件可使用已损坏但外观完整的部件。主要部件包括：主板、CPU、内存条、电源、显卡、声卡、网卡、硬盘、光驱、键盘、鼠标、显示器、音箱等。

（2）每小组一套工具：带磁性的中号十字螺丝刀和尖嘴钳。

3.3 实验时间安排

（1）建议本次实验安排在第3章学习之后。

（2）本实验可分为：主机硬件组装、外设硬件组装、整机组装三个实验，各2学时，共6学时。

3.4 实验注意事项

（1）不得带电操作。

（2）注意防静电，操作前，先用双手接触机箱，拿部件时，不要用手接触其上元件及印刷电路板上的导电部分。

（3）拆卸和安装部件时，一定要先仔细察看，再动手拆卸。拆卸线缆时，要用手捏住插头，不可直接扯线，防止损坏线缆。拆装时，不可过度用力以防损坏部件。

（4）不会拆卸和安装的部件请求实验指导教师的帮助。

3.5 实验步骤

3.5.1 准备材料

（1）操作实训人员，根据指导老师给你的材料，如实核对数量、型号及质量，确认无误后，在材料领用单上签字。

（2）实训人员在确认材料后，要对所有相关材料进行检查。如：板卡有无物理损坏、锈蚀、变形；配件外观是否整洁；CPU 针脚有无弯曲，断落现象等。若发现存在以上情况及时跟现场指导老师说明，进行调换或相关处理。

3.5.2 机箱准备

（1）用螺丝刀将机盖螺钉取下，打开机箱各面的挡板，需要卸掉机箱前面板的，将其前面板卸掉。检查机箱内的配件是否齐全，若配件不齐，报告现场实训指导老师。

（2）若所装机型有光驱，拆下机箱前面板，取下前面板上 5.25″位置的最上一个挡板放至统一地点。

（3）在安装主板的机箱底板上安装铜螺柱，不得少于 6 颗，具体安装位置由主板上的安装孔决定，一般主板四角，显卡插槽两端、内存条插槽两端都要有螺柱。

3.5.3 安装主机电源

（1）找准安装位置，放入主机电源。

（2）拧上四颗螺钉，不能虚拧，漏拧。

3.5.4 安装 CPU（Socket）

（1）将固定 CPU 插座上的压杆向上拉至 90 度左右，有盖板的打开盖板。

（2）确定安装方向，将 CPU 水平插入或放入插座。

（3）闭合插座，朝打开插座的反方向将压杆向下压回到主板上，会有一点阻力，属于正常，当压杆压到底并卡在插座上时，CPU 就被牢固地锁在插座内。

3.5.5 安装 CPU 散热器

（1）将导热硅脂平行涂至 CPU 芯片中央突出位置上；

（2）根据风扇电源安装位置确定散热器安装方向，以风扇电源线不跨过风扇为准。

（3）将散热器与其在主板上的安装支架连接好，并固定。

（4）连接风扇电源，注意安装方向，插头上的凸起要与插座上的背板对应。

3.5.6 安装内存条

（1）找到主板上的内存插槽，确定内存条安装方向，内存条上的凹槽要与内存插槽上的凸起相对应。

（2）将内存条插到插槽内。安装时要小心不要太用力，不要晃动，以免损坏插槽。安装时把内存条对准插槽，均匀用力插到底。同时插槽两端的卡子会自动卡住内存条，不要用手搬动卡子。

（3）需要取下内存条时，只要搬开插槽两端的卡子，内存条就会被推出插槽。

3.5.7 安装主板

（1）把主板小心放入机箱，注意将主板上的键盘口，鼠标口，串并口等和机箱背面 I/O 挡板的孔对齐。

（2）使所有主板上的螺钉孔对准机箱上的螺柱固定孔，依次把各个螺钉安装好。

（3）螺丝钉安装完毕后，查看主板与底板是否平行，不能搭在一起，否则容易造成短路。

3.5.8 连接主板与机箱

3.5.8.1 按钮、指示灯

（1）把机箱上的硬盘读写指示灯线、电源指示灯线、扬声器线正确插入主板的相应接口处；注意彩色线对应正极，白色或黑色线对应负极。

（2）将复位按钮线，电源按钮线正确插入主板的相应接口处。

3.5.8.2　前置 USB

（1）在主板上找到前置 USB 接口。

（2）确认安装方向，连接插头与接口。

3.5.8.3　前置音频

（1）在主板上靠近集成声卡的位置找到前置音频接口。

（2）确认安装方向，连接插头与接口。

3.5.9　连接主板电源

3.5.9.1　连接主板电源

（1）找到主板电源插座。

（2）将电源接头上的挂钩对应主板电源插座的凸起，插入插头确保电源接头的挂钩卡住主板上的电源插座。

3.5.9.2　连接 CPU 辅助电源

（1）找到主板上的 CPU 辅助电源插座。

（2）将电源接头上的挂钩对应主板电源插座的凸起，插入插头确保电源接头的挂钩卡住主板上的电源插座。

3.5.10　装硬盘

3.5.10.1　固定

（1）将硬盘插到固定架中，注意方向，保证硬盘正面朝上，接口部分背对面板。

（2）用螺丝刀将中号粗牙的螺丝装上，要确保硬盘无松动、倾斜现象。

3.5.10.2　连接信号线

对于 IDE 硬盘，安装 80 线的 IDE 扁平电缆时，只需将线缆上的凸起对应接口上的缺口，然后用大拇指平直稳插入即可。

对于 STAT 硬盘，SATA 数据线为 7 根线，安装较简单，将插头上的缺口对准插座上的"L"型凸起插入即可。

3.5.10.3　连接电源线

SATA 硬盘的供电接口为"L"型 15 针，IDE 的供电接口为"D"型四孔，将插头找准方向插入即可。

3.5.11　装光驱

3.5.11.1　固定

将光驱从机箱外面插入机箱最上部的一个 5 英寸驱动器安装位置，用螺丝刀将 4 颗中号细牙螺钉分别安装至相应位置。光驱面板与机箱前面板要处于同一平面，光驱上下方向不要装反。

3.5.11.2　连接 CD 音频线

将音频线插接至光驱音频输出端及声卡音频输入端（若声卡为板载则连接与主机板相应音频输入端），正确左右声道的端口。

3.5.11.3　连接信号线

与硬盘相同。

与硬盘相同。

3.5.12　安装扩展卡

（1）找到主板上的 PCIE16X 插槽，打开插槽上的卡扣，将显卡垂直插入插槽中，确保"金手指"完全插入显卡插槽内。

（2）用中号细牙螺钉将显卡固定端紧固于机箱上。

（3）以同样的方法安装其他扩展卡。

3.5.13　扎线

用扎线将各种电源线、数据线、信号线束好，固定于指定位置。注：电源线与电源线扎结在一起，信号线与信号线扎结在一起。

3.5.14　安装外部设备

（1）连接键盘、鼠标。

（2）连接显示器信号线和电源线。

（3）连接音箱音频线和电源线。

（4）连接网线。

最好面对机箱正面，用手摸着完成外部设备安装。

3.5.15　装配终检

（1）检查光驱、硬盘是否按规定装至指定位置。

（2）各配件无人为的物理损坏，电源线接口、数据接口无破裂现象

（3）各配件所选用的螺钉是否一致，是否上到位，有无松动、倾斜现象。

（4）检查 CPU 芯片装插是否正确，紧固，螺钉或卡子是否到位。

（5）内存条是否装插到位，扩展卡是否插到位，固定端是否固定紧。

（6）各类电源线、数据线、信号线是否有漏插、错插现象，正负极装插是否正确。

（7）检查机箱内有无异物，若发现将其清除。

（8）确保没有任何物件阻挡气流流过 CPU 风扇。

3.6　实验报告

实验结束，完成《实验报告3》：记录计算机各部件的名称、品牌、型号、技术参数、安装方法步骤、安装注意事项。

实验4　计算机硬件市场调查

4.1　实验目的

（1）了解计算机硬件市场各主要部件的市场行情。

（2）熟悉计算机硬件价目单各项指标的含义。

（3）了解计算机部件的最新发展趋势。

（4）锻炼自己动手购机装机能力。

4.2　实验准备

（1）每人一支笔，一个笔记本。

（2）对学校所在城市的电脑市场分布有一个初步了解。

4.3　实验时间安排

（1）建议本次实验安排在第 4 章学习之后。

（2）实验时长为 2 学时。

4.4　实验注意事项

（1）调查了解时边看边听边记。

（2）所有记录必须真实。

4.5　实验步骤

4.5.1　产品调查

在计算机市场中，了解计算机主要部件的品牌、型号、参数。

（1）了解不同品牌、不同型号的 CPU、内存条、主板、显卡的价格、性能等参数。

（2）了解不同品牌、不同型号的硬盘、光驱、显示器、机箱、电源、键盘、鼠标、音箱、打印机等的价格、性能等参数。

（3）了解各部件及整机的售后服务情况。

4.5.2　产品比较

比较不同品牌、型号的同一类部件的性能和价格。

（1）重点比较主机设备（CPU、主板、内存条、电源等）的性能和价格。

（2）了解目前性价比较高（或最流行）的设备的品牌、型号及性能参数。

4.5.3　按客户要求配置一台计算机

（1）了解客户需求，包括：功能要求、性能要求、价格要求等。

（2）按功能要求选择计算机所需部件。

（3）按性能要求和价格要求调整部件的品牌、型号，尽可能选目前性价比高的部件。

（4）填写配置清单，综合考虑所配计算机的兼容性、适用性、整体性、可升级性，并作出相应调整。

（5）填写其他项目（如：备注项、售后服务内容等）。

4.6　实验报告

实验结束，完成《实验报告 4》：为你的同学或亲戚朋友配置一台能满足他们要求的计算机。实验报告内容包括：用户基本情况，配置价格性能要求，基本功能要求，其他辅助要求，配置清单（各部件名称、品牌、型号、性能参数、价格及整机总价）。

实验 5 BIOS 设置

5.1 实验目的

(1) 熟悉 BIOS 的设置方法。
(2) 了解 BIOS 的主要功能。
(3) 熟练设置 BIOS 常用功能。

5.2 实验准备

(1) 每小组配置一台可运行的计算机。
(2) 本教材或相关参考书每人一本。

5.3 实验时间安排

(1) 建议本次实验安排在第 6 章学习之后。
(2) 实验时长为 2 学时。

5.4 实验注意事项

(1) 设置密码时，一定要记住密码，否则可能造成无法开机。在结束实验时，取消所设置的密码，以便后续其他实验能顺利进入。
(2) 先理解项目的含义再予以设置，否则可能造成系统无法正常启动或正常工作。
(3) 实验结束时，将所有设置恢复到开始实验状态。

5.5 实验步骤

5.5.1 进入 BIOS 设置界面
(1) 开机，观察屏幕上相关提示。
(2) 按屏幕提示，按 DEL 键或 F2 键，启动 BIOS 设置程序，进入 BIOS 设置界面。
(3) 观察你启动的 BIOS 设置程序属于哪一种。

5.5.2 尝试用键盘选择项目
(1) 观察 BIOS 主界面相关按键使用的提示。
(2) 依照提示，分别按左右上下光标键，观察光条的移动。
(3) 按回车键，进入子界面。再按 ESC 键返回主界面。
(4) 尝试主界面提示的其他按键，并理解相关按键的含义。

5.5.3 逐一理解主界面上各项目的功能
(1) 选择第一个项目，按回车键进入该项目的子界面。
(2) 仔细观察子菜单。
(3) 明确该项目的功能。
(4) 依次明确其他项目的功能。

5.5.4 CMOS 设置
(1) 进入标准 CMOS 设置子界面。

（2）设置日期和时间。

（3）查看硬盘参数。

（4）查看微处理器参数。

5.5.5 设置启动顺序

（1）进入启动顺序设置子界面。

（2）改变现有启动顺序。

5.5.6 设置密码

（1）选择密码设置选项。

（2）输入密码（两次），并用笔记下密码。

（3）保存并退出 BIOS 设置程序，并重新开机，观察新设置密码是否生效。

（4）取消所设置密码。

5.5.7 载入 BIOS 缺省设置

5.5.8 尝试其他项目的设置

5.6 实验报告

实验结束，完成《实验报告5》。

实验五、六、七、八、九、十属于软件实验。使用统一的实验报告格式。

实验报告的主要内容包括：

（1）实验目的和内容；

（2）实验的操作过程；

（3）实验的结果。

统一的实验报告格式如下：

实验报告

班级		姓名		学号		日期	
院（系）		指导教师				成绩	
实验名称							
实验内容	1.						
	2.						
	3.						
	4.						
	5.						
实验操作步骤	1.						
	2.						
	3.						
	4.						
	5.						

班级		姓名		学号		日期	
实验小结							

实验 6 硬盘分区与格式化

6.1 实验目的

（1）熟练硬盘分区与格式化。

（2）掌握常见的磁盘工具的使用方法。

（3）掌握如何用 DOS 光盘启动系统。

（4）学会使用最基本的 DOS 命令。

6.2 实验准备

（1）每小组配置一台可正常运行的微机（有光驱）。

（2）每小组配置一张 DOS 启动光盘。

6.3 实验时间安排

（1）建议本次实验安排在第 7 章学习之后。

（2）实验时长为 4 学时。

6.4 实验注意事项

（1）实验前要先熟悉 Fdisk、Format 命令的使用方法。

（2）不得多次格式化硬盘，以延长硬盘寿命。

6.5 实验步骤

6.5.1 设置开机顺序

（1）开机进入 BIOS 设置程序。

（2）将开机顺序设置为：先光驱后硬盘。

（3）保存并退出 BIOS 设置程序。

6.5.2 用 DOS 启动系统。

（1）将 DOS 启动盘插入光驱。

（2）重新开机，等待启动系统。

（3）用 DIR 命令查看 DOS 系统盘中的文件。

6.5.3　启动 Fdisk，了解其功能

(1) 输入 Fdisk 并回车，启动 Fdisk。

(2) 仔细观察界面，了解各项目的功能。

(3) 尝试选择项目和退出项目的方法。

6.5.4　观察硬盘的现有分区

(1) 选择相应选项。

(2) 观察本机硬盘的分区情况，并做好记录。

6.5.5　删除现有硬盘分区

(1) 选择相应选项。

(2) 逐一删除本机硬盘中的所有分区。

6.5.6　建立分区

(1) 拟出分区方案。

(2) 按方案分区。

(3) 设置活动分区。

6.5.7　重新启动计算机，使分区生效

(1) 确认 DOS 系统盘仍在光驱中，仍然用该盘启动系统。

(2) 关机并重新开机，等待系统启动。

(3) 再次启动 Fdisk，并查看分区是否生效。

6.5.8　格式化硬盘

(1) 在 DOS 提示字符后输入：Format C:，即用 Format 命令格式化 C 区。

(2) 按提示输入 Y 并回车。

(3) 等待格式化，并在格式化结束时认真阅读格式化信息。

(4) 用同样的方法格式化其他分区。

6.5.9　为硬盘安装 DOS 系统

(1) 使用 SYS：C 命令，在硬盘的 C 区中安装 DOS 系统。

(2) 用 DIR C：／A 命令，查看 C 区中的文件。

6.5.10　以硬盘启动系统

(1) 将光盘从光驱中取出。

(2) 关机，一分钟后再重新开机。等待系统从 C 盘启动。

6.6　实验报告

实验过程中记录有关数据，实验结束后完成《实验报告 6》。

实验 7　安装 Windows 操作系统

7.1　实验目的

(1) 能熟练安装 WindowsXP 操作系统。

(2) 掌握安装常用 Windows 操作系统的一般方法。

7.2 实验准备

(1) 每小组配置一台可正常运行的微机（有光驱）。

(2) 每小组配置一张可启动系统的光盘。

(3) 每小组配置一张 Windows XP 系统光盘。

(4) 每小组配置一张其他 Windows 系统光盘，如 Windows 8。

7.3 实验时间安排

(1) 建议本实验安排在第 8 章学习之后。

(2) 实验时长为 2 学时。

7.4 实验注意事项

(1) 安装前需认真规划，综合考虑。

(2) 系统安装过程中不得随意中断进程。

7.5 实验步骤

7.5.1 检查硬盘及分区情况

(1) 开机，看看硬盘能否启动系统，如果可以启动，则查看硬盘及分区情况，并查看所装操作系统及版本。

(2) 如果本机硬盘不能启动系统，则先进入 BIOS 设置程序，将启动顺序设置为光驱优先，然后将启动光盘放入光驱中，并启动系统，最后再检查硬盘及分区情况。

7.5.2 规划硬盘

(1) 根据所安装的操作系统对安装操作系统分区的要求，规划出本机硬盘分区方案。

(2) 如果本机硬盘分区符合操作系统要求，则可进行下一步。

(3) 如果本机硬盘分区不符合操作系统要求，则要考虑重新分区（实验六已介绍），或者进行分区调整（随后介绍）。

7.5.3 备份资料

(1) 检查硬盘拟安装系统的硬盘分区是否存在有用资料。

(2) 如果拟安装系统的硬盘分区存在有用资料，将这些资料备份到其他分区，或者备份到移动存储媒体中。

7.5.4 格式化将安装操作系统的分区

(1) 如果当前启动的是 Windows 系统，就用"资源管理器"格式化分区。

(2) 如果当前启动的是 DOS 系统，则在 DOS 提示符后输入：Format C:，按回车键后格式化分区。

7.5.5 BIOS 设置

(1) 设置电源管理程序。

(2) 设置反病毒程序。

(3) 设置其他有可能影响系统安装的程序。

（4）将第一引导设备设置为光驱。

7.5.6 安装 Windows 操作系统

（1）将系统光盘放入光驱中。

（2）开机，等待系统从光盘引导。

（3）一般情况下此时会进入安装界面，如果没有进入，直接运行 Setup 进入安装界面。

（4）按安装界面提示，输入所需的安装信息，单击"下一步"，直到安装完成。

7.5.7 试运行所安装操作系统

（1）进入 BIOS 设置，将第一引导设备设置为硬盘。

（2）取出安装光盘。

（3）重新开机，用所安装操作系统引导系统。

7.5.8 使用 XP 的"磁盘管理"工具调整硬盘分区

（1）运行该工具。

（2）查看原有分区。

（3）调整分区。

7.6 实验报告

在实验过程中认真记录，实验结束完成《实验报告 7》。

实验 8 驱动程序与应用程序安装

8.1 实验目的

（1）掌握显卡、网卡驱动程序的安装方法。

（2）掌握显卡、网卡的配置方法。

（3）掌握应用软件的安装及卸载方法。

8.2 实验准备

（1）每小组配置一台多媒体计算机。

（2）每小组配置一套主板、显卡、网卡驱动光盘。

（3）每小组配置一套 OFFICE、CPU－Z、360 套件安装光盘。

8.3 实验时间安排

（1）建议本次实验安排在第 9 章学习之后。

（2）实验时长为 2 学时。

8.4 实验注意事项

（1）安装驱动程序要注意顺序。

（2）安装应用软件后要了解并使用这些软件。

8.5 实验步骤

（1）安装主板、显卡、网卡驱动程序。

（2）安装办公应用软件 OFFICE、360 安全卫士、360 杀毒、360 硬件大师、CPU－Z。

（3）使用 360 硬件大师、CPU－Z 检测微机硬件配置。

（4）卸载 360 硬件大师。

8.6 实验报告

实验结束后，完成《实验报告 8》。

实验 9   系统备份与恢复

9.1 实验目的

（1）了解备份与恢复的基本方法。

（2）学会最常见的系统备份方法。

（3）掌握最常见的系统恢复方法。

（4）基本掌握 Ghost 的使用。

9.2 实验准备

（1）每小组配置一台可正常运行的微机（有光驱、硬盘至少有两个以上分区）。

（2）每小组配置一张可启动系统并含 Ghost 软件的系统光盘。

9.3 实验时间安排

（1）建议本实验安排在第 10 章学习之后。

（2）实验时长为 2 学时。

9.4 实验注意事项

（1）实验过程中不得随意破坏现有操作系统。

（2）恢复操作要格外小心。

9.5 实验步骤

9.5.1 备份方案设计

（1）开机，查看本机硬盘及分区情况。

（2）选择一个没有安装操作系统的分区作为备份资料存放位置。

9.5.2 拷贝用户资料

（1）找到"我的文档"文件夹，将其中的用户资料拷入备份区。

（2）找到浏览器中"收藏夹"所在的文件夹，将其中的资料拷入备份区。

（3）检查系统分区各文件夹，将其中的用户私人文件备份到备份区。

9.5.3 用 Ghost 备份系统

（1）进入 BIOS 设置，将第一引导设备设置为光驱。

（2）在光驱中放入启动盘，开机，进入系统，并启动 Ghost 程序。

（3）将本机安装操作系统的分区备份到备份区。

（4）退出 Ghost 程序。

（5）核实备份文件是否存在。

（6）进入 BIOS 设置，将第一引导设备设置为硬盘。

9.5.4 用 Ghost 恢复系统

（1）进入 BIOS 设置，将第一引导设备设置为光驱。

（2）在光驱中放入启动盘，开机，进入系统，并启动 Ghost 程序。

（3）将备份数据恢复到安装操作系统的分区。

（4）退出 Ghost 程序。

（5）进入 BIOS 设置，将第一引导设备设置为硬盘。

（6）重新启动计算机，查看系统是否已恢复。

9.6 实验报告

在实验过程中认真记录，实验结束完成《实验报告9》。

实验 10 计算机日常维护

10.1 实验目的

（1）了解 Windows 系统维护工具的使用方法。

（2）学会使用杀毒软件查、杀病毒及木马。

（3）掌握系统漏洞修复方法。

10.2 实验准备

（1）每小组配置一台可正常运行且能上网的微机。

（2）系统安装了 360 安全卫士、360 杀毒软件。

10.3 实验时间安排

（1）建议本次实验安排在第 11 章学习之后。

（2）实验时长为 2 学时。

10.4 实验注意事项

（1）只能到官方网站上下载所需软件。

（2）系统漏洞修复可能需要较长的时间，可选择部分修复。

10.5 实验步骤

（1）清理垃圾文件。
（2）磁盘碎片整理。
（3）磁盘扫描。
（4）使用 360 进行病毒查杀和查杀木马。
（5）系统漏洞修复。

10.6 实验报告

实验过程中认真记录，实验结束完成《实验报告 10》。

参考文献

（1）佟伟光. 微型机组装与维护实用教程 [M]. 北京：高等教育出版社，2006.

（2）谭卫泽. 微机组装与维护实用教程 [M]. 第 2 版. 北京：人民邮电出版社，2008.

（3）耿庆民. 电脑组装与维护实训教程 [M]. 北京：清华大学出版社，2011.

（4）任立权，于洪鹏. 计算机组装与维护 [M]. 北京：清华大学出版社，2011.